甘肃黄土高原侵蚀沟道特征与水沙资源保护利用研究

张金霞 张 富 曹 喆 陈天林 等 编著

黄河水利出版社

·郑 州·

内 容 提 要

本书基于甘肃省第一次全国水利普查成果,选择甘肃省黄土高原不同水土流失类型区典型实验小流域和试点示范小流域,借助 GIS 技术,采用 Hortun – Strahler 地貌几何定量数学模型分级方法与标准,分别做了以下研究:①对甘肃省黄土高原地区≥500 m 的侵蚀沟道特征与水沙资源保护利用进行了分级研究。②依据开析度、割裂度及主支沟状况等指标对沟道进行分类,确定了不同类型区、不同级别实际存在的 14 个沟道类型。③基于水土保持防治措施对位配置理论及水土保持径流调控理论与技术,从工程措施对位配置与植物措施对位配置两个方面开展了沟道治理模式研究,在系统总结沟道治理模式的基础上,提出了沟道工程措施与植物措施对位配置的理论模式。④小流域治理与径流水沙关系研究表明,随治理程度的提高,坡面产流与产沙的数量及所占比例减小,沟道产流产沙所占比例逐渐增加。

本书可供水土保持工作者及相关的科技人员参阅,也可作为大专院校相关专业本科生、研究生的教材和参考书。

图书在版编目(CIP)数据

甘肃黄土高原侵蚀沟道特征与水沙资源保护利用研究/张金霞等编著. —郑州:黄河水利出版社,2018.9
ISBN 978 – 7 – 5509 – 2165 – 8

Ⅰ.①甘… Ⅱ.①张… Ⅲ.①黄土高原 – 水土流失 – 研究 – 甘肃 Ⅳ.①S157.1

中国版本图书馆 CIP 数据核字(2018)第 227834 号

出 版 社:黄河水利出版社   网址:www.yrcp.com
   地址:河南省郑州市顺河路黄委会综合楼 14 层 邮政编码:450003
发行单位:黄河水利出版社
   发行部电话:0371 – 66026940、66020550、66028024、66022620(传真)
   E-mail:hhslcbs@ 126.com
承印单位:虎彩印艺股份有限公司
开本:787 mm × 1 092 mm 1/16
印张:12.5
字数:310 千字   印数:1—1 000
版次:2018 年 10 月第 1 版   印次:2018 年 10 月第 1 次印刷

定价:48.00 元

前　言

　　黄土高原是世界著名的高原,是我国一个独特的地理单元,主体位于晋、陕、甘三省,总面积 64.2 万 km²,水土流失面积 45.4 万 km²。其多数地面千沟万壑,沟谷密度都在 3～5 km/km²,夏季多大雨和暴雨,降雨历时短,强度大,水分渗透慢,易形成地表径流,使降雨资源浪费,水土流失严重,多年平均入黄泥沙 16 亿 t。黄土高原的水土流失不仅造成土地资源的破坏,导致农业生态环境恶化,生态平衡失调,而且影响各行业生产的发展。

　　黄土高原坡沟系统既是区域侵蚀产沙的主要源地,又是控制水土流失,恢复与重建生态环境的基本治理单元。对其侵蚀现象与规律的探究,历来为黄土高原环境整治中很重要的科学命题,从 20 世纪 50～60 年代开始一直是有关部门、专家学者和基层工作者不断探讨的问题之一。经过多年的工作积累,人们在该问题的研究上已取得许多有价值的成果。但由于问题的复杂性,迄今为止,对坡沟系统土壤侵蚀现象的解释,还没有一个较为统一的答案,尤其在泥沙来源、坡沟关系及治理策略等一些基本问题上还存在着一定的分歧与争议。

　　为解决上述问题,经甘肃省水利厅批准立项,甘肃省水利厅水土保持局协同甘肃农业大学、黄委会西峰水土保持科学试验站、黄委会天水水土保持科学试验站、定西市水土保持科学研究所、平凉市水土保持科学研究所等科研单位,筛选了一批经验丰富、学识广博的专家、科研骨干组建了科研团队,开展了甘肃黄土高原侵蚀沟道特征与水沙资源保护利用的研究。在甘肃黄土高原丘陵区及高塬沟壑区,基于甘肃省第一次全国水利普查成果,选择典型实验小流域和试点示范小流域,借助 GIS 技术,对侵蚀沟道采用地貌几何定量数学模型分级方法,统一对全省沟道资源进行分级分类研究,可以更好地掌握不同级别不同类型沟道资源的现状,为科学合理地治理开发沟道资源提供依据;通过对甘肃黄土高原坡沟系统的水沙来源及变化研究,按照因地制宜、因害设防,工程措施与植物措施相结合,治理与开发措施相结合的原则,对位配置各项治理开发措施,科学指导甘肃省沟道治理工作,努力提高沟道资源治理开发的质量与效益;对不同类型区侵蚀沟道利用现状调查及效益进行分析,总结出一套科学、合理、有效的不同类型沟道治理开发模式及综合管理模式,为今后沟道治理工作提供实体范例,对促进甘肃省黄土高原小流域生态经济建设具有重要的指导意义。

　　通过对甘肃省各类型区沟道治理措施的研究,可有效地改善沟道水土资源的质量,提高沟道土地面积的利用率。通过不同类型沟道治理措施的合理布设,区内水土流失得以控制,生态环境有了明显的改善。同时,水土保持植物措施的布设,促进了生物多样化,净化了空气,改善了空气质量,减少了因大气污染而产生的呼吸道疾病,造福了广大人民群众。上述研究成果评价了甘肃省各类型区不同级别、不同类型的现有沟道治理模式,提出了甘肃省黄土高原地区各类型区不同级别、不同类型的沟道理论治理模式,为制定、修编进一步的沟道治理规划方案提供依据,应用前景广阔。研究成果可应用于甘肃省黄土高原不同类型区沟道治理的规划、实施方案、措施设计以及水土保持综合治理措施的优化、生态环境的恢复。

　　在该成果的研究过程中,众多的专家学者、科技人员参加了研究,付出了艰辛的劳动,主要研究人员有甘肃农业大学张金霞、张富、胡彦婷、张宏奎,甘肃省水利厅水土保持局雷升文、曹喆、陈天林、赵志斌,甘肃省水利厅水土保持科学研究所张丽萍,黄委会西峰水土保持科学试验站郭锐、袁静、郭嘉,黄委会天水水土保持科学试验站李学勇、郜文旺、李新江、包文林,定西市水土保持科学研究所陈瑾、字永明、李旭春、张佰林、刘志贤,平凉市水土保持研究所王可壮,甘肃省生态环境监测监督管理局刘民兰,甘肃省森华水保设计咨询有限公司刘雪峰,定西市林业科学研究所杨冰等,在此一并致以谢忱。

　　由于研究时间和水平有限,所提出的观点和建议可能有失偏颇,恳请读者批评指正。

作　者
2018 年 1 月

目　录

第一章　绪　论

黄土高原水资源短缺,生态环境脆弱,特别是土壤侵蚀不断加剧,恶化了区域生态环境,严重制约了社会经济的发展。目前,随着大规模水土保持生态建设,研究黄土高原区流域径流泥沙与土地利用变化和沟道工程建设的协同变化规律[1],对于该区土地利用规划和管理及生态环境建设工程具有重要理论参考意义。

第一节　侵蚀沟道利用的研究进展

多年以来,甘肃黄土高原丘陵沟壑区已发展成为水土流失严重区域。在水土流失的作用下,侵蚀沟道沟头前进、沟岸扩张、沟底下切,导致农田受到了严重威胁。因此,侵蚀沟道的治理与开发在甘肃黄土高原地区有着极其重要的作用。

一、侵蚀沟道分级研究进展

将小流域的沟道进行分级,是在进行沟道治理之前的一项基础工作。为了使沟道从级别上既能反映其侵蚀规律,又能进行同级之间的类比,便于坝系布局,付明胜等学者针对我国在沟道分级方面存在的"沟道之间没有可比性、不能定量分析"等问题[2-5],采用美国地貌学家 R. E. Hortun、A. N. Strahler 提出的地貌几何定量数学模型分级方法[6-7],在1/10⁸地形图上进行分级:在一个流域内,最小的不可分支的支沟属第一级水道;2 个一级水道汇合后组成的新的水道,称为二级水道;2 个二级水道汇合后的水道,称为三级水道;以此类推,直至全流域中的水道划分完毕。将此分级方法应用在黄土丘陵沟壑区 3 条典型小流域的坝系现状分析和坝系规划中,取得了预期的效果。按沟级不同分别布设不同规模的工程,便于坝系布局走向科学化、规范化,同时使地貌研究朝着定量化的方向发展。可见,采用美国地貌几何定量数学模型的分级方法进行沟道分级、研究水土流失规律、进行地貌几何定量分析和规划坝系,具有普遍的理论意义和实用价值。

二、侵蚀沟道分类研究进展

关于沟道的分类研究,国外主要源于对泥石流和山洪产生过程的荒溪分类[8]。为了按照荒溪的类型采取不同的防治措施体系,国外许多学者曾经对荒溪进行了分类工作。荒溪的类型主要取决于荒溪的形成条件,即地形条件、地质条件、气候条件、植被条件及人类社会经济活动的影响[9]。采用定量分级评分的方法,将全部荒溪分成 4 类,即冲击力强的泥石流荒溪、泥石流荒溪、高含沙山洪荒溪及一般山洪荒溪[10]。国内学者曾根据坡面侵蚀的形成原理将沟道划分为指沟、细沟、浅沟、切沟、冲沟、沟道和河川等类型[11]。刘增文等(2003 年)在黄土残塬区侵蚀沟道分类的研究中认为,沟道的地貌形态对治理开发最具实践意义;黄土残塬区的沟道由于地质地貌基础及土壤侵蚀强度的不同而具有不同的形态特征;按沟道开析状况可将沟道划分为开析型、半开析型和深切型,按地面割裂程度可划分为强度割裂型、中度割裂型和弱度割裂型,按主支沟状况可划分为主沟型、半主沟型和支沟型[12]。

三、坡沟水沙来源研究进展

黄土高原可以看作是由许多直接汇入黄河干流或其各级支流的沟道小流域组成的集合体。其大的地貌单元可划分为沟间地和沟谷地2种形态。在黄土高原的任一沟道小流域,从分水岭至沟谷底部的纵向斜坡剖面上,沟间地和沟谷地常沿垂向连续分布;相应地各种侵蚀微地貌也呈现有序的垂向排列格局,将这种由沟间地和沟谷地及各种环境要素所构成的、具有独特结构与功能的垂向空间连续结构体,称为坡沟系统[13-14]。

按水土流失类型的不同,黄土高原可分为黄土丘陵沟壑区、黄土高塬沟壑区、风沙区、土石山区和黄土阶地区等,其中又以黄土丘陵沟壑区和黄土高塬沟壑区的水土流失最为严重[15]。黄土丘陵沟壑区和黄土高塬沟壑区的小流域横剖面示意图如图1-1和图1-2所示[16]。黄土丘陵区的小流域坡沟分界以蒋德麒等的定义划分,以崾边线为界,其上为坡面,其下为沟道;在塬区坡沟分界稍有改动;以塬边分界,以上为坡面,以下为沟道[17]。

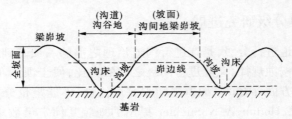

图 1-1　黄土丘陵沟壑区横剖面示意图

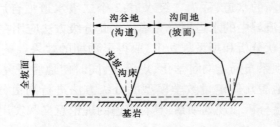

图 1-2　黄土高塬沟壑区横剖面示意图

自1966年蒋德麒等对小流域泥沙的来源研究以来,目前我国对坡沟水沙来源有两种看法:一种认为泥沙主要来自沟道;另一种认为来自沟道的泥沙主要受坡面水下沟的影响。蒋德麒等(1966年)采用流域水量分配原理分析了不同地貌部位泥沙产生的根源,认为黄河中游黄土丘陵沟壑区和黄土高塬沟壑区小流域的泥沙来源以沟坡为主,但分析中未考虑坡面径流通过沟坡时增加的泥沙[17]。陈浩等(1999年)根据坡面水下沟的"净产沙"原理,在分析黄河中游地区典型小流域沿程含沙水流侵蚀特性的变化和坡沟侵蚀关系及产沙机制的基础上,以黄土丘陵沟壑区的晋西王家沟支沟羊道沟和黄土高塬沟壑区的庆阳蒲河支沟南小河沟为研究区,运用成因分析法分析和确定了小流域的泥沙来源,结果表明：丘陵区的羊道沟坡面占 55.98%，沟道占 44.02%；塬区的南小河沟坡面占 85.23%，沟道占 14.77%[18]。王晓(2002 年)采用粒度分析法对砒砂岩不同侵蚀类型区小流域泥沙来源的分析表明，泥沙主要来源于沟谷地[19]。冉大川等(2003 年)从径流泥沙来源、水沙特性、水沙变化趋势等方面对黄土丘陵沟壑区皇甫川流域进行了分析和研究，认为沟谷地是径流、泥沙的主要来源区，沟谷地产流量占流域总产流量的 62.2%，沟谷地产沙量占流域总产沙量的 67.2%[20]。马宁等(2011 年)以黄土丘陵沟壑区皇甫川流域西五色浪沟小流域为研究区，以高分辨率遥感影像为信息源，通过 GIS 技术，提取小流域沟缘线，将小流域分为沟谷地、沟间地两大地貌类型；对在水土流失治理背景下小流域泥沙来源，通过项目布设的雨量站、把口站和径流场观测资料两种方法进行比较后的结果表明：西五色浪沟小流域泥沙主要来源于沟谷地，沟谷地土壤侵蚀量约占流域侵蚀量的 73%，是沟间地侵蚀量的 2.73 倍[21]。可见，从不同地貌部位泥沙产生的根源上看，黄河中游小流域的泥沙主要来自坡面，证实了黄河中游地区"治坡为主，坡沟兼治"治理方针的正确性。

四、坡沟水沙变化研究进展

关于坡沟水沙变化的研究，我国主要侧重于定量地认识黄土地区坡沟的产沙规律[22-23]。陆中臣(1989 年)从侵蚀产沙和泥沙物质输移的流域系统概念出发，联系当时全球土壤流失的现状，指出侵蚀产沙和泥沙输移关系到全球性的土壤流失；并结合我国黄土高原的治理，指出从宏观上研究流域侵蚀产沙和输移有助于对环境的认识，黄土高原以自然侵蚀为主，加速侵蚀次之[24]。景可等(1990 年)论述了我国土壤侵蚀类型与自然地带性和非地带性因素的关系，分析了影响侵蚀强度时空分布和侵蚀泥沙输移的环境因素及流域条件[25]。陈浩(1992 年)指出降雨特征和上坡来水是影响黄土高原特定小流域坡沟水沙变化的极重要因素，通过对羊道沟小流域不同测区的 26 场降雨及径流的实测数据分析发现，不同地貌部位产沙量与降雨特征指标、上坡来水量呈正比相关；在沟坡区，坡面产沙能力主要取决于水流的挟沙能力，挟沙能力愈大，坡面产沙能力愈大；挟沙能力趋于饱和，易使水流量减小，造成泥沙的沉积[26]。也有学者认为，坡面水下沟所增加的泥沙总量占小流域泥沙总量的 76% 以上，当坡面水被隔绝时，沟坡的径流和产沙能力可分别减小 58.7% 和 77.8%[27-28]。焦菊英等(1992 年)研究表明，如果阻止坡面水下沟，在大暴雨条件下径流和产沙量可分别减小 61% 和 84%[29]。吴淑芳等(2010 年)为了研究坡面调控措施对产流产沙过程的减流减沙效应，在坡面上方进行放水冲刷实验，分析不同放水流量下 20°聚流坑调控措施和裸地坡面的产流产沙过程以及径流挟带泥沙的作用机制，运用起流时间、调控度、产流速率、输沙率等指标阐明了坡面调控措施的减流减沙效应，建立了次降雨输沙模数与径流量之间的水沙关系；还提出了"用水减沙比"的概念与计算式，定性描述了调控措施拦截的径流量与减少的侵蚀量之间的复杂关系，揭示聚流坑工程措施在调控坡面径流的同时对侵蚀产沙的影响机制[30]。

国外的坡沟水沙变化研究,更侧重于坡面和侵蚀沟的机制。以德国土壤学家 Wallny (1977~1895 年)完成的第一批土壤侵蚀小区观测试验为标志,作为科学的国际土壤侵蚀研究迄今已有一百多年的发展历史[31-32]。Horton 于 20 世纪 30 年代最早从水文学角度对坡面流的特性进行了系统的定量研究,他对光滑河床层流进行研究后发现,水流平均流速与表面水流速度之比为 0.67[33]。Horton 又于 40 年代提出,径流冲刷强度自分水线向下开始逐渐增强,到一定距离后又逐渐减弱,因而划分成无侵蚀带、侵蚀强烈带和堆积带,并将出现冲刷的地点到分水线间的水平距离称"出现冲刷的临界距离"[34]。

五、沟道治理开发利用研究进展

沟道是流域水土流失的汇集地,对沟道进行有效的治理、开发与利用,具有巨大的社会效益、经济效益和生态效益[35-40]。张胜利等(1995 年)根据渭北高塬沟壑区水土流失综合治理工程体系配置的特点,结合农业灌溉要求,将沟道水土保持工程和水利工程中的小型水库有机结合起来,运用系统工程优化理论的方法,建立了该地区小流域沟道工程体系配置的优化数学模型式;且以淳化县泥河沟流域沟道工程体系配置优化为例,对模型的应用进行了演示[41]。高鹏等(2000 年)在延安市燕儿沟沟道中兴建截流工程,引水上山,发展坡地果园和保护地蔬菜微灌,形成了一种高效利用当地有限水资源的重要模式[42]。黄土高塬沟壑纵横,每条沟道小流域就是一个天然集水区,在沟中拦蓄洪水和常流水是水资源开发利用的一项重要战略任务。时丕生等(2005 年)认为在小流域沟道中,从上游到下游,从支毛沟到干沟,根据沟道水文与地形条件,科学地布置谷坊、淤地坝、小水库、治沟骨干工程等沟道坝系工程,集中拦蓄和利用小流域的洪水与常流水,对解决水资源短缺问题和控制水土流失、改善生态环境有不可替代的作用[43]。宁南山区经过多年的沟壑治理实践,总结出了一条适合本地区的水土保持工程固沟模式——坝系固沟模式、小型水保工程固沟模式、生物固沟模式、工程——生物固沟模式[44]。但由于各地水土流失规律的不同及水沙来源数量各异,这些经验在其他区域推广应用时带来很大的局限,急需对其进行系统化、理论化的提升,能有效指导水土保持治沟的社会实践。

第二节　侵蚀沟道利用研究中存在的问题

坡沟系统的侵蚀过程及其机制研究一直是土壤侵蚀过程研究的热点和难点。为揭示坡面和沟道侵蚀过程并分析其侵蚀产沙的机制,国内外学者进行了大量的有关坡沟系统的研究[45-49],主要表现在坡沟侵蚀形态的垂直分带[50-53]、坡沟侵蚀产沙特征[54-59]、上方来水来沙对土壤侵蚀过程的影响[60-65]、坡沟侵蚀的水力学机制[66-73]、坡沟侵蚀动力学机制[74-78]等方面。虽然取得了一定的成果,仍然存在以下问题。

一、坡沟侵蚀研究中存在的问题

国外地形多为缓坡地,现有研究多侧重于坡面侵蚀的物理过程模拟,其研究手段和方法具有一定参考意义[79,80]。雷阿林等揭示了小流域空间侵蚀方式与坡沟侵蚀形态垂直分带的基本格局,给出了坡沟泥沙来量分布的统计结果,对坡沟侵蚀的水动力学机制进行了分析[81]。但不难看出,国内已有的研究成果主要问题为:一是缺乏坡沟侵蚀产沙过程及其机制分析;二是关于坡沟系统侵蚀研究内容还较少,涉及上方来水来沙的定量作用以及坡沟系统侵蚀过程中不同水流的水动力学参数与水流剥离、搬运能力的表达,侵蚀产沙过程中许多问题仍然不清楚[82,83];今后的研究中需要进一步开展侵蚀垂直分带结果和上方来水来沙对坡沟系统土壤侵蚀影响的定量分析,加强坡沟系统侵蚀泥沙来源、淤地坝对坡沟系统土壤侵蚀影响以及野外原状坡沟系统草被覆盖和空间分布对坡沟系统侵蚀影响的研究。未来的工作应借助 GIS 技术和 REE 示踪技术从以下几方面入手:一是坡面沟道侵蚀—沉积—搬运过程的时空变化;二是坡沟侵蚀过程中的水动力参数分析筛选及其与泥沙搬运的关系;三是坡沟泥沙输移过程的定量表达及其影响因子分析;四是坡沟系统的水沙和能量传递特征;五是量测设备更新和新技术应用的进一步探讨和完善[84,85]。

二、坡沟开发利用中存在的问题

在沟中修建连环坝稳定蓄水,既改善了当地生态环境,又可促进当地经济的发展,但这种简单易行的方法在中国的许多地区都未能大量推广,主要存在以下问题:一是存在一定的安全隐患。在遭遇大暴雨或者强降雨时,可能会引发垮坝,对人民的生命财产安全造成严重的损害。二是投入机制不够完善。在许多地区,谷坊、淤地坝、小水库、治沟骨干工程的投入由国家和地方财政全部承担,没有充分利用社会上的闲散资金。三是部门之间缺乏配合。水保部门负责建设沟、道、坝体系,而在沟中修建小水库是水利部门的任务。如果只有淤地坝和治沟骨干工程,而没有小水库,就不能稳定蓄水。从技术上看,在众多的拦洪、拦泥坝下游修建适量的小水库,只需在小流域坝系规划中科学地做好布置就可解决。但是实际中涉及各部门之间的复杂关系,难以协调[86]。而且由于各个地区的地形、地貌、气候、土壤等条件不一样,各种开发利用方式都存在一定的地域局限性,不能广泛推广[87]。四是对小流域水资源开发利用认识不足。人们对小流域水资源开发利用的重要性缺乏认识,不仅思想上保守,而且管理也跟不上,致使部分工程不能发挥应有的效益,挫伤了干部群众的积极性,给小流域水资源开发利用带来不利影响[87-89]。

第三节　研究目的和意义

黄土高原是世界著名的高原,是我国一个独特的地理单元,也是地球上分布最集中且面积最大的黄土区,总面积 64 万 km^2。它东起太行山,西至青海省日月山,南连秦岭,北抵长城,横跨青、甘、宁、内蒙古、陕、晋、豫 7 省(区)[90-92]。黄土高原是世界上水土流失最严重和生态环境最脆弱的地区之一,地势由西北向东南倾斜,除许多石质山地外,大部分为厚层黄土覆盖,经流水长期强烈侵蚀,逐渐形成千沟万壑、地形支离破碎的特殊自然景观。地貌起伏大,山地、丘陵、平原与宽阔谷地并存,四周为山系所环绕。夏季多大雨和暴雨,降雨历时短,强度大,水分渗透慢,易形成地表径流,使降雨资源浪费,水土流失严重。截至 2009 年,黄土高原水土流失面积达到 45.4 万 km^2,其中年侵蚀模数大于第四挡的强度水蚀面积为 14.65 万 km^2,占中国同类面积的 38.8%;年侵蚀模数大于第七挡的剧烈水蚀面积为 3.67 万 km^2,占中国同类面积的 89%。黄土高原输入黄河下游的泥沙多年平均为 16 亿 t,其中有 4 亿 t 淤积在黄河下游的河道上,平均每年淤高 10 cm,造成下游河床高出两岸地面 3 ~ 10 cm,最高处达 15 cm[93]。黄土高原的水土流失不仅造成土地资源的破坏,导致农业生态环境恶化,生态平衡失调,而且影响各行业生产的发展。

黄土高原坡沟系统既是区域侵蚀产沙的主要源地,又是控制水土流失、恢复与重建生态环境的基本治理单元。对其侵蚀现象与规律的探究,历来为黄土高原环境整治中很重要的科学命题,从 20 世纪 50 ~ 60 年代开始一直是有关部门、专家学者和基层工作者不断探讨的问题之一。经过多年的工作积累,人们在该问题的研究上已取得许多有价值的成果。但由于问题的复杂性,迄今为止,对坡沟系统土壤侵蚀现象的解释,还没有一个较为统一的答案,尤其在泥沙来源、坡沟关系及治理策略等一些基本问题上还存在着一定的分歧与争议。

在甘肃黄土高原丘陵区及高塬沟壑区,基于甘肃省第一次全国水利普查成果,选择典型实验小流域和试点示范小流域,借助 GIS 技术,对侵蚀沟道采用地貌几何定量数学模型分级方法,统一对全省沟道资源进行分级分类研究,可以更好地掌握不同级别不同类型沟道资源的现状,为科学合理地治理开发沟道资源提供依据。通过对甘肃黄土高原坡沟系统的水沙来源及变化进行研究,按照因地制宜、因害设防,工程措施与植物措施相结合,治理与开发措施相结合的原则,对位配置各项治理开发措施,科学指导甘肃省沟道治理工作,努力提高沟道资源治理开发的质量与效益。对不同类型区侵蚀沟道利用现状调查及效益进行分析,总结出一套科学、合理、有效的不同类型沟道治理开发模式及综合管理模式,为今后沟道治理工作提供实体范例。因此,开展甘肃黄土高原侵蚀沟道特征与水沙资源保护利用的研究,对促进甘肃省黄土高原小流域生态经济建设具有重要的指导意义。

第四节　研究思路

甘肃黄土高原侵蚀沟道特征与水沙资源保护利用的研究,以水土保持原理、生态位理论、系统论等基础理论为指导,运用甘肃省第一次全国水利普查水土保持措施普查成果,用地貌几何定量数学模型分级方法,对沟道进行分级,并根据沟道的形状进行分类,在研究坡沟系统的水沙来源的基础上对比研究。

在调查典型小流域沟道植物措施以及工程措施的基础上,总结沟道现有的治理模式。系统分析研究典型小流域资源位及其生态位的适宜性匹配,总结其适宜的对位配置模式。分析得到适用于甘肃黄土高原各类型区不同类型沟道的治理模式。技术路线见图 1-3。

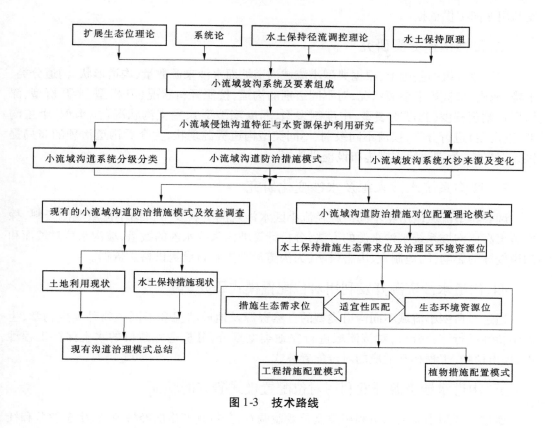

图 1-3 技术路线

第五节 研究内容

在甘肃黄土高原地区,选择定西(安家沟、高泉沟、称钩河)、天水(罗玉沟、吕二沟、藉河项目区)、西峰(南小河沟)等典型实验小流域和试点示范小流域,基于甘肃省第一次全国水利普查的相关结果,借助 GIS 技术,开展了以下研究。

一、侵蚀沟道分级研究

流域是指地表水及地下水的分水线所包围的集水区或汇水区,因地下水分水线不易确定,习惯指地面径流分水线所包围的集水区。小流域通常是指二、三级支流以下以分水岭和下游河道出口断面为界、集水面积在 50 km² 以下的相对独立和封闭的自然汇水区域。水利上通常指面积小于 50 km² 或河道基本上是在一个县属范围内的流域。小流域一般面积不超过 50 km²。小流域的基本组成单位是微流域,是为精确划分自然流域边界并形成流域拓扑关系而划定的最小自然集水单元。为了便于管理,跨越县级行政区的小流域又会按照县级行政区界限分割成小流域亚单元。

侵蚀沟道的分级研究,依据流域汇流过程及水土流失规律,采用 Hortun – Strahler 地貌几何定量数学模型分级方法,沟道进行合理分级,为沟道利用类型划分、沟道治理及开发利用方向提供依据。

二、侵蚀沟道分类研究

在沟道分级的基础上,根据典型小流域沟道坡面水沙来源数量、沟道形状、沟道分类、土壤、地质、植被等下垫面状况,对不同级别的沟道,按照开析状况(开析型、半开析型、深切型)、割裂程度(强度割裂型、中度割裂型、弱度割裂型)、主支沟状况(主沟型、半主沟型、支沟型)进行分类,摸清不同级别、不同类型沟道资源现状,为今后沟道治理的布局提供数据支撑,为沟道治理措施布设提供依据。

三、坡沟系统水沙来源及水沙变化研究

调查典型流域内历年不同措施径流小区水沙观测资料及卡口站小流域观测资料,探索黄土高原沟坡系统水沙来源的方法,分析计算坡沟系统水沙的数量、坡沟水沙对坡面和沟道侵蚀的影响,因地制宜、因害设防,为沟道治理措施布设提供科学依据。

四、沟道水沙资源开发利用对位配置模式研究

通过对典型小流域不同沟道类型的自然资源及地质状况和不同植物种类生物学、生态学特性进行综合分析,对该流域进行立地类型划分,分析适宜建设的水土保持工程种类,提出植物、工程相互适应的对位配置模式。

五、沟道水沙资源开发利用对位配置模式研究的验证

通过对典型小流域沟道利用类型及效益调查,分析其产生的经济效益、生态效益和社会效益,对典型不同级别、不同类型小流域沟道水沙资源开发利用对位配置模式进行总结,提出几种适合典型小流域沟道水沙资源开发利用的对位配置模式,为沟道治理措施的布设提供技术支撑。

六、沟道综合管理技术模式

根据现有管理模式取得的成功经验、存在的问题和政策建议以及水土保持治理措施的性质、投资来源、建管主体、现行法律法规、政策的规定,因地制宜,提出责权利一体、政策—技术—开发—利用配套的建管模式,促进沟道治理开发利用的优质高效、可持续发展。

第六节　研究方法

一、侵蚀沟道分级研究

利用卫星影像、DEM、1∶10 000地形图,选择不同类型区研究小流域,按照甘肃省第一次全国水利普查的要求,对沟道面积 0～50 km² 、沟道长度 ≥500 m 的沟道进行分级研究。

在 ArcGIS 9.3 上采用 Hortun – Strahler 地貌几何定量数学模型分级方法,对不同类型区的研究小流域进行分级。最小的不可分支的支沟属第一级支沟;2 个一级水道汇合后组成的新的支沟,称为二级支沟;2 个二级支沟汇合后的支沟,称为三级支沟;以此类推,直至全流域支沟划分完毕。通过全流域的水沙河槽为最高级支沟,也就是小流域的流域等级。另外强调,所有间歇性的及永久性的支沟在内,只要它们具有十分明显的稳定性的谷地,都可以根据序列的命名原则进行分级。

二、侵蚀沟道分类研究

在典型小流域的地形图或影像图上对已经进行分级的沟道进行系统的实地调查和图上量测。实地调查包括对流域界限和沟缘线的勾绘、沟道及沟头的治理与利用情况调查等,图上量测包括对每条沟道的流域面积、沟壑面积、沟道长度(主沟长、各级支沟长和沟道全长)、沟壑密度、沟道相对高差等特征值的测算。然后按照如下公式[12]得到每条沟道的开析度、地面割裂度和主支沟系数等地貌形态特征值。

(一)按沟道的开析状况分类

$$K = D/H = 1\ 000A/(LH) \tag{1-1}$$

式中:K 为沟道开析度;D 为沟道平均宽,m;H 为沟道平均相对高差,m;A 为沟壑面积,km^2;L 为沟道全长,km。

根据计算结果,求 K 的平均值 $\overline{K}$ 和标准差 σ_{n-1},然后按超过平均值一个标准差为一级、低于平均值一个标准差为一级、中间为一级的原则,将沟道划分为开析型、半开析型、深切型 3 个类型,即

开析型:$K_1 > \overline{K} + \sigma_{n-1}$;半开析型:$K_2 = (\overline{K} - \sigma_{n-1}) \sim \overline{K} + \sigma_{n+1}$;深切型:$K_3 < \overline{K} - \sigma_{n-1}$。

(二)按沟道的割裂状况分类

$$G = (A/S) \times 100\% \tag{1-2}$$

式中:G 为地面割裂度(%);A 为沟壑面积,km^2;S 为流域面积,km^2。

根据计算结果,求 G 的平均值 $\overline{G}$ 和标准差 σ_{n-1},然后按超过平均值一个标准差为一级、低于平均值一个标准差为一级、中间为一级的原则,将沟道划分为强度割裂型、中度割裂型、弱度割裂型 3 个类型,即

强度割裂型:$G_1 > \overline{G} + \sigma_{n-1}$;中度割裂型:$G_2 = (\overline{G} - \sigma_{n-1}) \sim (\overline{G} + \sigma_{n-1})$;弱度割裂型:$G_3 < \overline{G} - \sigma_{n-1}$。

(三)按沟道主支沟状况分类

$$R = L_o/L \tag{1-3}$$

式中:R 为主支沟系数;L_o 为主沟道长,m;L 为沟道全长,m。

根据计算结果,求 R 的平均值 $\overline{R}$ 和标准差 σ_{n-1},然后按超过平均值一个标准差为一级、低于平均值一个标准差为一级、中间为一级的原则,将沟道划分为主沟型、半主沟型、支沟型 3 个类型,即

主沟型:$R_1 > \overline{R} + \sigma_{n-1}$;半主沟型:$R_2 = (\overline{R} - \sigma_{n-1}) \sim (\overline{R} + \sigma_{n-1})$;支沟型:$R_3 < \overline{R} - \sigma_{n-1}$。

三、坡沟系统的水沙来源及水沙变化研究

（一）典型流域基本情况调查

选用典型试验小流域作为研究区,收集年均雨量,坡面、沟道、沟坡面积及其土地利用（农、林、牧、副、其他面积）、坡度、土壤等基本资料。

（二）典型流域径流泥沙调查

调查典型流域内历年不同措施径流小区水沙观测资料及卡口站小流域径流观测资料。应用成因法（水保法）、地貌类型法和水文法,综合分析径流小区、小流域产流产沙与坡沟系统产流产沙的关系,分析计算坡沟系统水沙的数量、坡沟水沙对坡面和沟道侵蚀的影响。

四、沟道水沙资源开发利用对位配置模式研究

（一）植物措施对位配置研究

（1）对典型小流域所处地域的海拔、降雨、全年日照、积温、土壤水分、耐盐碱程度等进行数值（量）化的描述,根据其自然降雨、土壤、坡度、坡向等做出适生条件（立地类型）分析及划分。

（2）乔灌草等适生植物种生态适宜度分析。关于乔灌草等适生植物种生态适宜度分析研究,采用张富等在《黄土高原丘陵沟壑区小流域水土保持措施对位配置研究》提出的水土保持措施对位配置适宜度模型。张富等认为水土保持措施对资源的需求构成需求生态位,而治理地的现状资源构成相应的资源空间,两者之间的匹配关系反映了治理地现状资源条件对水土保持措施的适宜度,可用生态适宜度来估计:当治理地现状资源完全满足水土保持措施生存的要求时,生态适宜度为1;当治理地现状资源完全不能满足水土保持措施生存的要求时,生态适宜度为0[94]。

水土保持措施对资源环境的要求通常可分为三类:

第一类,水土保持措施对治理地资源现状的适宜性存在一个适宜的区间$[D_{i\min}, D_{i\max}]$,在治理地资源现状值高于最小阈值$D_{i\min}$、低于最大阈值$D_{i\max}$的区间范围内,治理地资源现状的测度越大越好。如水土保持措施的蓄水保土数量的生态适宜度可用第一类情形描述,数学模型为

$$X_i = \begin{cases} 0 & S_i \leq D_{i\min} \\ \dfrac{S_i}{D_{i\max}} \cdot R_i & D_{i\min} \leq S_i < D_{i\max} \\ 1 & S_i \geq D_{i\max} \end{cases} \tag{1-4}$$

式中: X_i 为 i 种资源位适宜度; S_i 为 i 资源现状的测度; D_i 为对资源 i 要求的测度; $D_{i\min}$ 为 i 资源要求的下限; $D_{i\max}$ 为 i 资源要求的上限; R_i 为 i 资源的风险性测定,常用保证率来测度。

第二类,是在治理地资源可供给的范围内,存在一个适宜的区间$[D_{i\min}, D_{i\max}]$和最适宜的点$D_{i\text{opt}}$,既不能高于一定值$D_{i\max}$,也不能低于一定值$D_{i\min}$,区间范围内资源现状的测度存在一个最适宜的点$D_{i\text{opt}}$,资源现状高于或者低于$D_{i\text{opt}}$,都将成为限制因素。如

水土保持植物措施的生态适宜度可用第二类情形描述,数学模型为

$$X_i = \begin{cases} 0 & S_i \le D_{imin} \text{ 与 } S_i \ge D_{imax} \\ \dfrac{S_i - D_{imin}}{D_{iopt} - D_{imin}} \cdot R_i & D_{imin} < S_i \le D_{iopt} \\ \dfrac{D_{imax} - S_i}{D_{imax} - D_{iopt}} \cdot R_i & D_{iopt} < S_i < D_{imax} \end{cases} \tag{1-5}$$

式中:D_{iopt} 为 i 资源的理想要求(最适)值;其他符号含义同前。

第三类,水土保持措施对资源现状的适宜性无明显的最小阈值 D_{imin} 和最大阈值 D_{imax},但存在一个最适宜值 D_{iopt},资源现状值高于或低于 D_{iopt} 都将成为限制因素。如水土保持措施的蓄水保土效率的生态适宜度可用第三类情形描述,数学模型为

$$X_i = \begin{cases} 1 - \dfrac{|S_i - D_{iopt}|}{D_{iopt}} \cdot R_i & S_i \ne D_{iopt} \\ 1 & S_i = D_{iopt} \end{cases} \tag{1-6}$$

水土保持措施的资源需求生态位是一个多种资源所构成的多维空间。在多维资源需求生态空间中,只要有一种资源不能满足需求的最低要求,即有一种资源的生态适宜度为0,则整个生态适宜度为0。因此,多维资源的生态适宜度指数用下式来估算:

$$X_j = \left(\prod_{i=1}^{n} X_{ij} \right)^{\frac{1}{n}} \tag{1-7}$$

式中:X_j 为 j 水土保持措施的生态适宜性指数;X_{ij} 为 ij 种资源位适宜度。

(二)工程措施对位配置研究

(1)不同级别支沟、不同沟道类型工程的自然及地质状况分析。根据自然降雨、土壤、坡度、坡向、地质等进行该流域的工程地质条件分析及类型划分。

(2)不同工程种类建设条件适宜性分析。

①治沟工程按照《水土保持综合治理技术规范 沟壑治理技术》(GB/T 16453.3—2008)有关沟道治理工程建设条件分列[95]。

A. 沟头防护工程

沟头防护工程应在以小流域为单元的全面规划、综合治理中,与谷坊、淤地坝等沟壑治理措施互相配合,取得共同控制沟壑发展的效果。修建沟头防护工程的重点位置应为:沟头以上有坡面天然集流槽,暴雨中坡面径流由此集中泄入沟头,引起沟头前进和扩张的地方。沟头防护工程的主要任务应为:制止坡面暴雨径流由沟头进入沟道或使之有控制地进入沟道,制止沟头前进,保护地面不被沟壑割切破坏。当坡面来水不仅集中于沟头,同时在沟边另有多处径流分散进入沟道时,应在修建沟头防护工程的同时,围绕沟边,全面地修建沟边埝,制止坡面径流进入沟道。沟头防护工程的防御标准应为 10 年一遇3～6 h 最大暴雨。可根据各地不同降雨情况,分别采取当地最易产生严重水土流失的短历时、高强度暴雨。当沟头以上集水区面积较大(10 hm² 以上)时,应布设相应的治坡措施与小型蓄水工程,减少地表径流汇集沟头。

B. 谷坊工程

谷坊工程应在以小流域为单元的全面规划、综合治理中,与沟头防护、淤地坝等沟壑

治理措施互相配合,获取共同控制沟壑侵蚀的效果。谷坊工程应修建在沟底比降较大(5% ~ 10%或更大)、沟底下切剧烈发展的沟段。其主要任务是巩固并抬高沟床,制止沟底下切,同时也稳定沟坡、制止沟岸扩张(沟坡崩塌、滑塌、泻溜等)。谷坊工程在制止沟蚀的同时,应利用沟中水土资源,发展林(果)牧生产和小型水利。谷坊工程的防御标准应为10 ~ 20年遇3 ~ 6 h最大暴雨;根据各地降雨情况,可分别采用当地最易产生严重水土流失的短历时、高强度暴雨。

C. 淤地坝工程

淤地坝建设应以小流域为单元,全面系统地进行坝系规划与坝址勘测,然后分期分批实施。坝系规划与坝址勘测应建立在小流域水土保持综合调查的基础上。通过综合调查,全面了解流域内的自然条件、社会经济情况、水土流失特点和水土保持现状;同时着重了解沟道情况,包括各级沟道的长度、比降,有代表性的断面、土料、石料分布状况等。坝系规划与坝址勘测应反复研究,逐步落实。首先通过综合调查,对全流域提出坝系的初步规划,再对其中的骨干工程和大中型淤地坝逐个查勘坝址;根据坝址落实情况,对坝系规划进行必要的调整和补充;最后,对选定的第一期工程进行具体勘测,为搞好工程布局和设计创造条件。

②沟坡治理工程,按照《水土保持综合治理技术规范 荒地治理技术》(GB/T 16453.2—2008)建设条件分列。在有水土流失的荒地上采取营造水土保持林措施、人工种草措施以及封山育林或封育草措施的规划、设计、施工和管理等技术要求。

五、沟道水沙资源开发利用对位配置模式研究的验证

通过对所选典型小流域的沟道进行分级、分类后对该流域的治理开发利用方向及模式进行现场调查。调查内容包括该流域内的主要植物措施和工程措施,各措施所在沟坡的坡度、坡向、土壤、树种以及各生物措施的生长量,在沟道内调查淤坝地的面积、常种的作物、产量以及耕作制度,总结现行小流域沟道水沙资源开发利用对位配置模式。

六、沟道综合管理技术模式研究

对不同典型小流域的沟道综合管理技术模式进行现场调查,对现行法律法规政策的落实情况及不同建管模式的调查进行研究,总结成功经验、存在问题,提出改进的意见和建议。

第二章 研究区概况

研究区位于我国西北部的甘肃省,地处青藏高原、蒙新高原和秦巴山地的交会地带,土地总面积45.55万 km²,地理位置为东经92°13′~108°42′、北纬32°37′~42°48′,东接陕西省,南连四川省,西邻新疆、青海两省(区),北与内蒙古自治区和蒙古人民共和国交界,东北与宁夏回族自治区接壤,分属黄河流域、长江流域及内陆河流域。研究区域为黄河流域黄土高原地区,涉及行政区有兰州、定西、天水、平凉、庆阳、白银、临夏、甘南、武威9个市(州)57个县(市、区),总面积14.59万 km²,占全省土地总面积(45.55万 km²)的32.03%,占全国黄土高原地区总面积(64万 km²)的22.80%。

黄土高原地区位于甘肃省中东部,西北黄土高原的西部,东邻陕西,西至乌鞘岭和青海,北接宁夏,南以迭山、西秦岭分水岭为界。地理位置为东经100°43′~108°42′、北纬33°6′~37°39′。区内除分布有少量的土石山地区以外,均被黄土所覆盖,黄土厚度一般为10~300 m,海拔为1 000~3 000m,地势自西北向东南倾斜,沟壑密度多为1.8~2.5 km/km²,平均为2.13 km/km²。该区域内沟壑纵横,梁峁(塬)起伏,山多川少,地形破碎,坡陡沟深,沟道比降大,植被稀疏,支沟多处在发育阶段,暴雨径流使沟床下切,沟头延伸,沟岸崩塌滑坡。根据黄土高原地区地域差异、地面物质组成、土壤侵蚀类型、地貌、植被类型、土地利用现状、气候特征、社会经济状况等因素,将甘肃省黄土高原地区划分为黄土丘陵沟壑第二、三、四、五副区和黄土高塬沟壑区,如图2-1所示。

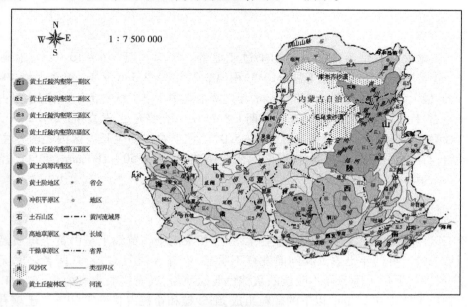

图2-1 黄河流域黄土高原水土保持分区图

第一节　黄土丘陵沟壑第三副区

甘肃省黄土高原黄土丘陵沟壑第三副区(简称丘三区),地处陇中东南部,位于东经104°18′~106°21′,北纬34°23′~35°45′。东依关山,南靠秦岭,西到鸟鼠山,北至华家岭。包括天水、定西、平凉三地(市)的秦安、陇西、通渭、静宁县全部,麦积、秦州、甘谷、武山、漳县北部、清水、张川、庄浪县西部以及灵台县南部小部分地区。总面积1.81万km²,其中水土流失面积占96.8%,属黄土高原严重流失区。

一、地质地貌

丘三区以梁状丘陵为主,自第三纪晚期以来,逐渐形成了本区的地貌骨架。现代剥蚀山地、侵蚀沟谷等地貌景观是在第三纪末第四纪初期古地形基础上覆盖了厚度不同的黄土后,经过了第四纪地质、气候因素作用而形成的。就整个地貌成因而言,以侵蚀地貌为主,堆积地貌次之。主要包括侵蚀中低山丘陵地貌(占15.4%)、剥蚀堆积丘陵地貌(占65.2%)、侵蚀堆积河谷地貌(19.4%),海拔为1 100~2 700 m,沟壑密度为1.5~3.5km/km²。其坡度组成详见表2-1。

表2-1　甘肃省丘三区地面坡度组成

分级项目	<5°	5°~15°	16°~25°	26°~35°	36°~45°	合计
面积(km²)	350.20	9 739.50	7 313.70	534.30	111.90	18 049.60
比例(%)	1.94	53.96	40.52	2.96	0.62	100

二、气象

丘三区地处暖温带半湿润向半干旱过渡地带。年均气温6.6~10.9 ℃,最高气温38.3 ℃,最低气温-26.9 ℃,气温≥10 ℃积温2 225.2~3 536.9 ℃;年降水量404.1~606.7 mm,最大717.9 mm,最小228.2 mm,年内降水集中于夏末秋初,6~9月降水量占全年的66%左右,且多以暴雨形式出现。无霜期138~187 d,光照充足,蒸发量1 271.2~1 519.9 mm,相对湿度66%~70%,干旱指数1.0~5.0,适宜于农作物生长。区内径流量主要由降水补给,与降水分配趋势相同,由东南向西北递减,径流深50~180 mm,年自产径流量8.96亿m³,其中7~9月径流量占全年的45%。

三、土壤

丘三区内所见的土壤主要有黄绵土、黑垆土和灰褐土。黄绵土是由黄土母质经直接耕种而形成的一种幼年土壤。其剖面发育不明显,仅有A层及C层,且两者之间无明显界限,表层与下伏土壤分异不明显的灰棕色腐殖质层,其有机质含量为0.3%~1.0%;黄绵土颗粒主要由0.25 mm以下的颗粒组成,细砂粒和粉粒占总量的60%。土壤有机质含量较低(小于1%),全氮量在0.01%以下;磷、钾含量较丰富,分别为0.12%~0.2%和1.5%~2.5%;pH值为8~8.5,通体呈强石灰性反应。黑垆土是发育于黄土母质上的具有残积黏化层(俗称黑垆土层)的黑钙土型土壤。其剖面上部有一暗灰色的有隐黏化特征的腐殖质层,此层虽较深厚和疏松,但腐殖质含量不高。黑垆土的颗粒组成以粉砂粒为主,其含量约占一半以上;物理性黏粒在腐殖质层约占40%,在母质层和耕作层占28% ~ 30%。黑垆土中矿质养分丰富,全钾含量1.6% ~ 2.0%;全磷含量0.15% ~ 0.17%,但有效磷较低;全氮量0.03% ~ 0.1%;pH值为7.4 ~ 8.0,石灰含量7% ~ 17%。灰褐土又称为灰褐色森林土,是分布在干旱和半干旱地区山地森林下的土壤,具暗棕色或浅褐色的黏化层,其性状与褐土有些相似,但淋溶作用比褐土弱,黏化作用不如褐土明显,土壤养分丰富,土体结构好,持水性、抗蚀性较强。

四、植被

丘三区属森林草原与草原带的过渡地带,全区约有高等植物129科、393属、920余种,植被类型呈现一定的多样性。天然植被受人为活动的长期干扰,森林植被仅在一些海拔高的石质山地的阴坡,有岛状分布的稀疏天然次生林区。主要种类有山杨(*Populus davidiana*)、虎榛子(*Ostryopsis davidiana*)、沙棘(*Hippohgae rhamnoides*)、甘肃山楂(*Crataegus kansuensis*)、秋胡颓子(*Elaeagnus umbellata*)、黑果枸子(*Cotoneaster melanocarpus*)、高山绣线菊(*Spiraea alpina*)、高丛珍珠梅(*Sorbaria arborea*)、蓝靛果(*Lonicera caerulea var. edulis*)、葱皮忍冬(*Lonicera ferdinandii*)、小叶悬钩子(*Rubus taiwanicola parvifolius*)、山荆子(*Malus baccata*)等,基本为森林群落遭严重破坏后的残存种类。地带性草原植被以本氏针茅(*Stipa capillata*)草原为主,次为短花针茅(*Stipa breviflora*)草原、蒿属(*Artemisia*)植物草原。植被大体可分为本氏针茅(*Stipa capillata*)—蒿属(*Artemisia*)群丛、针茅—百里香(*Thymus mongolicus*)群丛、蒿属(*Artemisia*)—百里香(*Thymus mongolicus*)群丛、二裂委陵菜(*Potentilla bifurca*)群丛等。

人工植被主要有农作物中的小麦(*Triticum aestivum*)、玉米(*Zea mays*)、洋芋(*Solanum tuberosum*)、豌豆(*Pisum sativum*)、胡麻(*sesamum indicum*)、油菜(*Brassica napus*)、辣椒(*Capsicum annuum*)、党参(*Codonopsis pilosula*)等,乔木树种中的杨(*Populus*)、柳(*Salix babylonica*)、榆(*Ulmus pumila*)、刺槐(*Robinia pseudoacacia*)、油松(*Pinus tabuliformis*)、侧柏(*Platycladus orientalis*)、泡桐(*Paulownia*)等,灌木树种中的沙棘(*Hippophae rhamnoides*)、柠条(*Caragana Korshinskii*)、紫穗槐(*Amorpha fruticosa*)等,经济林果的苹果(*Malus domestica*)、梨(*Pyrus spp*)、桃(*Amygdalus persica*)、杏(*Armeniaca vulgaris*)、李(*Prunus salicina*)、花椒(*Zanthoxylum bungeanum*)等,牧草中的紫花苜蓿(*Medicago sativa*)、小冠花(*Coronilla varia*)、草木樨(*Melilotus officinais*)等。

五、水土流失危害及治理现状

(一)水土流失危害

丘三区属黄土高原水土严重流失区,其中水土流失面积占土地总面积的96.8%,入黄泥沙主要来自渭河及其一级支流散渡河、葫芦河,渭河输沙量1.55亿t,输沙模数达10 000 t/(km² · a)以上,是黄土高原侵蚀最为严重的地区之一,全区平均输沙模数6 000 ~ 8 000 t/(km² · a)。丘三区水土流失主要类型为水力侵蚀与重力侵蚀,以水蚀为主。两种土壤侵蚀类型在区域内相互作用,广泛发生。水蚀以面蚀、沟蚀形式表现,重力侵蚀则表现为滑坡、崩塌、泻溜等。强度侵蚀主要发生在各侵蚀沟沟坡、沟岸和河岸,主要分布在第三纪红土出露区以及岩石裸露风化强烈的土石山区;中度侵蚀发生在梁坡;轻度侵蚀主要发生在梁顶及坡度较缓的梁坡;川道局部有微度侵蚀。

区域内严重的水土流失,造成生态环境恶化,也直接危害工农业生产,威胁着城乡人民生命财产的安全。概括起来,其主要危害有三个方面。

(1)造成土壤肥力逐年下降。据黄委会天水站测定,坡耕地由于土壤养分不断流失,平均有机质含量仅在 1% 左右,年流失造成肥分损失全氮 4.41 kg/(hm^2·a)、速效磷 11.4 kg/(hm^2·a)、速效钾 262.8 kg/(hm^2·a)。

(2)加剧了自然灾害和滑坡、泥石流的发生,使城乡人民生命财产受到威胁。据中华人民共和国成立以来 40 多年的资料分析,本区冰雹平均每年发生 0.5 次,暴雨平均每年发生 1.9 次,干旱每 1.1 年重现一次。近年来,暴雨更集中在局部发生,干旱呈持续上升趋势。

(3)水土流失的危害性还表现在为下游输送泥沙,仅藉河输入渭河泥沙量就为 842.73 万 t,大量的泥沙在下游沉积加高,危害下游的河防。

(二)水土流失治理现状

丘三区的水土保持治理工作由 1942 年开始(《甘肃省水土保持年报》,下同),截至 2012 年底水土保持措施治理保存面积达 104.72 万 hm^2,水土流失治理程度 52.56%,其中基本农田 48.78 万 hm^2,水保林 34.85 万 hm^2,经济林 3.99 万 hm^2,荒坡种草 10.67 万 hm^2,封禁育林育草 6.45 万 hm^2;修建塘坝 246 座,涝池 12 964 个,谷坊 54 622 座,沟头防护道 9 305 道,水窖 73 871 眼,骨干坝 74 座,淤地坝 142 座。

六、土地利用

土地利用状况见表 2-2(数据来源于《甘肃农村经济年鉴》,下同)。

表 2-2　2008~2012 年丘三区土地利用状况统计

年份	基本农田(万 hm^2)		人工林(万 hm^2)		种草 (万 hm^2)	封禁 (万 hm^2)
	梯田	沟坝地	水保林	经济林		
2008	66.46	0.08	46.97	10.54	19.45	8.50
2009	68.30	0.08	47.52	10.96	19.83	9.01
2010	70.95	0.08	47.33	10.91	18.80	10.17
2011	73.33	0.08	48.21	11.37	20.34	9.60
2012	75.56	0.08	48.53	11.46	20.48	10.16

七、社会经济状况

丘三区含天水市的秦城区、北道区、清水县、秦安县、甘谷县、武山县、张川,定西市的通渭县、陇西县、漳县,平凉市的灵台县、庄浪县、静宁县,共 3 市 13 县,共有乡镇 216 个。

该区 2011 年底总人口为 526.13 万,其中农村人口 517.73 万,占总人口的 98.4%,农业劳力 274.84 万人,占农村人口的 53.1%,人口密度 290 人/km²,人口密度较大。2011 年甘肃省粮食总产量达 215.85 万 t,人均粮食占有量 410 kg,农林牧渔副总产值 186.95 亿元,其中农业产值为 153.23 亿元,占总产值的 82.00%;林业产值为 1.83 亿元,占总产值的 0.98%;牧业产值为 28.18 亿元,占总产值的 15.07%;渔业产值为 0.18 亿元,占总产值的 0.09%;服务业产值为 3.53 亿元,占总产值的 1.89%。研究区产业结构中农业占主导地位,其次是牧业。

第二节 黄土丘陵沟壑第四副区

黄土丘陵沟壑第四副区(简称丘四区),位于东经 102°41′～104°10′、北纬 35°00′～35°40′,主要分布在定西市的渭源县、临洮县,临夏州的临夏市、临夏县、康乐县、广河县、和政县、积石山,共 2 市 8 县,面积 5 080 km²。

一、地质地貌

丘四区的主要地貌为黄土丘陵谷地,多为山地、丘陵,地面破碎,切割较深,间有河谷阶地,海拔大多在 1 800 m 以上,沿洮河、大夏河两岸有多级阶地及河谷冲积平原,较大的阶地被称为塬,地势平坦,如临夏州的北塬,是重要的农耕地带。

二、气象

丘四区属温带半湿润气候,年平均气温为 5.0～8.0 ℃,1 月平均气温为 -8.5～-6.3 ℃,极端最低气温为 -29.0～-23.0 ℃,年内大于 10 ℃ 活动积温 1 810.9～2 415.8 ℃,无霜期为 132～156 d,年均降水量 500～600 mm,年平均蒸发量为 1 259.0～1 431.0 mm,年相对湿度为 63%～71%,干燥度 0.71～0.95。

三、土壤

丘四区土壤主要为黑麻土、栗钙土及部分褐色土,土壤肥力较好。褐土是暖温带半湿热地区阔叶落叶与灌丛林下发育的地带性土壤,主要分布在秦岭以南的半山区和徽成盆地,在垂直分布上处于山地棕壤的下部,大致占据海拔 1 000～1 700 m 的台地、土石丘陵及石质浅山地区,是陇南山地分布面积最大的一个土类。腐殖质层厚 10～30 cm,表层腐殖质含量为 1%～3%,有大量石灰聚积物和石灰结核,呈核状结构,有胶模,其厚度为 10～50 cm,pH 值 7.0 左右,土质疏松,耕性良好。

四、植被

丘四区森林覆被率为 10.81%,森林主要分布在山地阴坡,主要由云杉(*Picea asperata*)、青杆(*Picea wilsonii*)和紫果云杉(*Picea purpurea*)等为优势种组成的亚高山针叶林,乔木层伴生树种有山杨(*Populus davidiana*)、白桦(*Betula platyphylla*)等,灌木层有箭竹(*Fargesia spathacea*)、峨眉蔷薇(*Rosa omeiensis*)、钝叶蔷薇(*Rosa sertata*)、陕甘花楸

(*Sorbus koehneana*)、甘肃小檗(*Berberis kansuensis*)等。在大夏河谷地,海拔 2 400 m 以下阴坡、半阴坡分布有辽东栎(*Quercus wutaishanica*)林、华山松(*Pinus armandii*)林和油松(*Pinus tabuliformis*)林。该区受人为破坏较大,阴坡、半阴坡的森林多被次生灌丛和次生草甸所代替。在海拔 2 800 ~ 3 200 m,为大果圆柏(*Sabina tibetica*)、云杉(*Picea asperata*)、紫果云杉(*Picea purpurea*)与岷江冷杉(*Abies fargesii var. faxoniana*)组成的亚高山针叶林。北部植被较南部差,多为草原景观,主要种类为川青锦鸡儿(*Caragana tibetica*)、灌木铁线莲(*Clematis fruticosa*)、萎蒿(*Artemisia giraldii*)、铁杆蒿(*Tripolium vulgare*)、本氏针茅(*Stipa capillata*)、冠芒草(*nneapogon borealis*)、百里香(*Thymus mongolicus*)等。该区为青杨(*Populus cathayana*)分布和栽培的中心,旱柳(*Salix matsudana*)也栽培广泛。其他常见的栽培树种还有油松(*Pinus tabuliformis*)、新疆杨(*Populus alba var. pyramidalis*)、北京杨(*Populus × beijingensis*)、白榆(*Ulmus pumila*)、杞柳(*Salix integra*)、甘蒙柽柳(*Tamarix austromongolica*)、柠条(*Caragana Korshinskii*)及梨(*Pyrus spp*)、苹果(*Malus domestica*)、花椒(*Zanthoxylum bungeanum*)等。

五、水土流失危害及其治理现状

(一)水土流失现状

丘四区地形复杂,沟壑纵横,并且沟道特征都是沟窄、坡陡、比降大;二级沟道比降在 5% ~ 6.9%,三级沟道比降在 6% ~ 7.7%,四级沟道比降为 6.1% ~ 8.2%;小于 2 km² 的小流域沟道比降更是达到了 18% ~ 28%,全区沟壑密度为 2 ~ 4 km/km²,15° ~ 25°的坡面占 20%,25°以上的坡面占 33.5%;甘肃省丘四区水土流失面积达到 30.69 万 hm²,多年平均侵蚀模数大于 5 000 t/(km² · a)。

(二)水土流失治理现状

丘四区水土流失严重,是水土流失重点治理区,经过多年的治理,水土保持工作取得了可喜的成绩。截至 2012 年底,该区累计水土流失治理面积 14.97 万 hm²,占全区水土流失总面积的 48.78%。完成水平梯田建设 5.87 万 hm²,坝地 0.01 万 hm²,营造水保林 4.08 万 hm²,经济林 2.14 万 hm²,人工种草 1.86 万 hm²,封山育林 1.0 万 hm²,建设塘坝 59 座,谷坊 994 道,涝池 276 个,沟头防护 228 道。水保措施的布设,减少了河流泥沙,减轻了旱、涝、风、沙等自然灾害,改变了自然面貌,改善了生态环境,促进了农林牧副渔业全面发展,保障了交通、工矿、城镇安全,增加了农业产量,造福了当地人民。

六、土地利用现状

丘四区总土地面积 8 943.11 km²,其中农耕地为 18.07 万 hm²,占总土地面积的 20.2%;果园用地面积 0.49 万 hm²,占总土地面积的 0.6%;水平梯田 12.53 万 hm²,占总土地面积的 13.9%;条田 1.86 万 hm²,占总土地面积的 2.1%。人均耕地 0.093 hm²/人(1.4 亩/人)。

七、社会经济状况

丘四区含定西市的渭源县、临洮县,临夏州的临夏市、临夏县、康乐县、广河县、和政县、积石山,共2市8县,共有乡(镇)112个。该区2011年底总人口为201.3万,其中农村人口179.75万,占总人口的89.3%,农业劳力96.06万人,占农村人口的53.4%,人口密度396人/km²,人口密度较大。2011年甘肃省粮食总产量达64.67万t,人均粮食占有量321 kg,农林牧渔副总产值44.21亿元,其中农业产值为32.07亿元,占总产值的72.5%;林业产值为1.02亿元,占总产值的2.3%;牧业产值为9.92亿元,占总产值的22.4%;渔业产值为0.11亿元,占总产值的0.2%;服务业产值为1.11亿元,占总产值的2.5%。研究区产业结构中农业占主导地位,其次是牧业。

第三节　黄土丘陵沟壑第五副区

黄土丘陵沟壑第五副区(简称丘五区),位于东经102°36′~105°20′、北纬35°21′~37°37′,面积41 228.6 km²。主要分布在兰州市的城关区、七里河区、西固区、安宁区、红古区、永登县、皋兰县、榆中县;白银市的白银区、平川区、靖远县、会宁县;定西市的安定区、渭源县、临洮县;庆阳市的环县、华池县;临夏州的永靖县、东乡,共5市19县(区)。

一、地形地貌

丘五区位于陇中黄土丘陵沟壑区中部,地质构造属祁连山褶皱系东延部分与西秦岭褶皱系交接间的隆起地带,由于新生代以来中生代、新生代喜马拉雅期造山运动活跃,使地质基部与上部盖层产生大幅度不均衡的升降运动,形成断陷山地。基岩以古老的太古代皋兰系变质岩、南山系变质板岩,片岩、石英岩为主,其次为白垩系砂质岩及第三系红色地层,沉积最大深度近千米。于第四纪在第三纪红层上沉积了厚度为100 m以内的风成黄土。地貌多为梁峁为主的丘陵沟壑,间有低中山和川、台地,地形多为黄土长梁和河谷阶地,呈黄土岭、沟壑谷地起伏景观,海拔大多在1 600~2 300 m,沟壑密度1.0~3.0 km/km²。

二、气象

丘五区属温带半干旱气候,年均气温6.3~6.6 ℃,1月平均气温-8.1~-7.0 ℃,极端最低气温-27.2~-22.8 ℃,气温≥10 ℃活动积温2 088.5~2 370.9 ℃,无霜期135~167 d,年均降水量350~475 mm,年蒸发量1 407~1 736 mm,年相对湿度为61%~66%,干燥度1.25~1.58。

三、土壤

丘五区位于黄土高原的西部,土壤母质基本为第四纪风成黄土,地带性土壤主要为灰钙土、黄绵土,局部河滩地和低洼地有盐碱土分布。由于侵蚀作用的影响,部分山体基部和侵蚀沟底有第三纪红层裸露,红层经长期风化成红砂土和红黏土。山坡地带由于侵蚀强烈,植被稀疏,成土过程缓慢,原始土壤已残存无几,现所见土壤基本为黄土母质或灰钙土下残存的钙积层,腐殖质缺乏、有机质含量低,土壤肥力和保水保肥能力差。

灰钙土为草原带到荒漠带的过渡性土壤,是黄土母质或黄土状沉积物在弱腐殖化和强钙化的共同作用下形成的,腐殖质层薄,有机质少,并与钙积层有明显的分异,而钙积层多较坚实。黄绵土是由黄土母质经直接耕种而形成的一种幼年土壤,土体疏松、软绵,土色浅淡,剖面发育不明显,土壤熟化程度低,有机质含量低,透水性好。

四、植被

丘五区植被属典型的草原植被,以禾本科、菊科和豆科植物为主。由于长期受人为生产和生活等的干扰,原始植被破坏十分严重,部分灌木树种呈零星分布,草本植物多生长不良,造成植被稀疏,种类相对缺乏。地带性植被以本氏针茅(*Stipa capillata*)草原为主,其次为短花针茅(*Stipa breviflora*)草原、百里香(*Thymus mongolicus*)、蒿属(*Artemisia*)植物草原;其他植物有大针茅(*Stipa grandis*)、铁杆蒿(*Tripolium vulgare*)、二裂委陵菜(*Potentilla bifurca*)、多茎委陵菜(*Potentilla multicaulis*)、紫花地丁(*Viola philippica*)、二色棘豆(*Oxytropis bicolor*)、骆驼蓬(*Peganum harmala*)、早熟禾(*Poa annua*)、冰草(*Agropyron cristatum*)、甘草(*Glycyrrhiza uralensis*)、狗尾草(*Setaria viridis*)等,常见的天然分布的灌木有锦鸡儿(*Caragana sinica*)、柽柳(*Tamarix chinensis*)、白刺(*Nitraria tangutorum*)、枸杞(*Lycium, chinense*)、沙棘(*Hippophae rhamnoides*)、狼牙刺(*Sophora viciifolia*)、胡枝子(*Lespedeza bicolor*)、麻黄(*Ephedra sinica*)等,常见的分布乔木有旱柳(*Salix matsudana*)、白榆(*Ulmus pumila*)、臭椿(*Ailanthus altissima*)、国槐(*Sophora japonica*)、青杨(*Populus cathayana*)、河北杨(*Populus hopeiensis*)、山杏(*Armeniaca sibirica*)、侧柏(*Platycladus orientalis*)。

五、水土流失现状及其治理现状

(一)水土流失现状

丘五区土壤侵蚀类型主要有水蚀、风蚀与重力侵蚀三种,主要以水力侵蚀为主,其次是风力侵蚀,兼有重力侵蚀。该区截至 2011 年底有水土流失面积为 2.47 万 km^2,多年平均侵蚀模数在 3 500 ~ 6 000 $t/(km^2 \cdot a)$ 以上。造成水土流失的因素分为自然因素和人为因素。自然因素:由于气候类型属温带半干旱气候,日照充足,昼夜温差大,降水量小而蒸发量大,降雨历时短,地势陡峭,地貌破碎,植被覆盖度较低,降雨短时间就能汇集成地表径流,土壤类型以黄绵土和灰钙土为主,土壤疏松,很容易被地表径流冲刷,造成严重的水土流失。人为因素:长期以来人类在生活的过程中过度开垦荒坡和过度放牧,造成地表植被和土壤结构的破坏,同时在生产建设过程中乱挖乱弃,形成人工再塑地貌,造成严重的水土流失。

(二)水土流失治理现状

自 20 世纪 80 年代以来,丘五区的水土保持工作经过长期的治理水土流失实践,从单纯地采取平整土地,沟头防护,防洪排水,修建农田林网,草田轮作,修谷坊、涝池、水窖,挖水平沟、月牙坑,封山育林,造林种树等工程措施、生物措施以及农业措施,发展到了以小流域生态农业系统理论为指导,以治理水土流失、建设生态农业,实现山川秀美为目标,坚持"防预为主,全面规划、综合防治、因地制宜、加强管理,注重效益"的水土保持工作方针,充分利用水土资源,合理安排农林牧用地,坚持工程措施、植物措施、蓄水保土相结合,治理与开发相结合,预防和保护相结合,保护和开发利用相结合的原则,水土保持工作取得了显著的成绩。

截至 2011 年底,丘五区新净增治理面积 1 657 822 hm²,其中基本农田 597 936 hm²,水保林 572 662 hm²,经济林 90 257 hm²,人工种草 250 133 hm²,封山育草 136 362 hm²,引洪漫地 10 470 hm²,修建塘坝 254 座,涝池 4 826 个,谷坊 42 422 座,沟头防护道 5 381 道,淤地坝 748 座。

六、社会经济状况

截止到 2011 年底,丘五区总人口为 697.71 万,其中农村人口 448.78 万,占总人口的 64%,农业劳力 238.36 万个,占农村人口的 53.1%,人口密度 170 人/km²,人口密度较大。项目区总土地面积 52 967.68 km²,其中农耕地为 8 764.78 km²,占总土地面积的 16.5%;果园用地面积 382.92 km²,占总土地面积的 0.7%;水平梯田 5 574.92 km²,占总土地面积的 10.5%;条田 929.33 km²,占总土地面积的 1.8%。2011 年,全省粮食总产量达 206.28 万 t,人均粮食占有量 296 kg,农林牧渔副总产值 188.81 亿元,其中:农业产值为 135.35 亿元,占总产值的 71.7%;林业产值为 2.99 亿元,占总产值的 1.6%;牧业产值为 43.87 亿元,占总产值的 23.2%;渔业产值为 0.47 亿元,占总产值的 0.3%;服务业产值为 6.14 亿元,占总产值的 3.2%。研究区产业结构中农业占主导地位,其次是牧业。

第四节　黄土高塬沟壑区

甘肃省黄土高塬沟壑区位于甘肃省东部,西近六盘山,东靠子午岭,北部与环县、华池、庆阳、固原一线的丘二区接壤,西南邻近达溪河同丘三区连接,东南与陕西省长武县(属黄土高塬沟壑区)相连。地理位置在东经 106°40′~108°25′、北纬 34°37′~35°52′,总土地面积 15 149 km²,包括庆阳市的庆城、西峰、合水、宁县、正宁、镇原和平凉市的泾川、平凉、崇信、灵台等 10 个县(市)的 111 个乡。

一、地质地貌

黄土高塬沟壑区地势大致由东北西三面向中南部倾斜,坡度较缓,呈簸箕状,腹地较洼,地面全部为第四系黄土所覆盖,黄土沉积深厚,多在几十至百米以上。海拔一般为 1 000~1 800 m,六盘山的峰顶五台山最高海拔 2 748 m,南部泾河河谷最低海拔 885 m。周围地区主要以丘陵为主,间有残塬,在腹地河川沟谷之间,分布着大小不等、形状各异的黄土塬地。经过泾河及其支流的侵蚀切割,区内塬、梁、峁及坪、川、沟等多级阶状地貌相间并存,主要以丘陵为主,间有残塬;塬面地势平坦,保存比较完整的有董志、早胜、屯字、高坪、什字等 26 个塬。尤以董志塬最为典型,董志塬海拔 1 200~1 600 m,介于泾河支流蒲河与马莲河,南北长 80 km,东西宽约 40 km,面积 2 200 多 km²。由于长期的侵蚀切割,塬面已被沟壑严重蚕食,呈现出沟壑纵横交错的鸡爪状,有的塬已名存实亡,沦为丘陵沟壑。

二、气象

甘肃省黄土高塬沟壑区年平均气温 8~10 ℃,最冷的 1 月平均气温 -4~7 ℃,最热的 7 月平均气温 20.5 ~ 23 ℃,年内最高气温 39 ℃,年内最低气温 - 25.4 ℃,平均日较差 9 ~ 12 ℃,大于 10 ℃积温 2 700 ~ 3 320 ℃,年日照时数 3 060 h,四季分明,气候温和,气温 大于 10 ℃积温以泾河川道最高,以董志塬、早胜塬、屯子塬、荔堡塬、玉都等蒲河中下游的 大塬为中心,向北、向东、向南逐步递减。无霜期 153 ~ 174 d,年降水 500 ~ 650 mm,年内 降水分配不均,7 月、8 月、9 月三个月的降水占全年的 60%,本区干燥度 1.3 ~ 1.8,属半 温带半湿润气候。

三、土壤

根据甘肃省黄土高塬沟壑区土壤普查资料得知,本区的主要土壤有黑垆土、黄绵土、 红土、新积土。

(1)黑垆土。是本区主要的地带性土壤,发育在马兰黄土母质上,广泛分布于大小塬 面、河川、沟谷的高阶地。是历史疏林草原下形成的自然土壤,具有明显的腐殖质积累过 程和石灰淋溶沉淀过程。在长期耕作过程中,由于受施用农家肥的影响,耕层颜色呈灰棕 色,有机质含量 0.8% ~ 1.2%,全氮含量 0.06% ~ 0.09%,磷钾含量比较丰富,质地属轻 壤、中壤,土体疏松,孔隙度大,pH 值 8.3,适种作物广泛。

(2)黄绵土。是本区分布最广、面积最大的一类土壤。是在马兰黄土和离石黄土母 质上形成的一种侵蚀性土壤,主要分布在塬边、沟坡地上。在形成过程中,由于受土壤侵 蚀经常反熟化过程影响,成土作用微弱,处于侵蚀—发育—侵蚀的循环中,很难形成充分 熟化和具备完整剖面的土壤,属初育土型幼年土。其粒径大于 0.05 mm 砂粒含量在 10% 左右,所以土壤不黏不砂,松散绵软,耕性良好,磷钾含量丰富,但水解性(有效性)磷钾含 量小,有机质含量多不足 0.8%,全氮含量 0.06%,肥力高低与当地水土流失关系密切。

(3)红土。主要分布在主沟中下游及支沟下游沟床两侧坡脚处,坡度较陡,一般大于 35°,呈泻溜侵蚀。其土质黏重,土体坚实,块状结构,通透性差,肥力低下。黏粒含量小于 30%,干密度 1.5 ~ 1.6 g/cm³,厚度 50 ~ 100 m。质地坚硬,抗冲力强。但由于孔隙小,膨 胀系数大,遇到干湿、冷热变化,极易剥落,发生"红土泻溜"现象。

(4)新积土。是近代河流冲积、洪物质形成的土壤,主要分布于河川、沟谷、河滩地、 坝地上。冲积、洪积母质形成的土壤,一般剖面质地沉积层次明显。河滩地多为砂砾质, 沟坝地较细,台地则为夹石砾的均质次生黄土,新积土水肥条件较好,是较好的农业、林业 土壤。

由于各部黄土形成的地质年代以及黄土的理化性质、力学特性、颗粒组成、膨胀系数、 渗透系数、湿陷性不同,质地不一,抗冲抗蚀能力不一样,所以对土壤侵蚀的影响也各不相 同。在流域中侵蚀最严重的部位是沟谷部分,特别是中游沟谷底部,其中一部分属于下更 新统及中更新统初期,岩体厚度高出河床 80 m 以上,岩层属黄土状重亚黏土,由于质地密 实、坚硬,胶体颗粒含量高,透水性差,膨胀系数大,抗蚀能力强,遇水后,表面易于吸水膨 胀,但水分不易进入土体以内,因而在受外界水汽、冷热、冻融、风化作用后,易于干缩湿 胀,表层形成鳞片状剥蚀现象,即"红土泻溜"。这种侵蚀很活跃,常年累月进行,冬春最 为严重,泻溜体大量堆积在沟谷的坡脚,为泥沙的主要产区,为洪水搬运泥沙创造了极为 有利的条件。另一部分属于更新统晚期的冲积层,系黄土状亚黏土和亚砂土组成的二、三级阶段地,坡度较陡,一般在45°以上,有的地方成悬崖立壁,根部受洪水长期淘冲作用,或受地下水的浸润作用以后,形成大量的崩塌、滑塌现象。另外,在有些地下水活跃的支毛沟上游地方,如遇到连续降雨的影响,沟谷的底部整个形成一种蠕动侵蚀,这种侵蚀、破坏作用极为严重,可以使整个草坡被滑走。以上这两种侵蚀是沟谷泥沙的主要来源区。

四、植被

甘肃省黄土高塬沟壑区植被上属暖温性森林草原带型。基本上无天然森林植被,仅有的天然草植被主要分布在沟坡和山坡上,大多不连片。阴坡生长的优势种有大针茅(*Stipa grandis*)、铁杆蒿(*Tripolium vulgare*)、本氏针茅(*Stipa capillata*)、茵陈蒿(*Artemisia capillaris*)等,伴生种有达乌里胡枝子(*Lespedeza davurica*)、紫菀(*Aster tataricus*)等,一般草高12~18 cm,覆盖度60%~100%,阳坡地势相对平缓,大部分已被开垦为梯田,草地面积很小,生长的优势种有白羊草(*Bothriochloa ischaemum*)、本氏针茅(*Stipa capillata*)、茵陈蒿(*Artemisia capillaris*)、短花针茅(*Stipa breviflora*)等,草高15~40 cm,覆盖度30%~90%,人工草有紫花苜蓿(*Medicago sativa*)。人工乔灌植被以刺槐(*Robinia pseudoacacia*)、山杏(*Armeniaca sibirica*)、白榆(*Ulmus pumila*)、柠条(*Caragana Korshinskii*)、沙棘(*Hippophae rhamnoides*)、紫穗槐(*Amorpha fruticosa*)为主。四旁绿化伴生树种有柳树(*Salix babylonica*)、楸树(*Catalpa bungei*)、泡桐(*Paulownia*)、椿树(*Ailanthus altissima*)、国槐(*Sophora japonica*)、枣树(*Ziziphus jujuba*)、核桃(*Juglans regia*)、苹果(*Malus domestica*)、梨(*Pyrus spp*)、李子(*Prunus salicina*)等树种。

五、水土流失危害及其治理现状

(一)水土流失危害

甘肃省黄土高塬沟壑区土壤侵蚀包括水力侵蚀、重力侵蚀和风力侵蚀三种类型。其中,以水力侵蚀和重力侵蚀为主和最为严重。黄土高塬沟壑区的水土流失危害主要表现在,蚕蚀塬面,减少农田,毁坏道路,损坏庄园,恶化坡面开发利用条件,加重防治难度,加大治理投入,延长治理时限,影响当地生态环境与经济社会可持续发展,给下游带来河道、水利设施冲淤、毁坏等严重危害,阻碍国民经济与生态环境建设发展。

(二)水土流失治理现状

黄土高塬沟壑区的水土保持治理工作零星地由1955年开始,截至2012年底,黄土高塬沟壑区梯、林、草、坝四项水土保持措施达8 075.1 km²,占流域总面积的53.3%,其中基本农田3 236.8 km²,人工造林3 789.16 km²,人工种草761.29 km²,封坡育草49.33 km²,封山育林238.50 km²,引洪漫地40.4 km²,修建塘坝92座,涝池13 925个,谷坊46 764座,沟头防护道4 928道,骨干坝122座,淤地坝259座。

六、土地利用现状

截至2012年底,甘肃省黄土高塬沟壑区梯、林、草、坝四项水土保持措施治理面积达8 075.1 km²,占流域总面积的53.3%,其中基本农田3 236.8 km²,人工造林3 789.16 km²,人工种草761.29 km²,封坡育草49.33 km²,封山育林238.50 km²,引洪漫地40.4

km², 修建塘坝 92 座, 涝池 13 925 个, 谷坊 46 764 座, 沟头防护道 4 928 道, 骨干坝 122 座, 淤地坝 259 座。其余为坡耕地、荒地、难利用地、道路居民等。

七、社会经济状况

甘肃省黄土高塬沟壑区含平凉市的崆峒区、崇信、灵台、泾川和庆阳市的西峰、镇原、宁县、正宁、合水、庆阳县(区), 共 2 市 10 县(区), 共有乡(镇)131 个。该区 2011 年底总人口为 286.91 万, 其中农村人口 279.36 万, 占总人口的 97.3%, 农业劳力 144.43 万个, 占农村人口的 51.7%, 人口密度 244 人/km², 人口密度较大。2011 年甘肃省粮食总产量达 151.99 万 t, 人均粮食占有量 530 kg, 农林牧渔副总产值 138.37 亿元, 其中农业产值为 106.94 亿元, 占总产值的 77.3%; 林业产值为 2.29 亿元, 占总产值的 1.7%; 牧业产值为 21.01 亿元, 占总产值的 15.2%; 渔业产值为 0.17 亿元, 占总产值的 0.1%; 服务业产值为 7.96 亿元, 占总产值的 5.8%; 研究区产业结构中农业占主导地位, 其次是牧业。

第五节　研究点概况

各类型区研究点的选取主要依据如下: 在各类型区范围自然条件、社会经济状况、水土保持工作开展情况及沟道特征等方面均具有代表性; 较长的监测资料序列; 开展过多项试验研究课题; 较为全面的流域治理资料; 相对便利的交通条件等。为此, 将选择丘三区的罗玉沟、吕二沟流域, 丘五区的安家沟、高泉沟、称钩河、峪岭沟及广丰流域, 高塬沟壑区的南小河沟流域。

一、罗玉沟流域基本情况

罗玉沟流域属丘三区, 位于东经 105°30′ ~ 105°45′, 北纬 34°34′ ~ 34°40′, 是渭河支流藉河的一条支沟, 位置示意图见图 2-2。北以天水北山与渭河干流相邻, 南隔中梁山与藉河平行, 流域面积 72.79 km², 呈柳叶形。流域干沟长 21 810 m, 平均宽度 3 370 m, 海拔为 1 190 ~ 1 895.3 m, 相对高差 705.3 m。流域内丘陵起伏, 沟壑纵横, 有大小支沟 193 条, 沟壑密度 5.43 km/km², 主沟比降为 3.35%, 支毛沟比降一般大于 25%。

(一)地质地貌

罗玉沟流域是陇西构造盆地的东南缘。表层为更新统(Q_3)马兰黄土, 多见于如梁、谷坡、台地; 下层是第三系(N)灰、绿、棕、红杂色猫土夹砂砾岩, 常露于沟坡及沟道; 基底为前展旦系(A)片麻岩、花岗岩, 出露于凤凰山到滴水崖逆断层北侧。

罗玉沟流域坡度组成复杂, 小于 5°的坡面面积占流域面积的 7.20%, 5° ~ 10°的坡面面积占流域面积的 23.10%, 10° ~ 15°的坡面面积占流域面积的 28.10%, 15° ~ 20°的坡面面积占流域面积的 17.20%, 20° ~ 25°的坡面面积占流域面积的 12.20%, 大于 25°的坡面面积占流域面积的 12.20%, 按面积加权法计算的流域平均坡度为 19°8′, 详见表 2-3。

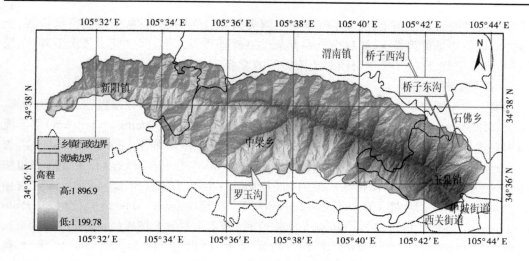

图 2-2　罗玉沟流域位置示意图

表 2-3　罗玉沟流域坡度组成表

坡度	0°~5°	5°~10°	10°~15°	15°~20°	20°~25°	25°以上
面积(km²)	5.24	16.82	20.46	12.52	8.88	8.88
占流域面积比例(%)	7.20	23.10	28.10	17.20	12.20	12.20

(二)气象

罗玉沟流域在天水市秦州区,属大陆性季风气候,由于受季风随季节变化的影响,降水的季节分配很不均匀,冬春干旱少雨,秋夏降水集中。据流域附近的天水气象台 1942~1980 年资料统计,多年平均降雨量为 531.1 mm,多年平均 6~9 月雨量占年雨量的 64.7%。1953~1982 年平均年蒸发量 1 293.3 mm。干燥度指标 $K=1.30$,属半湿润地区,但因降水分布不均,干旱灾害频繁,1953~1982 年的 30 年中,有 23 年发生不同程度的各种干旱,干旱年占 30 年的 76.7%。流域气候比较温和,1942~1980 年平均气温 10.7 ℃;历年极端最高气温 38.2 ℃(1942 年 7 月 21 日),极端最低气温 -19.2 ℃(1955 年 1 月 10 日);大于或等于 10 ℃活动积温 3 360 ℃,多年平均无霜期 184 d;年日照时数 2 032.1 h,日照百分率 46%;年太阳幅射量 126.8 kcal/cm²(1 kcal = 4.186 8 kJ);年平均风速 1.3 m/s;年最大风速 21 m/s(风向东南,1971 年 4 月 27 日),年最多风向为静风,出现频率为 40%;1953~1982 年平均相对湿度 68%,最大的年平均值为 75%。

(三)土壤

罗玉沟流域土壤类型较为复杂,既有地带性土壤,也有耕作土壤。按成土过程和发育阶段将流域内的土壤划分为褐土、黑垆土、黄绵土、红黏土、淤积土等 5 个土类,包括黄土质石灰性褐土、砂土质石灰性褐土、红土质石灰性褐土、黄鸡粪土、黑鸡粪土、砂土质黑垆土性土、黄绵土、砂砾质青杂土、青杂土、板土、河淀黄土、河淀砂砾土等 12 个土种,其中黑鸡粪土在流域中所占比重最大,河淀黄土所占比重最小。罗玉沟流域土壤的地域分异比较明显。从下游到上游土壤类型由温暖半湿润气候条件下的黑垆土、黄绵土转变为湿润条件下发育的石灰性褐土,反映了气候对土壤类型和分布的影响;从山坡到支沟沟谷,土壤的变化趋势是黄鸡粪土、黑鸡粪土→青杂土→砂砾质青杂土,而且肥力依次下降,土层浅薄,结构变差,反映了土壤母质对土壤类型的影响。

(四)植被

罗玉沟流域农耕地占流域总面积的 55.0%,自然植被较差,植被覆盖度约占 30.0%。主要农作物有小麦(*Triticum aestivum*)、玉米(*Zea mays*)、洋芋(*Solanum tuberosum*)等。流域内乔木均为人工植被,灌木全部为天然生长。经济林以苹果(*Malus domestica*)、杏(*Armeniaca vulgaris*)、梨(*Pyrus spp*)、核桃(*Juglans regia*)为主。流域内有主要高等植物49 科 230 余种,其中乔木主要有银白杨(*Populus alba*)、旱柳(*Salix matsudana*)、白榆(*Ulmus pumila*)、刺槐(*Robinia pseudoacacia*)、香椿(*Toona sinensis*)、油松(*Pinus tabuliformis*)、侧柏(*Platycladus orientalis*)等 39 种;灌木主要有紫穗槐(*Amorpha fruticosa*)、花椒(*Zanthoxylum bungeanum*)等 19 种;草本植物以豆科(*Leguminosae*)、禾本科(*Gramineae*)、菊科(*Compositae*)、蔷薇科(*Rosaceae*)为最多,如紫花苜蓿(*Medicago sativa*)、草木樨(*Melilotus officinalis*)、赖草(*Leymus secalinus*)、白草(*Pennisetum centrasiaticum*)及蒿类(*Artemisia*)等 172 种。因人工采伐破坏及过度放牧,形成大片荒坡并轮番开垦耕种,植被逐年减少。

(五)水土流失危害及其治理现状

罗玉沟流域水力侵蚀分布最为普遍,梁峁顶为轻微面蚀;梁坡为轻度或中度面蚀,沟蚀轻微;谷坡有中度沟蚀和轻微面蚀;沟坡和沟床有中度或强烈沟蚀,沟道发育主要是以沟底下切和沟头前进的方式进行。重力侵蚀主要分布于干沟两岸及支沟沟坡,前者由于河道弯曲,或人们不适当在一岸修筑河堤,水流集中冲淘河岸而发生崩塌或滑坡,后者多由于沟底下切及地下水的浸润,破坏了土体平衡条件而发生滑坡,在基本没有植被、坡度陡峻的裸岩地及杂色土裸土地,则常表现为泻溜。罗玉沟流域共有活动性大小滑坡、崩塌193 处,合计面积 55.93 hm²,占流域面积 0.77%,其水土流失强度见表 2-4。

表 2-4　罗玉沟流域侵蚀强度统计表

级序	微度	轻度	中度	强度	极强度	剧烈	合计
占流域面积(%)	—	5.00	35.92	41.54	14.44	3.10	100.00
面积(hm²)	—	364.33	2 614.83	3 023.36	1 050.81	225.67	7 279.00

流域水土流失实际治理面积 3 887.25 hm²,占流域总面积的 53.40%,其中林地面积1 518.78 hm²,牧草地面积901.99 hm²,水平梯田面积 1 466.48 hm²,水土保持工程措施有淤地坝23 座,其中骨干坝2 座,中型坝2 座,小型坝19 座(位于桥子东沟),土坝、石坝、石谷坊、土柳谷坊、塘坝、蓄水池、涝池、水窖多处,目前大部分已不能发挥效益。

(六)土地利用现状

罗玉沟流域山地面积大,河谷川台地较少,长期以来农业结构较为单一,以粮食生产为主。近年来随着农业结构调整和土地资源开发力度的不断加大,同时受退耕还林还草影响,土地利用率不断提高,梯田和经济林果面积不断增大,土地生产效益得到较大的提高。2010 年罗玉沟小流域土地利用状况见表 2-5。

表2-5　2010年罗玉沟小流域土地利用状况表　　　　（单位:hm²）

土地利用类型	土地利用措施	面积
农地	坡耕地	2 849.82
	梯田	1 466.48
	小计	4 316.30
林地	灌木	340.74
	有林地	432.24
	经济林	745.81
	小计	1 518.78
牧草地	天然草地	311.50
	人工草地	590.49
	小计	901.99
未利用土地	滩地	73.01
	裸地	62.18
	小计	135.19
采矿用地		10.05
道路		116.61
村庄		280.08
总面积		7 279.00

（七）社会经济状况

罗玉沟流域属天水市秦州区、麦积区的玉泉镇、中梁乡、渭南镇、新阳镇等4个乡（镇）管辖,下辖42个村委会。根据调查统计,有4 203户,19 316人,从业人员9 941人,年人均产粮294.8 kg,年人均收入958元,主要粮食作物有小麦、玉米、洋芋、荞麦等,主要经济作物有胡麻、油菜等。流域内耕地面积4 316.30 hm²,人均耕地面积0.22 hm²。

二、吕二沟流域基本情况

（一）地质地貌

吕二沟流域示意图如图2-3所示。该流域在地质构造上属陇西盆地东边缘地带,上游系白垩纪红色砂砾层,下游显现甘肃系红层及局部漂白层,岩石多为红色砂砾岩,岩性松软,易风化剥落。分水梁峁为黄土覆盖,低山坡脚为青土与红土露头,土层厚薄不等,色调不一,类型复杂。

吕二沟流域坡度组成复杂,小于5°的坡面面积占流域面积的6.25%,5°~10°的坡面面积占流域面积的18.15%,10°~15°的坡面面积占流域面积的16.15%,15°~20°的坡面面积占流域面积的22.23%,20°~25°的坡面面积占流域面积的8.74%,大于25°的坡面

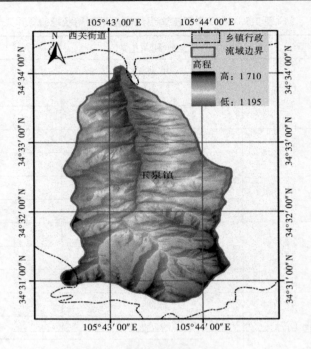

图 2-3　吕二沟流域示意图

面积占流域面积的 28.48%,详见表 2-6。

表 2-6　吕二沟流域坡度组成表

坡度	0°~5°	5°~10°	10°~15°	15°~20°	20°~25°	25°以上
面积(km²)	0.75	2.18	1.94	2.67	1.05	3.42
占流域面积比例(%)	6.25	18.15	16.15	22.23	8.74	28.48

(二)气象

气象条件同罗玉沟流域。

(三)土壤

吕二沟流域在地质构造上属陇中盆地东南边缘地带,地层微向北倾斜,单斜构造,局部地方有断层。其地层结构由老到新依次为新近纪红色及紫色砂砾岩,红色、青灰色黏土和第四纪马兰黄土。此外,在沟谷中有近代沉积层和坡积物。

流域内有八种土壤,分布最广的是梁坡的黄土质灰褐土,土壤质地为中壤,厚度在 50 cm 以上;其次为含黏土或砂砾薄层坡积黄土质灰褐土,土壤质地为中壤,厚 25~100 cm;土壤质地为砂壤的砂砾质灰褐土型粗骨土及土壤质地为黏土、含少量粉砂的红黏土质灰褐土型粗骨土;其余土种面积很小。

(四)植被

吕二沟流域上游植被较好,覆盖度达 70% 以上,草本植物多为白草(*Pennisetum centrasiaticum*)、青蒿(*Artemisia carvifolia*)、铁杆蒿(*Tripolium vulgare*)、苜蓿(*Medicago sativa*)等,木本植物以洋槐(*Robinia pseudoacacia*)、花椒(*Zanthoxylum bungeanum*)、核桃

（*Juglans regia*）为主；中、下游植被较差，覆盖度较差，大部为耕地，主要农作物有小麦（*Triticum aestivum*）、玉米（*Zea mays*）、洋芋（*Solanum tuberosum*）等。流域内无原生林木，上游局部地方残存小片沙棘（*Hippophae rhamnoides*）灌丛，人工林主要是刺槐（*Robinia pseudoacacia*）。

（五）水土流失危害及其治理现状

吕二沟流域坡耕地、天然荒坡地的水土流失程度最高，主要是汛期暴雨和高强度的降雨造成了坡面土壤侵蚀；沟壑地的水土流失较沟间地大，陡崖崩塌、泻溜等重力侵蚀十分严重，其重力侵蚀情况见表2-7。

表2-7　吕二沟流域重力侵蚀情况

侵蚀类型	处数（处）	面积（hm²）	年输沙总量（t）
滑坡	64	368.00	55 660
崩塌	17	12.67	3 834
泻溜	32		4 308

流域实际治理面积711.21 hm²，占流域总面积的59.22%。其中，林地面积361.77 hm²（多系新造幼林），牧草地面积349.45 hm²，水平梯田330.67 hm²。此外，尚有水利水土保持工程措施拦泥坝1座，土柳谷坊、涝池、水窖多处，大部分已不能继续发挥效益。

（六）土地利用现状

吕二沟流域山多川少，以粮食种植为主，多年的小流域综合治理，使流域内水土流失状况得到很大改善，植被覆盖度达到60%左右。受退耕还林影响，坡耕地面积有所减少，梯田、林地面积有所增加。2010年吕二沟流域土地利用状况见表2-8。

表2-8　2010年吕二沟流域土地利用状况

土地利用类型	土地利用措施	面积（hm²）
农地	坡耕地	230.67
	梯田	185.77
	小计	416.44
林地	灌木	107.47
	有林地	223.48
	经济林	30.81
	小计	361.76
牧草地		349.45
未利用土地	滩地	11.29
	裸地	25.19
	小计	36.48
道路用地		5.08
村庄		31.78
合计		1 200.99

（七）社会经济状况

吕二沟流域属天水市秦州区玉泉镇管辖,流域内有 8 个自然村,分属半坡寨、肖家沟、杨河、曹家崖、李官湾、石马坪、东团庄等 7 个村委会。据本次调查统计,有 460 户 2 200 人,从业人员 1 080 人,年人均产粮 525 kg,年人均收入 1 127 元,流域内耕地面积 416.44 hm²,人均耕地 0.19 hm²,主要粮食作物有小麦、玉米、洋芋、荞麦等,主要经济作物有胡麻、油菜。

三、安家沟流域基本情况

（一）地理位置

安家沟流域属丘五区,是定西市水土保持科学研究所的科学研究基地。地处定西市安定区凤翔镇,位于东经 104°38′13″ ～ 104°40′25″、北纬 35°33′02″ ～ 35°35′29″。该流域是黄河流域祖厉河水系关川河的一条小支沟,流域面积为 8.56 km²,海拔 1 900 ～ 2 250 m,相对高差 350 m,平均坡降 86‰。

（二）地形地貌

流域由两条主要侵蚀沟道切割,一条为马家岔沟,全长 3.48 km;另一条为安家沟,全长 3.2 km。形成两沟、一梁、四面坡的地貌景观,整体地形由于在古代侵蚀的基础上又经历了长期的现代侵蚀,形成了切割严重的梁峁顶、梁峁坡、阶平、沟谷四大地貌类型。流域内有大小支毛沟 42 条,沟壑密度 3.14 km/km²。流域内坡度 <5° 的土地面积占总面积的 11.7%,坡度 >25° 的土地面积占总面积的 11.2%。流域平均坡度为 14.3°。

梁峁顶占总面积的 0.9%,海拔为 2 100 ～ 2 250 m,全部被黄土所覆盖,一般厚度为 40 ～ 60 m。地形为长条形分水岭,坡度较缓,水力侵蚀轻微。梁峁坡指梁峁顶以下到阶坪以上的区域,占流域总面积的 74.6%,是径流泥沙的主要产区。由于长期的土壤侵蚀,整个坡面被侵蚀沟切割,形成了沟壑纵横、支离破碎的地貌形态。阳坡、半阳坡多为凸形、凹形坡,阴坡、半阴坡多为凹形和直形坡,这一地区多为农业生产区,水土流失严重,为强度侵蚀区;阶坪位于干沟中、下游沿至梁峁坡坡脚范围内,占流域总面积的 10.8%,这里地面平缓,坡度为 3° ～ 5°,水土流失轻微,土壤肥沃,为最好的农业用地;沟谷面积占流域面积的 13.7%,一般干沟深 10 ～ 30 m,支毛沟深 10 ～ 20 m,沟道仍然是流域内泥沙的主要产区,为剧烈侵蚀区。

（三）水文气象

安家沟流域属中温带半干旱气候,年均气温 6.3 ℃,年均气温 ≥5 ℃ 的活动积温 2 782.5 ℃,年均气温 ≥10 ℃ 的有效积温 2 239.1 ℃,极端最高温度 34.3 ℃,最低温度 −27.1 ℃。多年平均降水量 427 mm,降水少且年际年内分布不均,60% 以上出现在 7 ～ 9 月,且多以暴雨形式出现。年水面蒸发量 1 510 mm,空气相对湿度 65.8%,太阳辐射 5.86 MJ/m²,年日照时数 2 408.6 h,无霜期 141 d。

（四）土壤

土壤主要为发育在沟间地上的黄绵土和沟道盐渍土。黄土层厚度一般达 40 ～ 60 m,有机质含量 0.37% ～ 1.37%,密度为 1.09 ～ 1.41 g/cm³,孔隙度 55%。质地属粉壤土,土壤结构具有垂直节理,土质疏松,湿陷性强,极易发生水土流失。

（五）植被

属干旱草原植被类型。流域共有野生植物 23 科,79 种,栽培植物 23 科,69 种。自然植被以禾本科、菊科、豆科等植物为主,有少量零星灌木分布。

（六）社会经济状况

截至 2012 年底,安家沟流域总人口为 1 192,387 户,劳动力为 579 人,占总人口的 48.6%。流域农业用地为 518.1 hm²,其中梯田地占总面积的 50.2%,坡地占总面积的 1.56%。林草用地 262.7 hm²,林草地占总面积的 5.9%,草地 30.5 hm²,为人工草地和荒草地。其余用地 189.7 hm²,主要是陡坎、拦水坝、荒地、居民点、道路等。

四、高泉沟流域基本情况

（一）地理位置

高泉沟流域属丘五区,位于甘肃省定西市安定区团结镇,地理坐标为东经 104°31′52″ ~104°34′1″,北纬 35°22′ ~35°25′,流域面积为 9.168 km²。流域内海拔 2 056 ~2 447 m,相对高差 391 m。该流域是黄河流域祖厉河水系关川河的一条小支沟。

（二）地形地貌

属黄土覆盖的梁状缓坡丘陵沟壑地形,南高北低,相对高差 391 m,其制高点为黄河水系祖厉河流域与渭河流域的分水岭。流域被两条一级主沟道切割,形成"两沟一梁四面坡"的地貌特征。其中,苟家薫沟长 6.825 km,流向自南向北;坡儿下沟长 3.40 km,流向自西南向北。两沟交汇于流域卡口径流观测站。主沟横剖面一般呈矩形宽浅槽式,为 U 形谷。

流域内梁峁顶、梁峁坡、阶坪川台和沟谷分别占流域面积的 6.9%、52.4%、13.8% 和 26.9%。流域坡度 <5° 的土地面积占总面积的 32.3%,5° ~15° 的占 38.8%,15° ~25° 的占 17.3%,25° ~35° 的占 6.1%,35° ~45° 的占 5.5%。沟壑密度 2.38 km/km²。

（三）水文气象

高泉沟流域属中温带干旱气候,年均气温 6.2 ℃,年均气温 ≥10 ℃ 的有效积温 2 071.1 ℃,极端最高温度 34.3 ℃,最低温度 -27.1 ℃。多年平均降水量 415.2 mm,降水少且年际年内分布不均,56% 以上出现在 7 ~9 月,且多以暴雨形式出现。年水面蒸发量 1 318 mm,空气相对湿度 65.8%,太阳辐射 5.56 MJ/m²,年日照时数 2 500 h,无霜期 140 d。

（四）土壤

流域内有山地灰褐土、坡地黑麻土、坡地黄麻土、坡地白麻土、谷地麻土、川地麻土、川地黄麻土、川地黄绵土 9 种土壤类型。其中,黄麻土占 75%,黄绵土占 10%。主体土类有机质含量在 10 g/kg 以下,速效磷(P_2O_5)含量 1.3 ~2.9 mg/kg,属极缺;速效氮含量 30 ~60 mg/kg,主体土类属国际 4 级以下贫瘠土壤。流域治理前土壤侵蚀模数 6 120 t/(km² · a),治理后下降到 209.91 t/(km² · a),径流模数由 27 600 m³/(km² · a)降为 1 254.32 m³/(km² · a)。农耕地土层厚度 2 ~10 m,据农田 20 cm 剖面土层测定,密度 2.64 ~2.69 g/cm³,容重 1.12 ~1.39,孔隙度 48.5% ~57.3%,pH 值为 7.5 ~8.6。

（五）植被

属干旱草原植被类型,全流域有蕨类植物、裸子植物及被子植物共 54 科 308 种,其中天然植被以禾本科（*Gramineae*）和菊科（*Compositae*）为主，常形成针茅（*Stipa capillata*）、百里香（*Thymus mongolicus*）、蒿类（*Artemisia*）等植物群落，有零星沙棘（*Hippophae rhamnoides*）、猫儿刺（*Ilex pernyi*）灌丛。流域内无天然乔木林分布。人工植被以杨树（*Populus*）、云杉（*Picea asperata*）、沙棘（*Hippophae rhamnoides*）等为主的人工林和以紫花苜蓿（*Medicago sativa*）为主的人工草，另外还有以春小麦（*Triticum aestivum*）、洋芋（*Solanum tuberosum*）等为主的季节性农业植被，植被覆盖度75%。

（六）社会经济状况

高泉沟流域总人口1 073,235户，耕地总面积364.82 hm²，人均5.1亩，属典型的雨养农业区。该流域生态环境系统具有农业生态系统的显著特征，主要栽培有春小麦、豌豆、扁豆、洋芋、胡麻。农田种草主要以紫花苜蓿为主，兼有少量红豆草和草高粱等。

五、称钩河流域基本情况

（一）地理位置

称钩河流域属丘五区，位于安定区城西北部，距离定西市区45 km，系黄河流域祖厉河水系二级支流，总面积118 km²。地理位置为东经104°14′15″～104°28′31″、北纬35°41′7″～35°35′10″。

（二）地形地貌

由于在古代侵蚀的基础上，经历了长期的现代侵蚀，形成了切割严重的梁峁和沟谷，地形地貌十分复杂。主沟道长17.5 km，比降1/230，由花园、李家坪、双乐、新胜四条支流汇聚而成，是全区境内最大的三条河流之一。流域内有面积大于3 km²的支沟14条，有面积小于3 km²的支毛沟24条，沟壑密度2.72 km/km²。海拔1 957～2 273 m，相对高差316 m。

（三）气象水文

该流域属中温带半干旱气候，多年平均气温6.3 ℃，气温≥10 ℃积温2 239 ℃，年日照时数2 500 h，无霜期141 d，封冻期为当年的11月20日至次年的3月30日，最大冻土深度92 cm。降雨总量少，且因时空分布不均而利用率很小。多年平均降水量380 mm，最大的1967年降水量721.8 mm，最小的1969年降水量248.7 mm。降水在时间上分布严重不均，多集中在7～9月三个月，占全年降水量的67%，且多以暴雨形式出现，年均暴雨次数为8次。年蒸发量高达1 500 mm以上，是降水量的4倍。

（四）土壤

本流域内土壤主要有黄绵土、黑垆土、潮土及灰钙土四大类，其中以黑垆土分布最为普遍，主要在沟谷阶地和阴坡耕地，黑垆土质地较轻，结构性好，有机质含量平均为1.075%，全氮0.08%，全磷0.06%，速效钾0.125 7‰，是良好的耕作土壤，约占总土地面积的80%；黄绵土主要分布在梁峁陡坡、沟谷边缘及称钩河耕地；红土分布在沟谷部分滑坡面及谷底；灰钙土在阳山陡坡呈带状分布；潮土只在沟谷下游台地有分布。

（五）植被

天然植被属半干旱草原草场类，草种主要有芨芨草（*Achnatherum splendens*）、冰草（*Agropyron cristatum*）、野棉花（*Anemone vitifolia*）、狼毒（*Stellera chamaejasme*）、骆驼蓬

(*Peganum harmala*)、铁杆蒿(*Tripolium vulgare*)等,覆盖度不足 10%。林地全部为人工种植,面积 969 hm²,人工草地面积 2 094 hm²。人工林树种主要有青杨(*Populus cathayana*)、榆树(*Ulmus pumila*)、沙棘(*Hippophae rhamnoides*)、柠条(*Caragana Korshinskii*)、山杏(*Armeniaca sibirica*)、梨(*Pyrus spp*)、花椒(*Zanthoxylum bungeanum*)等;人工种植牧草多为紫花苜蓿(*Medicago sativa*),亩产鲜草 1 200 ~ 1 500 kg。总的来说,植被结构简单,品种少,覆盖度低,产草量少,载畜能力差。

(六)社会经济状况

行政区域包括称钩驿镇的周家河、花园、川坪、平安、阳坡、好麦、新胜和双乐共 8 个行政村,截至 2012 年底,流域内共有农户 2 500 户,11 330 人,其中劳动力 6 200 个,人口密度 96.02 人/km²。

六、峪岭沟流域基本情况

(一)地理位置

峪岭沟流域属丘五区,位于甘肃省东南部渭源县城东 14 km 处的渭河北岸,是黄河流域渭河水系的一级支流,位于东经 104°18′40″ ~ 104°20′08″、北纬 35°7′04″ ~ 35°08′23″,流域面积为 6.02 km²。呈扇形,流域长 2.73 km,平均宽 2.22 km,主沟道为东北—西南走向,长 3 km,为洪水型干沟,有长流水。

(二)地形地貌

流域内基本地势东北高,西南低,海拔为 1 981.6 ~ 2 333.7 m,相对高差 352.1 m。古代地质作用及现代的长期侵蚀,形成了切割严重的梁峁和沟谷。沟壑纵横,山高坡陡成为这里最主要的地貌特征,地形坡度大部分为 15° ~ 35°,占流域总面积的 60.77%,流域内共有大小支毛沟 52 条,总长度 23.5 km,沟壑密度 3.88 km/km²。主沟上游和支沟呈狭窄的 V 字形,主要侵蚀形式为沟岸扩张和沟底下切,主沟中下游呈 U 字形,沟底有第三纪红色砂岩出露。

(三)水文气象

峪岭沟流域属冷温带半干旱气候,年均气温 5.5 ~ 7.2 ℃,年均气温 ≥10 ℃ 的有效积温 2 021 ℃,极端最高温度 34.3 ℃,最低温度 -27.1 ℃。多年平均降水量 487.5 mm,降水少且年际年内分布不均,55.7% 以上出现在 7 ~ 9 月,且多以暴雨形式出现。年水面蒸发量 937 mm,年日照时数 2 421 h,无霜期 150 d。

(四)土壤

流域内有红砂土、黄绵土、黄麻土和红麻土。其中,红砂土主要分布在阳坡、沟道等部位,该土壤有机质含量低,质地粗糙,土壤砂性大,保肥能力差,不耐涝,不抗旱。在沟谷阴坡及部分沟坡上,有沟谷黄麻土,山地黄麻土在流域各个部位都有分布,而川地红麻土主要分布在沟口。各类土壤有机质含量为 0.69% ~ 1.83%,pH 值为 8.18 ~ 8.72。

(五)植被

属半干旱草原草场植被类型。天然植被以冰草(*Agropyron cristatum*)、芨芨草(*Achnatherum splendens*)、铁杆蒿(*Tripolium vulgare*)、碱蓬(*Suaeda glauca*)、短花针茅(*Stipa breviflora*)、野棉花(*Anemone vitifolia*)为主,组成流域内稀疏的天然植被群落,荒坡

植被覆盖度 30% 以下。零星散生的乔、灌树种有白杨(*Populus tomentosa*)、旱柳(*Salix matsudana*)、山定子(*Malus baccata*)、沙棘(*Hippophae rhamnoides*)等。

（六）社会经济状况

峪岭沟流域行政上隶属路园镇所辖,包括峪岭、东湾 2 个行政村的 7 个社。截至 2012 年底,共有农户 260 户、1170 人,劳动力 386 人,耕地 222.74 hm²,人口密度 194 人/km²。

七、广丰流域基本情况

（一）地理位置

广丰流域属丘五区,位于临洮县东部,距县城 58 km,地理坐标为东经 104°11′13″ ~ 104°18′55″、北纬 35°22′28″ ~ 35°30′05″。涉及临洮县漫洼乡、连儿湾乡的 12 个行政村。系黄河流域渭河一级支流秦祁河源头。由两条并列支沟组成,两沟交于渭源县境内的白土坡处。全流域面积 98.38 km²。其中,广丰沟集水面积 71.53 km²,百花沟集水面积 26.85 km²。

（二）地形地貌

流域西北高,东南低,海拔为 2 378 ~ 2 612 m,相对高差 100 ~ 234 m。广丰主沟道长 24.5 km,沟道平均比降 16‰,沟壑密度 2.75 km/km²。地貌由梁、峁、阶坪、沟道组成,以长梁小峁为主。梁峁顶部较缓,坡度为 5° ~ 10°;梁峁坡较陡,坡度为 10° ~ 35°;沟坡较陡,局部直立,坡度大多为 50° ~ 80°。流域地表土质质地疏松,抗蚀性差,易于冲刷侵蚀、沉陷,经长期的水力、重力侵蚀及其他外营力的剥蚀作用,形成以长梁为主,梁峁纵横,地形破碎,沟深坡陡,支离破碎的黄土丘陵沟壑地貌特征。

（三）水文气象

属典型的温带大陆性季风气候。气候特征为春冷多风、夏热多雨、秋凉潮湿、冬寒少雪。根据临洮气象站 1954 ~ 2000 年 46 年间资料,年均气温 7.0 ℃,极端高温 34.6 ℃,极端低温 -29.6 ℃,气温≥10 ℃的活动积温 2 282.1℃。年均日照时数 2 530 h,年太阳辐射量 5 852.02 MJ/m²,生理总辐射量 2 532.53 MJ/m²。光照时间长、太阳辐射强、热量适中。冬春季多西北风,夏秋季多为东南风,平均风速 2.32 m/s,年均大风日数 4.1 d,最大风速 20 m/s,无霜期 94 d,最大冻深 82 cm。

（四）土壤

流域内土壤主要有黄绵土、黑垆土、红土三大类,以黄绵土为主。黄绵土主要分布在梁峁陡坡及阳坡耕地,质地较轻,通透性好,但肥力较差;黑垆土分布于荒坡、沟台和阴坡耕地,土壤质地较轻,通透性好,肥力较好;红土分布在支毛沟中上段即滑坡面,质地较重,通透性较差,肥力较差。土壤 pH 值为 7.5 ~ 8.3,呈弱碱性,有机质含量平均为 1.20%,全氮 0.066 3%,速效磷 0.003 27‰,速效钾 0.156 6‰,肥力较差,呈现"少氮富钾磷极缺有机质含量低"的特点。土质结构垂直节理发育,抗冲蚀性能较差。

（五）植被

植被类型属森林草原区。现有各类植物资源 500 余种,流域内无天然林地分布。草本植物主要有短花针茅(*Stipa breviflora*)、芨芨草(*Achnatherum splendens*)、冰草(*Agropyron cristatum*)、野棉花(*Anemone vitifolia*)、狼毒(*Stellera chamaejasme*)、骆驼蓬(*Peganum harmala*)、铁杆蒿(*Tripolium vulgare*)、多茎委陵菜(*Potentilla multicaulis*)等。人工造林树种有山杨(*Populus davidiana*)、旱柳(*Salix matsudana*)、沙棘(*Hippophae rhamnoides*)、柠条(*Caragana Korshinskii*)、山杏(*Armeniaca sibirica*)、梨(*Pyrus spp*)、云杉(*Picea asperata*)等。人工草地主要有紫花苜蓿(*Medicago sativa*)等。林草覆盖率为34.05%。

(六)社会经济状况

广丰流域包括临洮县漫洼乡的广丰、老地沟、簸箕沟、漫洼、羊圈沟、抗儿湾、三岘、龙金、新窑、红庄、百花村和连儿湾乡的花儿岔村,共计12个行政村。现有2 018户,总人口10 930,农业人口10 930,劳动力3 676人,人口密度为111人/km²,人口自然增长率为8‰。

总土地面积为98.38 km²。其中,农耕地5 223.19 hm²,占总土地面积的53.09%;林地面积1 185.54 hm²,占总土地面积的12.05%;草地面积2 164.71 hm²,占总土地面积的22.00%;其他342.07 hm²,占总土地面积的3.48%;非生产用地922.49 hm²,占总土地面积的9.38%。

八、南小河沟流域基本情况

南小河沟流域属高塬沟壑区,位于甘肃省庆阳市西峰区后官寨乡境内,系泾河支流蒲河左支岸的一条支沟,流域面积36.30 km²,其中十八亩台测站以上控制面积30.6 km²。南小河沟流域基本情况见表2-9。

表2-9 南小河沟流域基本情况

地理坐标	东经107°30′~107°37′、北纬35°41′~35°44′				
海拔(m)	1 050~1 423				
主沟长(km)	9.37				
沟道平均比降(%)	3.0				
沟道密度(km/km²)	1.69				
全流域	总面积(km²)	塬面(km²)	占总面积(%)	沟壑(km²)	占总面积(%)
	36.30	20.50	56.90	15.80	43.10
卡口站以上	控制面积(km²)	塬面(km²)	占总面积(%)	沟壑(km²)	占总面积(%)
	30.62	20.16	65.80	10.46	34.20

(一)地质地貌

南小河沟流域地貌主要有塬面、梁峁和沟谷三种类型,简称"塬""坡""沟",具有典型的黄土高塬沟壑区地貌特征。塬面所处相对位置较高,地形宽旷平坦,是黄土高塬沟壑区特有的侵蚀地貌形态。塬面上的坡度一般为1°~3°,是农业生产和村庄的基地,占流域总面积的56.9%;在塬心部位,坡度为1°~2°的占48.6%,2°~3°的占5.2%;塬边坡度稍大。坡是塬与沟谷之间的缓坡地带,从形态和地理年代上说,可视为残存的老沟谷,占流域总面积的15.7%,坡度一般为10°~30°。一部分为农耕地,另一部分为林地和牧荒地;在未治理的状况下,农耕地一般是老式梯田、坡式梯田和少量的坡耕地与垦荒地。沟谷即新沟,是由塬面汇集起来的水流向沟谷冲切侵蚀塬边土壤逐渐发育而成的,其形状在支沟多呈 V 字形,在主沟多呈 U 字形,侵蚀剧烈、破碎、陡峭,坡度一般为 40°～70°,占流域总面积的 27.4%。南小河沟流域坡度分级统计详见表 2-10。

表 2-10　南小河沟流域坡度分级统计表

编码	坡度	面积(km²)	百分比(%)
1	≤5°	19.07	52.5
2	5°～8°	0.68	1.9
3	8°～15°	1.37	3.8
4	15°～25°	3.42	9.4
5	25°～35°	4.95	13.7
6	>35°	6.80	18.7
合计		36.29	100.0

(二)气象

根据西峰气象站 1937～2012 年降雨资料统计分析,南小河沟流域多年平均降水量 546.9 mm,2003 年最大降水量 828.2 mm,占全年降水量的 76.9%,7～9 月降水量 301.1 mm,占全年降水量的 55.1%。年均气温 9.3 ℃,最高气温 39.6 ℃,最低温度达 22.6 ℃,最大日温差 23.7 ℃,平均无霜期 155 d,蒸发量 1 474.6 mm,干燥度 1.6。

(三)植被

南小河沟流域塬面为农业生产基地,除村庄、道路旁和部分沟头有小型林带外,无整块大片林带。塬面、坡面的主要农作物为小麦(*Triticum aestivum*)、玉米(*Zea mays*)、高粱(*Sorghum bicolor*)、马铃薯(*Solanum tuberosum*)等。特别是每年 7～8 月小麦收割后,裸露的田面占 50% 以上。林草植被主要生长于坡面和沟谷中。南小河沟流域内无天然林分布,人工栽培的乔木树种主要有刺槐(*Robinia pseudoacacia*)、侧柏(*Platycladus orientalis*)、油松(*Pinus tabuliformis*)、山杏(*Armeniaca sibirica*)等;灌木树种主要有柠条(*Caragana Korshinskii*)、紫穗槐(*Amorpha fruticosa*)等;果树和经济林主要有苹果(*Malus domestica*)、杏(*Armeniaca vulgaris*)、梨(*Pyrus spp*)、枣树(*Ziziphus jujuba*)等。人工种草以紫花苜蓿(*Medicago sativa*)为主,天然以冰草(*Agropyron cristatum*)、白羊草(*Bothriochloa ischaemum*)、艾蒿(*Artemisia argyi*)等天然群落为主的人工植物群落。截至 2004 年底,南小河沟流域内有人工林 982.1 hm²,人工种草 94.7 hm²,占流域总面积的 29.7%。

(四)水土流失危害及其治理现状

(1)水土流失所造成的危害。一是由于塬面径流下切,促使沟头的溯源侵蚀向塬心发展,破坏农田、蚕食道路,危及村庄安全,同时泥沙下泄后给下游水利工程正常运行和安全带来不利影响,如坝库淤积加快、渠道路中断等;二是大量的表层水土流失,降低了土壤肥力;三是破坏了土地完整性,使得土地支离破碎,造成耕作管理困难。

(2)治理现状。截至 2012 年底,南小河沟流域梯、林、草、坝四项水土保持措施共完成治理面积 2 870.5 hm²,占流域总面积的 79.1%,其中修建基本农田 1 796.7 hm²,营造各类水保林 595.46 hm²、经果林 353.35 hm²、人工种草 125.0 hm²,建成治沟骨干工程 3

座,淤地坝 3 座,谷坊 156 道,沟头防护工程 12 处,水窖 693 眼,涝池 21 个。

(五)土地利用现状

南小河沟各阶段土地利用情况见表 2-11。

表 2-11　南小河沟各阶段土地利用情况表　　　　　　(单位:hm²)

项目		1979 年	1989 年	1999 年	2004 年	2012 年
农地	梯田	19.87	19.87	19.89	44.20	44.20
	条田	1 096.53	1 295.67	1 561.11	1 674.55	1 741.80
	坝地	10.40	10.70	10.70	10.70	10.70
	其他农田	1 308.33	977.85	223.10	85.35	18.10
	小计	2 435.13	2 304.09	1 814.80	1 814.80	1 814.80
林地	果园	68.85	65.90	99.59	112.69	130.19
	经济林	23.01	52.40	67.80	176.56	223.16
	水保林	249.87	249.87	278.57	576.76	595.46
	小计	341.73	368.17	445.96	866.01	948.81
牧地	人工草	36.73	54.60	93.33	94.70	125.00
	小计	36.73	54.60	93.33	94.70	125.00
其他用地		232.90	232.90	296.80	315.53	326.37
未利用地		382.73	469.46	778.33	338.18	214.24
难利用地		200.78	200.78	200.78	200.78	200.78
合计		3 630.00	3 630.00	3 630.00	3 630.00	3 630.00

(六)社会经济状况

截至 2012 年,南小河沟流域内有农业人口 126 669,农村劳动力 4 880 人,农业人口密度 350 人/km²,人口自然增长率为 12.0%。流域内各业产值 1 841 万元。其中:农业产值 723.5 万元,占 39.3%;林果业产值 85.1 万元,占 4.6%;畜牧业产值 295.5 万元,占 16.1%;工副业产值 736.9 万元,占 40.0%。人均产值 1 453 元,人均纯收入 920 元。

(1)农业。流域内共有各类农业耕地 1 793.0 hm²,是主要的生产基地,农作物以冬小麦、玉米、糜谷、豆类为主,平均单产 2 642.3 kg/hm²,总产值为 377.0 万 kg,农业人均占有粮食 297.6 kg;经济作物以胡麻、油菜为主,平均单产 1 555.3 kg/hm²,总产 15.6 万 kg,人均占有 13.1 kg;瓜菜种植面积为 41.3 hm²,总产 30.1 万 kg。

(2)林业。流域内共有各类林地 982.10 hm²,乔木林以刺槐为主,分布于梁峁和沟坡,具有较高的生态效益,但经济效益极低。经济林以山杏为主,分布于山坡地段,多为小老头树。果园以苹果为主,主栽品种为红富士和秦冠,经营管理较好,经济效益显著。

(3)牧业。流域内共有牧草地面积 833.57 km²,其中人工草地 94.7 hm²。据调查,人工草地每年可产干草 7 650 kg/hm²,荒草地每年只产干草 4 161 kg/hm²。现有各类大牲畜 685 头,猪 1 410 头,羊 2 631 只。

第三章　侵蚀沟道分级研究

2012 年甘肃省第一次全国水利侵蚀沟道的普查范围为甘肃省黄土高塬沟壑区和黄土丘陵沟壑区,涉及兰州、白银、天水、定西、平凉、庆阳、临夏 7 市(州)47 个县(市、区)内主沟道长度为 500 m 及以上、集水面积为 5 km² 及以下的侵蚀沟道 268 444 条,沟道总面积 54 102.58 hm²。甘肃省黄土高原沟道数量及面积详见表 3-1、表 3-2。

表 3-1　黄土丘陵沟壑区沟道数量及面积普查表

区域	县(市、区)	沟道数量(条)	沟道面积(hm²)
丘二区和丘三区	华池县	9 726	235 101.30
	庄浪县	4 229	77 369.40
	静宁县	5 731	108 295.30
	秦州区	6 178	129 326.50
	麦积区	9 519	184 717.70
	清水县	5 900	110 727.60
	秦安县	5 094	84 495.65
	甘谷县	4 695	79 981.58
	武山县	5 469	103 526.10
	张家川	3 415	67 118.14
	陇西县	7 155	127 941.60
	通渭县	8 010	160 740.80
	漳县	6 059	114 008.00
	小计	81 180	1 583 349.67
丘四区	临夏市	80	1 010.70
	临夏县	2 474	42 287.17
	康乐县	1 653	34 569.23
	广河县	1 350	26 298.56
	积石山自治县	2 559	44 892.54
	和政县	1 477	26 620.16
	小计	9 593	175 678.36

续表 3-1

区域	县（市、区）	沟道数量（条）	沟道面积（hm²）
丘五区	城关区	396	8627.11
	七里河区	922	18 930.28
	西固区	724	14 451.36
	安宁区	128	2 479.21
	红古区	1 233	24 250.49
	永登县	14 559	294 187.50
	皋兰县	6 675	138 767.80
	榆中县	8 219	169 264.00
	白银区	3 591	72 001.85
	平川区	5 082	97 207.46
	靖远县	14 125	272 963.30
	会宁县	15 891	301 817.10
	永靖县	4 988	96 047.46
	东乡族自治县	4 070	80 021.63
	环县	26 660	554 908.00
	安定区	10 649	198 822.30
	渭源县	5 888	105 436.20
	临洮县	7 844	144 107.70
	小计	131 644	2 594 290.75
合计		222 417	4 353 318.78

表 3-2　黄土高塬沟壑区沟道数量及面积普查表

	县（区）	沟道数量（条）	沟道面积（hm²）
高塬沟壑区	崆峒区	4 433	95 771.96
	泾川县	2 845	62 427.34
	灵台县	4 417	100 279.50
	崇信县	2 028	46 777.76
	西峰区	1 626	35 800.91
	合水县	7 263	177 980.90
	正宁县	2 825	65 643.47
	宁县	5 585	124 975.90
	镇原县	8 146	185 098.70
	庆城县	6 859	162 182.30
	合计	46 027	1 056 938.74

第一节　沟道分级图绘制

由于分析的主要对象是不同类型的沟道治理措施现状模式和对位配置模式,按照水利普查的要求,对长度大于或等于 500 m 的沟道进行分级研究,小于 500 m 的沟道忽略不计。以典型流域 1:10 000 的地形图为基础,以其 DEM 为对象,利用 ArcGIS 软件对丘三区、丘五区以及高塬沟壑区的典型小流域进行 A. N. Strahler 水系分布图绘制,见图 3-1 ~ 图 3-6。

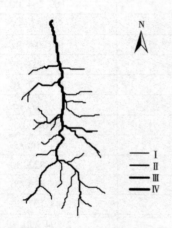

图 3-1　丘三区吕二沟流域沟系图

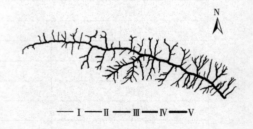

图 3-2　丘三区罗玉沟流域沟系图

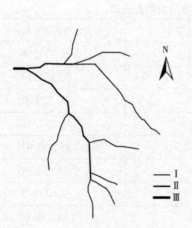

图 3-3　丘五区安家沟流域沟系图

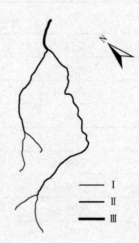

图 3-4　丘五区高泉沟流域沟系图

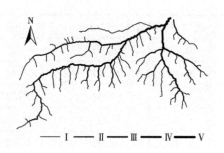

图 3-5　丘五区称钩河流域沟系图

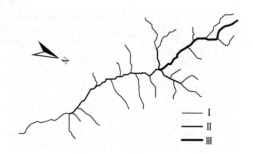

图 3-6　高塬沟壑区南小河沟流域沟系图

第二节　侵蚀沟道特征分析

利用甘肃省黄土高原各类型区的典型流域地形图及影像图等对长度大于 500 m 的沟道进行了系统的实地调查和图上量测。实地调查包括对流域界限和沟缘线的勾绘等，图上量测包括对每条沟道的流域面积、沟壑面积及沟道相对高差等特征值的量测及计算。通过调查和计算得到甘肃省黄土高原各典型小流域沟道分级及特征，详见表 3-3 ~ 表 3-5。

表 3-3　丘三区罗玉沟、吕二沟流域沟道分级及特征分析表

流域名称	沟道代码	沟道分级	沟长(m)	高差(m)	比降(%)	沟道面积(hm²)	平均宽度(m)
罗玉沟	1	I	1 195.33	211	0.18	39.70	332.13
	2	I	1 213.23	180	0.15	78.30	645.38
	3	I	1 130.54	170	0.15	108.00	955.30
	4	I	1 101.43	189	0.17	26.40	239.69
	5	I	1 227.78	140	0.11	157.70	1 284.43
	6	I	1 642.48	183	0.11	233.90	1 424.07
	7	I	1 663.07	172	0.10	210.80	1 267.54
	8	I	1 029.03	130	0.13	120.30	1 169.06
	9	I	1 350.56	79	0.06	244.60	1 811.10
	10	I	1 943.26	332	0.17	120.30	619.06
	11	I	1 338.13	148	0.11	209.00	1 561.88
	12	I	1 063.29	49	0.05	278.40	2 618.29
	13	I	1 214.11	119	0.10	71.00	584.79
	14	I	1 638.22	249	0.15	112.00	683.67
	15	I	1 526.43	136	0.09	138.50	907.35
	16	I	1 032.05	124	0.12	45.60	441.84
	17	I	1 009.34	149	0.15	65.30	646.96
	18	I	1 288.64	145	0.11	65.50	508.29
	19	I	1 633.08	120	0.07	118.40	725.01
	20	II	2 314.00	253	0.11	101.20	437.34
	21	II	1 541.00	209	0.14	210.70	1 367.29
	22	II	3 324.00	258	0.08	236.30	710.89
	23	III	743.00	100	0.13	47.50	639.30

续表 3-3

流域名称	沟道代码	沟道分级	沟长(m)	高差(m)	比降(%)	沟道面积(hm²)	平均宽度(m)
	24	Ⅰ	644.32	86	0.13	38.00	589.77
	25	Ⅰ	664.02	128	0.19	24.00	361.43
	26	Ⅰ	728.95	90	0.12	88.00	1 207.22
	27	Ⅰ	567.17	113	0.20	11.00	193.95
	28	Ⅰ	694.01	85	0.12	74.00	1 066.27
	29	Ⅰ	1 553.40	187	0.12	94.00	605.12
吕二沟	30	Ⅰ	766.21	156	0.20	71.00	926.64
	31	Ⅰ	714.59	222	0.31	21.00	293.87
	31	Ⅰ	529.51	92	0.17	29.00	547.68
	32	Ⅱ	593.00	158	0.27	9.80	165.26
	33	Ⅲ	511.00	163	0.32	4.70	91.98
	34	Ⅲ	534.00	160	0.30	7.70	144.19
	35	Ⅲ	508.00	95	0.19	7.30	143.70
	36	Ⅲ	548.00	107	0.20	5.20	94.89

表 3-4　丘五区安家沟、高泉沟、称钩河流域沟道分级及特征值表

流域名称	沟道代码	沟道分级	沟长(m)	高差(m)	比降(%)	沟道面积(hm²)	平均宽度(m)
	1	Ⅰ	560.00	130	23.20	4.29	76.61
	2	Ⅰ	550.00	110	20.00	2.48	45.09
	3	Ⅰ	1 100.00	110	10.00	9.04	85.22
	4	Ⅱ	960.00	165	15.20	10.86	113.13
安家沟	5	Ⅱ	1 076.00	185	17.20	8.71	80.95
	6	Ⅱ	670.00	155	23.10	4.12	61.49
	7	Ⅲ	3 480.00	230	6.60	40.60	116.67
	8	Ⅲ	2 970.00	240	8.10	41.11	138.42
	9	Ⅳ	3 969.00	235	5.90	46.18	116.36
	10	Ⅰ	510.00	150	29.40	3.21	62.95
	11	Ⅱ	600.00	150	25.00	5.57	92.83
高泉沟	12	Ⅱ	585.00	110	18.80	6.69	114.41
	13	Ⅲ	3 542.00	265	7.50	34.33	96.92
	14	Ⅲ	5 685.00	300	5.30	48.14	84.68
	15	Ⅳ	6 522.00	330	5.10	60.10	92.15

续表 3-4

流域名称	沟道代码	沟道分级	沟长(m)	高差(m)	比降(%)	沟道面积(hm²)	平均宽度(m)
	16	I	586.98	160	27.26	2.66	45.37
	17	I	4 886.17	220	4.50	118.23	241.97
	18	I	838.35	180	21.47	9.79	116.77
	19	I	1 060.33	180	16.98	21.20	199.92
	20	I	1 243.00	210	16.89	18.76	150.96
	21	I	509.90	105	20.59	9.95	195.08
	22	I	1 541.52	140	9.08	20.60	133.60
	23	I	673.61	225	33.40	14.96	222.06
	24	I	672.68	65	9.66	3.78	56.20
	25	I	722.43	210	29.07	9.24	127.88
	26	I	864.85	160	18.50	17.48	202.12
	27	I	580.28	180	31.02	11.30	194.78
	28	I	1 432.62	170	11.87	12.15	84.80
	29	I	952.66	195	20.47	18.70	196.27
	30	I	511.80	100	19.54	6.27	122.60
称钩河	31	I	813.94	145	17.81	8.20	100.69
	32	I	858.84	180	20.96	23.42	272.72
	33	I	965.89	165	17.08	16.38	169.54
	34	I	521.70	125	23.96	7.42	142.27
	35	I	2 473.74	135	5.46	31.90	128.96
	36	I	1 295.96	150	11.57	15.91	122.76
	37	I	2 013.99	190	9.43	29.27	145.32
	38	I	595.69	120	20.14	6.72	112.82
	39	I	945.97	95	10.04	9.55	100.97
	40	I	1 264.34	190	15.03	25.27	199.89
	41	I	1 063.06	160	15.05	15.02	141.25
	42	I	700.05	105	15.00	9.70	138.55
	43	I	800.00	180	22.50	27.06	338.30
	44	I	1 186.22	190	16.02	24.76	208.71
	45	I	2 103.54	215	10.22	50.10	238.17
	46	I	619.98	55	8.87	2.16	34.82

续表 3-4

流域名称	沟道代码	沟道分级	沟长（m）	高差（m）	比降（%）	沟道面积（hm²）	平均宽度（m）
	47	Ⅰ	1 149.62	170	14.79	13.47	117.19
	48	Ⅰ	2 151.16	205	9.53	39.42	183.26
	49	Ⅰ	722.69	30	4.15	3.50	48.39
	50	Ⅰ	652.64	185	28.35	13.55	207.61
	51	Ⅰ	1 544.43	100	6.47	10.70	69.29
	52	Ⅰ	2 561.84	205	8.00	34.81	135.87
	53	Ⅰ	658.11	170	25.83	15.43	234.47
	54	Ⅰ	1 111.00	165	14.85	17.15	154.37
	55	Ⅰ	3 303.58	180	5.45	42.77	129.46
	56	Ⅰ	1 806.72	165	9.13	22.08	122.19
	57	Ⅰ	1 132.51	180	15.89	31.65	279.47
	58	Ⅰ	1 102.29	95	8.62	11.67	105.85
	59	Ⅰ	505.43	165	32.65	12.24	242.12
	60	Ⅰ	773.14	135	17.46	11.89	153.81
	61	Ⅰ	1 379.98	155	11.23	14.41	104.40
称钩河	62	Ⅰ	2 992.33	205	6.85	45.17	150.96
	63	Ⅰ	2 273.63	185	8.14	33.70	148.22
	64	Ⅰ	530.28	140	26.40	22.48	424.00
	65	Ⅰ	833.23	180	21.60	16.61	199.29
	66	Ⅰ	830.28	205	24.69	50.42	607.28
	67	Ⅰ	807.77	155	19.19	18.56	229.80
	68	Ⅰ	1 125.41	130	11.55	11.35	100.89
	69	Ⅰ	599.07	165	27.54	20.77	346.68
	70	Ⅰ	992.51	1 700	17.13	9.75	98.20
	71	Ⅰ	2 097.35	190	9.06	31.55	150.41
	72	Ⅰ	730.12	90	12.33	9.32	127.71
	73	Ⅰ	673.61	130	19.3	12.79	189.80
	74	Ⅰ	3 856.30	220	5.70	71.41	185.17
	75	Ⅰ	751.66	140	18.63	22.48	299.12
	76	Ⅰ	864.85	210	24.28	10.24	118.42
	77	Ⅰ	906.78	185	20.40	26.77	295.24

续表3-4

流域名称	沟道代码	沟道分级	沟长(m)	高差(m)	比降(%)	沟道面积(hm²)	平均宽度(m)
	78	I	1 193.69	215	18.01	31.52	264.03
	79	I	1 157.41	155	13.39	12.46	107.65
	80	I	573.20	145	25.30	18.05	314.93
	81	I	1 438.52	220	15.29	69.62	483.98
	82	I	781.13	180	23.04	29.86	382.30
	83	I	944.18	190	20.12	27.74	293.79
	84	I	1 073.14	150	13.98	17.42	162.35
	85	I	2 091.50	235	11.24	41.05	196.25
	86	I	1 045.13	125	11.96	10.57	101.17
	87	I	948.63	30	3.16	1.84	19.41
	88	I	591.55	120	20.29	5.13	86.70
	89	I	1 528.77	160	10.47	17.95	117.38
	90	I	1 732.06	210	12.12	57.37	331.23
	91	I	3 017.24	200	6.63	51.37	170.24
	92	II	4 048.39	210	5.19	117.81	291.00
称钩河	93	II	2 950.02	135	4.58	52.46	177.81
	94	II	1 012.08	70	6.92	12.89	127.35
	95	II	8 379.33	255	3.03	101.09	120.64
	96	II	2 390.10	85	3.56	43.32	181.26
	97	II	2 356.38	100	4.24	32.79	139.15
	98	II	2 498.85	75	3.00	33.18	132.79
	99	II	2 663.96	105	3.94	39.14	146.91
	100	II	1 704.72	75	4.40	24.66	144.66
	101	II	1 619.73	80	4.94	26.31	162.46
	102	II	2 303.90	225	9.77	36.02	156.35
	103	II	1 398.21	25	1.79	8.85	63.32
	104	II	984.25	95	9.65	14.55	147.85
	105	II	1 372.61	85	6.19	19.12	139.30
	106	II	6 864.45	275	4.01	74.11	107.97
	107	III	4 312.44	245	5.68	68.55	158.95
	108	III	5 806.33	165	2.84	101.25	174.38

续表 3-4

流域名称	沟道代码	沟道分级	沟长(m)	高差(m)	比降(%)	沟道面积(hm²)	平均宽度(m)
	109	Ⅲ	12 527.00	250	2.00	196.74	157.06
	110	Ⅲ	2 871.03	100	3.48	46.73	162.77
称钩河	111	Ⅲ	4 312.44	245	5.68	68.55	158.95
	112	Ⅳ	5 407.63	50	0.92	145.24	268.58
	113	Ⅳ	2 656.98	160	6.02	52.79	198.68
	114	Ⅴ	1 175.41	215	19.29	60.62	515.75

表 3-5 高塬沟壑区南小河沟小流域沟道分级及特征分析表

沟道名称	沟道代码	沟道分级	沟长(m)	高差(m)	比降(%)	沟道面积(hm²)	平均宽度(m)
芊子沟	1	Ⅰ	1 049	150	0.14	3.48	282
路家拐沟	2	Ⅰ	1 544	165	0.11	3.03	401
阳岩沟	3	Ⅰ	598	135	0.23	0.29	164
叶家沟	4	Ⅰ	1 255	170	0.14	0.82	222
周嘴沟	5	Ⅰ	804	170	0.21	0.77	293
塔山沟	6	Ⅰ	1 234	180	0.15	0.86	374
范家沟	7	Ⅰ	642	160	0.25	0.18	244
周小沟	8	Ⅰ	631	170	0.27	0.28	304
赵小沟	9	Ⅰ	834	150	0.18	2.14	262
岘子沟	10	Ⅰ	742	170	0.23	0.24	177
苓庄沟	11	Ⅰ	1 453	200	0.14	1.46	550
湫沟	12	Ⅰ	943	170	0.18	0.75	411
郭拐沟	13	Ⅰ	810	150	0.19	0.85	402
杨家沟	14	Ⅰ	1 515	190	0.13	1.01	407
水厂沟	15	Ⅰ	1 203	205	0.17	0.82	411
三泵沟	16	Ⅰ	517	195	0.38	0.22	301
二泵沟	17	Ⅰ	1 115	175	0.16	0.48	278
南佐沟	18	Ⅰ	1 210	140	0.12	1.55	118
银仓寺沟	19	Ⅰ	1 636	160	0.10	3.14	218
赵嘴沟	20	Ⅰ	1 037	140	0.14	1.09	427
水沟	21	Ⅱ	880	160	0.18	0.68	345
郭家沟	22	Ⅱ	1 131	170	0.15	1.21	545
南小河沟	23	Ⅲ	9 374	315	0.03	10.96	871

　　综上所述:根据沟道的分级结果可以推知,甘肃黄土高原沟道基本可以分为Ⅴ级,主要以Ⅰ级沟道为主。其中,在丘陵沟壑区222 417条沟道中Ⅰ级沟道占总条数的72.19%,Ⅱ级沟道占15.08%,Ⅲ级沟道占9.94%,Ⅳ级沟道占2.23%,Ⅴ级沟道占0.56%。在高塬沟壑区46 027条沟道中,Ⅰ级沟道占86.96%,Ⅱ级沟道占8.70%,Ⅲ级沟道占4.35%,详见表3-6。

表3-6　黄土丘陵沟壑区及高塬沟壑区沟道分级数量汇总表

类型		Ⅰ		Ⅱ		Ⅲ		Ⅳ		Ⅴ	
		条数	占总 (%)	条数	占总 (%)	条数	占总 (%)	条数	占总 (%)	条数	占总 (%)
丘陵 沟壑 区	丘三区	61 437	75.68	8 776	10.81	10 967	13.51				
	丘五区	99 120	70.18	24 773	17.54	11 144	7.89	4 957	3.51	1 243	0.88
	合计	160 557	72.19	33 549	15.08	22 111	9.94	4 957	2.23	1 243	0.56
高塬沟壑区		40 025	86.95	4 004	8.70	2 002	4.35				

第四章　侵蚀沟道分类研究

对沟道分类主要是为了更好地治理和开发利用沟道。在反映沟道特征的众多分类指标里,沟道的地貌形态对治理开发沟道最具有实践意义。本书从最能反映沟道形态的沟道开析状况(开析型、半开析型、深切型)、割裂程度(强度割裂型、中度割裂型、弱度割裂型)、主支沟状况(主沟型、半主沟型、支沟型)进行分类,为黄土丘陵沟壑区及高塬沟壑区沟道治理的措施布设提供依据。

依照沟道开析度 K、割裂度 G 及主支沟状况 R 的计算公式,得到甘肃省黄土高原各类型区典型小流域沟道状况特征,详见表 4-1 ~ 表 4-3。

表 4-1　丘三区罗玉沟和吕二沟流域沟道状况特征统计表

沟道代码	沟道分级	开析度 K	割裂度 G（%）	主支沟系数 R
1	Ⅰ	1.015	44.33	0.645
2	Ⅰ	1.521	35.08	0.424
3	Ⅰ	1.346	38.83	0.239
4	Ⅰ	0.562	50.44	0.444
5	Ⅰ	1.966	36.98	0.214
6	Ⅰ	1.214	36.79	0.156
7	Ⅰ	1.596	45.93	0.217
8	Ⅰ	2.549	34.68	0.283
9	Ⅰ	3.611	38.33	0.158
10	Ⅰ	0.964	52.71	0.517
11	Ⅰ	1.743	42.30	0.165
12	Ⅰ	6.639	31.73	0.124
13	Ⅰ	2.855	55.60	0.581
14	Ⅰ	1.368	54.51	0.498
15	Ⅰ	2.544	55.95	0.381
16	Ⅰ	2.184	54.72	0.613
17	Ⅰ	1.820	43.39	0.419
18	Ⅰ	2.299	62.45	0.656
19	Ⅰ	2.859	62.42	0.473
20	Ⅰ	3.565	67.88	1.000

续表 4-1

沟道代码	沟道分级	开析度 K	割裂度 G（%）	主支沟系数 R
21	Ⅱ	1.729	53.43	1.000
22	Ⅱ	6.543	52.77	1.000
23	Ⅱ	2.755	74.67	1.000
24	Ⅲ	6.387	45.86	1.000
25	Ⅰ	2.969	34.81	0.433
26	Ⅰ	1.546	42.11	0.547
27	Ⅰ	2.762	37.48	0.206
28	Ⅰ	1.716	44.44	1.000
29	Ⅰ	2.720	32.31	0.217
30	Ⅰ	1.174	61.52	0.363
31	Ⅰ	1.294	41.54	0.218
32	Ⅰ	1.324	42.33	1.000
33	Ⅰ	2.359	34.33	0.396
34	Ⅱ	1.042	70.07	1.000
35	Ⅲ	0.564	50.27	1.000
36	Ⅲ	0.899	60.82	1.000
37	Ⅲ	1.518	78.31	1.000
38	Ⅲ	0.886	64.15	1.000
平均值		2.1	49.59	0.53
标准差		1.51	12.65	0.37

表 4-2　丘五区安家沟、高泉沟及称钩河流域沟道状况特征统计表

沟道代码	沟道分级	开析度 K	割裂度 G（%）	主支沟系数 R
16	Ⅰ	0.28	0.24	2.002
17	Ⅰ	1.10	10.72	0.241
18	Ⅰ	0.65	5.91	1.402
19	Ⅰ	1.11	2.65	1.109
20	Ⅰ	0.72	2.54	0.946
21	Ⅰ	1.86	0.36	2.305
22	Ⅰ	0.95	2.79	0.762
23	Ⅰ	0.99	0.55	1.745

续表 4-2

沟道代码	沟道分级	开析度 K	割裂度 G（%）	主支沟系数 R
24	I	0.86	0.14	1.747
25	I	0.61	0.34	1.627
26	I	1.26	2.19	1.359
27	I	1.08	1.41	2.026
28	I	0.50	1.64	0.820
29	I	1.01	0.68	1.234
30	I	1.23	0.23	2.297
31	I	0.69	0.30	1.444
32	I	1.52	0.85	1.369
33	I	1.03	0.60	1.217
34	I	1.14	0.29	2.253
35	I	0.96	7.02	0.475
36	I	0.82	0.58	0.907
37	I	0.76	3.96	0.584
38	I	0.94	1.51	1.973
39	I	1.06	2.10	1.243
40	I	1.05	3.97	0.930
41	I	0.88	0.55	1.106
42	I	1.32	2.07	1.679
43	I	1.88	0.99	1.469
44	I	1.10	5.56	0.991
45	I	1.11	7.87	0.559
46	I	0.63	0.46	1.896
47	I	0.69	0.49	1.022
48	I	0.89	1.55	0.546
49	I	1.61	0.14	1.626
50	I	1.12	2.66	1.801
51	I	0.69	0.42	0.761
52	I	0.66	1.37	0.459
53	I	1.38	3.29	1.786
54	I	0.94	3.66	1.058

续表 4-2

沟道代码	沟道分级	开析度 K	割裂度 G（%）	主支沟系数 R
55	I	0.72	1.68	0.356
56	I	0.74	0.87	0.651
57	I	1.55	5.24	1.038
58	I	1.11	4.08	1.066
59	I	1.47	2.40	2.326
60	I	1.14	4.16	1.520
61	I	0.67	2.38	0.852
62	I	0.74	1.78	0.393
63	I	0.80	1.33	0.517
64	I	3.03	8.69	2.217
65	I	1.11	1.73	1.411
66	I	2.96	9.88	1.416
67	I	1.48	7.17	1.455
68	I	0.78	1.88	1.044
69	I	2.10	7.07	1.962
70	I	0.06	0.54	1.184
71	I	0.79	1.24	0.560
72	I	1.42	3.18	1.610
73	I	1.46	5.11	1.745
74	I	0.84	7.45	0.305
75	I	2.14	8.69	1.564
76	I	0.56	1.07	1.359
77	I	1.60	7.43	1.296
78	I	1.23	1.75	0.985
79	I	0.69	4.98	1.016
80	I	2.17	9.29	2.051
81	I	2.20	3.86	0.817
82	I	2.12	8.29	1.505
83	I	1.55	7.70	1.245
84	I	1.08	8.97	1.095
85	I	0.84	2.27	0.562

续表 4-2

沟道代码	沟道分级	开析度 K	割裂度 G（%）	主支沟系数 R
86	I	0.81	0.59	1.125
87	I	0.65	0.10	1.239
88	I	0.72	0.28	1.987
89	I	0.73	0.99	0.769
90	I	1.58	7.17	0.679
91	I	0.85	1.87	0.390
1	I	0.59	16.74	0.021
2	I	0.41	15.92	0.020
3	I	0.75	11.40	0.041
10	I	0.42	28.04	0.023
92	II	1.39	10.68	0.290
93	II	1.32	6.56	0.398
94	II	1.82	2.84	1.161
95	II	0.47	3.69	0.140
96	II	2.13	6.80	0.492
97	II	1.39	7.00	0.499
98	II	1.77	6.50	0.470
99	II	1.40	6.48	0.441
100	II	1.93	8.62	0.690
101	II	2.03	10.17	0.726
102	II	0.69	12.27	0.510
103	II	2.53	3.54	0.841
104	II	1.56	7.49	1.194
105	II	1.64	5.31	0.856
106	II	0.39	4.11	0.171
4	II	0.69	32.61	0.036
5	II	0.44	17.83	0.040
6	II	0.40	19.51	0.025
11	II	0.62	33.43	0.027
12	II	0.73	25.82	0.027
107	III	0.65	2.50	0.273

续表 4-2

沟道代码	沟道分级	开析度 K	割裂度 G（%）	主支沟系数 R
108	Ⅲ	1.06	10.56	0.202
109	Ⅲ	0.63	7.74	0.094
110	Ⅲ	1.63	10.49	0.409
111	Ⅲ	0.65	2.50	0.273
7	Ⅲ	0.51	46.29	0.129
8	Ⅲ	0.58	44.58	0.110
13	Ⅲ	0.37	59.90	0.162
14	Ⅲ	0.28	53.35	0.261
112	Ⅳ	5.37	19.64	0.217
113	Ⅳ	1.24	18.16	0.442
9	Ⅳ	0.50	47.66	0.148
15	Ⅳ	0.28	54.57	0.299
114	Ⅴ	2.40	28.95	1.000
平均值		1.13	8.32	0.94
标准差		0.70	12.25	0.64

表 4-3 高塬沟壑区南小河沟流域沟道状况特征统计表

沟道代码	沟道分级	开析度 K	割裂度 G（%）	主支沟系数 R
1	Ⅰ	1.88	8.49	0.03
2	Ⅰ	2.43	20.42	0.05
3	Ⅰ	1.22	34.26	0.02
4	Ⅰ	1.31	34.22	0.04
5	Ⅰ	1.72	30.57	0.03
6	Ⅰ	2.08	53.84	0.04
7	Ⅰ	1.52	86.61	0.02
8	Ⅰ	1.79	69.67	0.02
9	Ⅰ	1.74	10.19	0.03
10	Ⅰ	1.04	53.65	0.02
11	Ⅰ	2.75	54.57	0.05
12	Ⅰ	2.42	52.02	0.03
13	Ⅰ	2.68	38.45	0.03

续表 4-3

沟道代码	沟道分级	开析度 K	割裂度 $G(\%)$	主支沟系数 R
14	I	2.14	60.95	0.05
15	I	2.00	60.49	0.04
16	I	1.54	71.56	0.02
17	I	1.59	65.17	0.03
18	I	0.84	9.22	0.04
19	I	1.36	11.33	0.05
20	I	3.05	40.41	0.03
21	II	2.16	44.59	0.03
22	II	3.21	50.84	0.04
23	III	2.76	74.46	0.29
平均值		1.97	45.04	0.04
标准差		0.64	22.57	0.05

第一节　开析状况分类

　　沟道的开析状况是指沟道的开张程度,它反映沟道的宏观地形开阔特征。一般来讲,沟道开析度越大,沟壑就越开阔,沟坡就越平缓,沟道的立地条件就越好,开发利用潜力愈大。

　　根据表 4-1 ~ 表 4-3 中的沟道状况特征统计数据,依据统计学原理,按照超过平均值一个样本标准差为一级,低于平均值一个样本标准差为一级,中间为一级的原则,甘肃省黄土高原各类型区侵蚀沟道的开析度 K 的划分标准如表 4-4 所示。各类型区典型小流域的开析状况示意图如图 4-1 ~ 图 4-3 所示。依据各类型区的开析状况划分标准,甘肃省黄土高原各类型区侵蚀沟道的分类详见表 4-5 ~ 表 4-7。

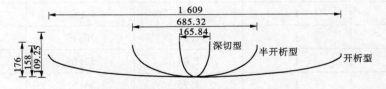

图 4-1　丘三区典型小流域沟道的开析状况示意图　（单位:m）

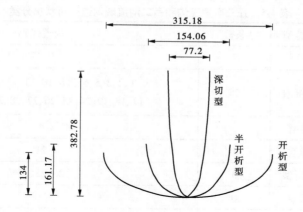

图 4-2 丘五区典型小流域沟道的开析状况示意图 （单位:m）

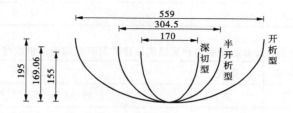

图 4-3 高塬沟壑区典型小流域沟道的开析状况示意图 （单位:m）

表 4-4 甘肃省黄土高原各类型区典型小流域沟道开析状况划分标准

类型区	沟道类型	划分标准
丘三区 （罗玉沟及吕二沟）	开析型	$K_1 > 3.61$
	半开析型	$K_2 = 1.51 \sim 3.61$
	深切型	$K_3 < 1.51$
丘五区 （安家沟、高泉沟及称钩河）	开析型	$K_1 > 1.83$
	半开析型	$K_2 = 0.43 \sim 1.83$
	深切型	$K_3 < 0.43$
高塬沟壑区 （南小河沟）	开析型	$K_1 > 2.61$
	半开析型	$K_2 = 1.32 \sim 2.61$
	深切型	$K_3 < 1.32$

表4-5 丘三区罗玉沟和吕二沟流域沟道开析状况分类

沟道级别	沟道类型	条数	沟道代码
I	开析型	2	9、12
	半开析型	25	1、2、3、5、6、7、8、10、11、13、14、15、16、17、18、19、24、25、26、27、28、29、30、31、32
	深切型	1	4
II	开析型	1	21
	半开析型	3	20、22、33
	深切型	0	
III	开析型	1	23
	半开析型	3	35、36、37
	深切型	1	34

表4-6 丘五区安家沟和高泉沟及称钩河流域沟道开析状况分类

沟道级别	沟道类型	条数	沟道代码
I	开析型	9	21、43、64、66、69、75、80、81、82
	半开析型	67	1、3、17、18、19、20、22、23、24、25、26、27、28、29、30、31、32、33、34、35、36、37、38、39、40、41、42、44、45、46、47、48、49、50、51、52、53、54、55、56、57、58、59、60、61、62、63、65、67、68、71、72、73、74、76、77、78、79、83、84、85、86、87、88、89、90、91
	深切型	4	2、10、16、70
II	开析型	4	96、100、101、103
	半开析型	14	4、5、11、12、92、93、94、95、97、98、99、102、104、105
	深切型	2	6、106
III	开析型	0	
	半开析型	7	7、8、107、108、109、110、111
	深切型	2	13、14
IV	开析型	1	112
	半开析型	2	9、113
	深切型	1	15
V	开析型	1	114
	半开析型	0	
	深切型	0	

表4-7　南小河沟流域沟道开析状况分类

沟道级别	沟道类型	条数	沟道代码
Ⅰ	开析型	3	11、13、20
	半开析型	15	1、2、3、5、6、7、8、9、10、12、14、15、16、17、19
	深切型	2	4、18
Ⅱ	开析型	1	22
	半开析型	1	21
	深切型	0	
Ⅲ	开析型	1	23
	半开析型	0	
	深切型	0	

第二节　割裂状况分类

沟道的割裂状况用地面割裂度 G 来反映。在一定的地域范围内,地面割裂度 G 值越高,说明沟壑面积愈大,沟谷面积愈小,地形愈破碎,水土流失面积越大,治理任务也越艰巨,开发利用程度也越难,治理措施更需要加强配置。

根据表4-1~表4-3中沟道状况特征统计数据,甘肃省黄土高原各类型区侵蚀沟道依据割裂度 G 的划分标准如表4-8所示;依据该划分标准,甘肃省黄土高原各类型区沟道的割裂状况分类详见表4-9~表4-11。

表4-8　甘肃省黄土高原各类型区典型小流域沟道割裂状况划分标准

类型区	沟道类型	划分标准
丘三区 (罗玉沟及吕二沟)	强度割裂型	$G_1 > 62.24$
	中度割裂型	$G_2 = 36.94 \sim 62.24$
	轻度割裂型	$G_3 < 36.94$
丘五区 (安家沟、高泉沟及称钩河)	强度割裂型	$G_1 > 20.57$
	中度割裂型	$G_2 = 3.93 \sim 20.57$
	轻度割裂型	$G_3 < 3.93$
高塬沟壑区 (南小河沟)	强度割裂型	$G_1 > 67.61$
	中度割裂型	$G_2 = 22.47 \sim 67.61$
	轻度割裂型	$G_3 < 22.47$

表4-9　丘三区罗玉沟与吕二沟流域沟道割裂状况分类

沟道级别	沟道类型	条数	沟道代码
I	强度割裂型	3	18、19、20、
	中度割裂型	19	1、3、4、5、7、9、10、11、13、14、15、16、17、26、27、28、30、31、32、
	轻度割裂型	7	2、6、8、12、25、29、33
II	强度割裂型	2	23、34
	中度割裂型	2	21、22
	轻度割裂型	0	
III	强度割裂型	2	37、38
	中度割裂型	3	24、35、36
	轻度割裂型	0	

表4-10　丘五区安家沟、高泉沟及称钩河流域沟道割裂状况分类

沟道级别	沟道类型	条数	沟道代码
I	强度割裂型	1	10
	中度割裂型	27	1、2、3、17、18、35、37、40、44、45、57、58、60、64、66、67、69、73、74、75、77、79、80、82、83、84、90
	轻度割裂型	52	16、19、20、21、22、23、24、25、26、27、28、29、30、31、32、33、34、36、38、39、41、42、43、46、47、48、49、50、51、52、53、54、55、56、59、61、62、63、65、68、70、71、72、76、78、81、85、86、87、88、89、91
II	强度割裂型	3	4、11、12
	中度割裂型	14	5、6、92、93、96、97、98、99、100、101、102、104、105、106
	轻度割裂型	3	94、95、103、
III	强度割裂型	4	7、8、13、14
	中度割裂型	3	108、109、110
	轻度割裂型	2	107、111
IV	强度割裂型	2	9、15
	中度割裂型	2	112、113
	轻度割裂型	0	
V	强度割裂型	1	114
	中度割裂型	0	
	轻度割裂型	0	

表 4-11　高原沟壑区南小河沟流域沟道割裂状况分类

沟道级别	沟道类型	条数	沟道代码
I	强度割裂型	3	7、8、16
	中度割裂型	12	3、4、5、6、10、11、12、13、14、15、17、20
	轻度割裂型	5	1、2、9、18、19
II	强度割裂型	0	
	中度割裂型	2	22、21
	轻度割裂型	0	
III	强度割裂型	1	23
	中度割裂型	0	
	轻度割裂型	0	

第三节　主支沟状况分类

沟道主支沟状况反映了沟道的支沟发育程度和数量,同时也间接地反映了流域沟道切割的破碎程度,对反映沟道的地形状况及沟道治理具有指导作用。

根据表 4-1 ~ 表 4-3 中沟道状况特征统计数据,甘肃省黄土高原各类型区沟道主支沟系数 R 的划分标准如表 4-12 所示;甘肃省黄土高原各类型区沟道的主支沟状况分类详见表 4-13 ~ 表 4-15。

通过对沟道的开析度、割裂度、主支沟系数及各自平均数与标准差的计算,对丘三区、丘五区及高塬沟壑区的典型流域进行分类并汇总,见表 4-16 ~ 表 4-18。

表 4-12　各类型区典型小流域沟道的主支沟状况划分标准

类型区	沟道类型	划分标准
丘三区 (罗玉沟及吕二沟)	主沟型	$R_1 > 0.90$
	半主沟型	$R_2 = 0.16 \sim 0.90$
	支沟型	$R_3 < 0.16$
丘五区 (安家沟、高泉沟及称钩河)	主沟型	$R_1 > 1.58$
	半主沟型	$R_2 = 0.3 \sim 1.58$
	支沟型	$R_3 < 0.3$
高塬沟壑区 (南小河沟)	主沟型	$R_1 > 0.10$
	半主沟型	$R_2 < 0 \sim 0.10$
	支沟型	$R_3 < 0$

表 4-13　丘三区罗玉沟与吕二沟流域沟道主支沟状况分类

沟道级别	沟道类型	条数	沟道代码
I	主沟型	2	27、31
	半主沟型	23	1、2、3、4、5、7、8、10、11、13、14、15、16、17、18、19、24、25、26、28、29、30、32
	支沟型	3	6、9、12
II	主沟型	4	20、21、22、33
	半主沟型	0	
	支沟型	0	
III	主沟型	5	23、34、35、36、37
	半主沟型	0	
	支沟型	0	

表 4-14　丘五区安家沟和高泉沟流域沟道主支沟状况分类

沟道级别	沟道类型	条数	沟道代码
I	主沟型	21	16、21、23、24、25、27、30、34、38、42、46、49、50、53、59、64、69、72、73、80、88
	半主沟型	54	18、19、20、22、26、28、29、31、32、33、35、36、37、39、40、41、43、44、45、47、48、51、52、54、55、56、57、58、60、61、62、63、65、66、67、68、70、71、74、75、76、77、78、79、81、82、83、84、85、86、87、89、90、91
	支沟型	5	1、2、3、10、17
II	主沟型	0	
	半主沟型	12	93、94、96、97、98、99、100、101、102、103、104、105
	支沟型	8	4、5、6、11、12、92、95、106
III	主沟型	0	
	半主沟型	1	110
	支沟型	8	7、8、13、14、107、108、109、111
IV	主沟型	0	
	半主沟型	0	
	支沟型	4	9、15、112、113
V	主沟型	0	
	半主沟型	1	114
	支沟型	0	

表4-15 高塬沟壑区南小河沟流域侵蚀沟道主支沟状况分类

沟道级别	沟道类型	条数	沟道代码
I	主沟型	0	
	半主沟型	0	
	支沟型	20	1、2、3、4、5、6、7、8、9、10、11、12、13、14、15、16、17、18、19、20
II	主沟型	0	
	半主沟型	0	
	支沟型	2	21、22
III	主沟型	1	23
	半主沟型	0	
	支沟型	0	

表4-16 丘三区罗玉沟及吕二沟流域沟道形态特征值及类型划分汇总表

流域名称	沟道代码	沟道分级	开析度 K	割裂度 G (%)	主支沟系数 R	沟道类型
罗玉沟	1	I	1.015	44.33	0.645	半开析+中度割裂+半主沟
	2	I	1.521	35.08	0.424	半开析+轻度割裂+半主沟
	3	I	1.346	38.83	0.239	半开析+中度割裂+半主沟
	4	I	0.562	50.44	0.444	深切型+中度割裂+半主沟
	5	I	1.966	36.98	0.214	半开析+中度割裂+半主沟
	6	I	1.214	36.79	0.156	半开析+轻度割裂+支沟型
	7	I	1.596	45.93	0.217	半开析+中度割裂+半主沟
	8	I	2.549	34.68	0.283	半开析+轻度割裂+半主沟
	9	I	3.611	38.33	0.158	开析型+中度割裂+支沟型
	10	I	0.964	52.71	0.517	半开析+中度割裂+半主沟
	11	I	1.743	42.30	0.165	半开析+中度割裂+半主沟
	12	I	6.639	31.73	0.124	开析型+轻度割裂+支沟型
	13	I	2.855	55.60	0.581	半开析+中度割裂+半主沟
	14	I	1.368	54.51	0.498	半开析+中度割裂+半主沟
	15	I	2.544	55.95	0.381	半开析+中度割裂+半主沟
	16	I	2.184	54.72	0.613	半开析+中度割裂+半主沟
	17	I	1.820	43.39	0.419	半开析+中度割裂+半主沟
	18	I	2.299	62.45	0.656	半开析+强度割裂+半主沟
	19	I	2.859	62.42	0.473	半开析+强度割裂+半主沟
	20	I	3.565	67.88	1.000	半开析+强度割裂+主沟型
	21	II	1.729	53.43	1.000	半开析+中度割裂+主沟型
	22	II	6.543	52.77	1.000	开析型+中度割裂+主沟型
	23	II	2.755	74.67	1.000	半开析+强度割裂+主沟型
	24	III	6.387	45.86	1.000	开析型+中度割裂+主沟型

续表 4-16

流域名称	沟道代码	沟道分级	开析度 K	割裂度 G（%）	主支沟系数 R	沟道类型
吕二沟	25	I	2.969	34.81	0.433	半开析 + 轻度割裂 + 半主沟
	26	I	1.546	42.11	0.547	半开析 + 中度割裂 + 半主沟
	27	I	2.762	37.48	0.206	半开析 + 中度割裂 + 半主沟
	28	I	1.716	44.44	1.000	半开析 + 中度割裂 + 主沟型
	29	I	2.720	32.31	0.217	半开析 + 轻度割裂 + 半主沟
	30	I	1.174	61.52	0.363	半开析 + 中度割裂 + 半主沟
	31	I	1.294	41.54	0.218	半开析 + 中度割裂 + 半主沟
	32	I	1.324	42.33	1.000	半开析 + 中度割裂 + 主沟型
	33	I	2.359	34.33	0.396	半开析 + 轻度割裂 + 半主沟
	34	II	1.042	70.07	1.000	半开析 + 强度割裂 + 主沟型
	35	III	0.564	50.27	1.000	深切型 + 中度割裂 + 主沟型
	36	III	0.899	60.82	1.000	半开析 + 中度割裂 + 主沟型
	37	III	1.518	78.31	1.000	半开析 + 强度割裂 + 主沟型
	38	III	0.886	64.15	1.000	半开析 + 强度割裂 + 主沟型
平均值			2.10	49.59	0.53	
标准差			1.51	12.65	0.37	

表 4-17 丘五区安家沟和高泉沟流域沟道形态特征值及类型划分汇总表

流域名称	沟道代码	沟道分级	开析度 K	割裂度 G（%）	主支沟系数 R	所属类型
安家沟	1	I	0.59	16.74	0.021	半开析 + 中度割裂 + 支沟型
	2	I	0.41	15.92	0.020	深切型 + 中度割裂 + 支沟型
	3	I	0.75	11.40	0.041	半开析 + 中度割裂 + 支沟型
	4	II	0.69	32.61	0.036	半开析 + 强度割裂 + 支沟型
	5	II	0.44	17.83	0.040	半开析 + 中度割裂 + 支沟型
	6	II	0.40	19.51	0.025	深切型 + 中度割裂 + 支沟型
	7	III	0.51	46.29	0.129	半开析 + 强度割裂 + 支沟型
	8	III	0.58	44.58	0.110	半开析 + 强度割裂 + 支沟型
	9	IV	0.50	47.66	0.148	半开析 + 强度割裂 + 支沟型
高泉沟	10	I	0.42	28.04	0.023	深切型 + 强度割裂 + 支沟型
	11	II	0.62	33.43	0.027	半开析 + 强度割裂 + 支沟型
	12	II	0.73	25.82	0.027	半开析 + 强度割裂 + 支沟型
	13	III	0.37	59.90	0.162	深切型 + 强度割裂 + 支沟型
	14	III	0.28	53.35	0.261	深切型 + 强度割裂 + 支沟型
	15	IV	0.28	54.57	0.299	深切型 + 强度割裂 + 支沟型

续表 4-17

流域名称	沟道代码	沟道分级	开析度 K	割裂度 G（%）	主支沟系数 R	所属类型
	16	I	0.28	0.24	2.002	深切型＋轻度割裂＋主沟型
	17	I	1.10	10.72	0.241	半开析＋中度割裂＋支沟型
	18	I	0.65	5.91	1.402	半开析＋中度割裂＋半主沟
	19	I	1.11	2.65	1.109	半开析＋轻度割裂＋半主沟
	20	I	0.72	2.54	0.946	半开析＋轻度割裂＋半主沟
	21	I	1.86	0.36	2.305	开析型＋轻度割裂＋主沟型
	22	I	0.95	2.79	0.762	半开析＋轻度割裂＋半主沟
	23	I	0.99	0.55	1.745	半开析＋轻度割裂＋主沟型
	24	I	0.86	0.14	1.747	半开析＋轻度割裂＋主沟型
	25	I	0.61	0.34	1.627	半开析＋轻度割裂＋主沟型
	26	I	1.26	2.19	1.359	半开析＋轻度割裂＋半主沟
	27	I	1.08	1.41	2.026	半开析＋轻度割裂＋主沟型
	28	I	0.50	1.64	0.820	半开析＋轻度割裂＋半主沟
	29	I	1.01	0.68	1.234	半开析＋轻度割裂＋半主沟
	30	I	1.23	0.23	2.297	半开析＋轻度割裂＋主沟型
称沟河	31	I	0.69	0.30	1.444	半开析＋轻度割裂＋半主沟
	32	I	1.52	0.85	1.369	半开析＋轻度割裂＋半主沟
	33	I	1.03	0.60	1.217	半开析＋轻度割裂＋半主沟
	34	I	1.14	0.29	2.253	半开析＋轻度割裂＋主沟型
	35	I	0.96	7.02	0.475	半开析＋中度割裂＋半主沟
	36	I	0.82	0.58	0.907	半开析＋轻度割裂＋半主沟
	37	I	0.76	3.96	0.584	半开析＋中度割裂＋半主沟
	38	I	0.94	1.51	1.973	半开析＋轻度割裂＋主沟型
	39	I	1.06	2.10	1.243	半开析＋轻度割裂＋半主沟
	40	I	1.05	3.97	0.930	半开析＋中度割裂＋半主沟
	41	I	0.88	0.55	1.106	半开析＋轻度割裂＋半主沟
	42	I	1.32	2.07	1.679	半开析＋轻度割裂＋主沟型
	43	I	1.88	0.99	1.469	开析型＋轻度割裂＋半主沟
	44	I	1.10	5.56	0.991	半开析＋中度割裂＋半主沟
	45	I	1.11	7.87	0.559	半开析＋中度割裂＋半主沟
	46	I	0.63	0.46	1.896	半开析＋轻度割裂＋主沟型

续表 4-17

流域名称	沟道代码	沟道分级	开析度 K	割裂度 G（%）	主支沟系数 R	所属类型
	47	I	0.69	0.49	1.022	半开析 + 轻度割裂 + 半主沟
	48	I	0.89	1.55	0.546	半开析 + 轻度割裂 + 半主沟
	49	I	1.61	0.14	1.626	半开析 + 轻度割裂 + 主沟型
	50	I	1.12	2.66	1.801	半开析 + 轻度割裂 + 主沟型
	51	I	0.69	0.42	0.761	半开析 + 轻度割裂 + 半主沟
	52	I	0.66	1.37	0.459	半开析 + 轻度割裂 + 半主沟
	53	I	1.38	3.29	1.786	半开析 + 轻度割裂 + 主沟型
	54	I	0.94	3.66	1.058	半开析 + 轻度割裂 + 半主沟
	55	I	0.72	1.68	0.356	半开析 + 轻度割裂 + 半主沟
	56	I	0.74	0.87	0.651	半开析 + 轻度割裂 + 半主沟
	57	I	1.55	5.24	1.038	半开析 + 中度割裂 + 半主沟
	58	I	1.11	4.08	1.066	半开析 + 中度割裂 + 半主沟
	59	I	1.47	2.40	2.326	半开析 + 轻度割裂 + 主沟型
	60	I	1.14	4.16	1.520	半开析 + 中度割裂 + 半主沟
	61	I	0.67	2.38	0.852	半开析 + 轻度割裂 + 半主沟
称钩河	62	I	0.74	1.78	0.393	半开析 + 轻度割裂 + 半主沟
	63	I	0.80	1.33	0.517	半开析 + 轻度割裂 + 半主沟
	64	I	3.03	8.69	2.217	开析型 + 中度割裂 + 主沟型
	65	I	1.11	1.73	1.411	半开析 + 轻度割裂 + 半主沟
	66	I	2.96	9.88	1.416	开析型 + 中度割裂 + 半主沟
	67	I	1.48	7.17	1.455	半开析 + 中度割裂 + 半主沟
	68	I	0.78	1.88	1.044	半开析 + 轻度割裂 + 半主沟
	69	I	2.10	7.07	1.962	开析型 + 中度割裂 + 主沟型
	70	I	0.06	0.54	1.184	深切型 + 轻度割裂 + 半主沟
	71	I	0.79	1.24	0.560	半开析 + 轻度割裂 + 半主沟
	72	I	1.42	3.18	1.610	半开析 + 轻度割裂 + 主沟型
	73	I	1.46	5.11	1.745	半开析 + 中度割裂 + 主沟型
	74	I	0.84	7.45	0.305	半开析 + 中度割裂 + 半主沟
	75	I	2.14	8.69	1.564	开析型 + 中度割裂 + 半主沟
	76	I	0.56	1.07	1.359	半开析 + 轻度割裂 + 半主沟
	77	I	1.60	7.43	1.296	半开析 + 中度割裂 + 半主沟

续表 4-17

流域名称	沟道代码	沟道分级	开析度 K	割裂度 G（%）	主支沟系数 R	所属类型
	78	I	1.23	1.75	0.985	半开析 + 轻度割裂 + 半主沟
	79	I	0.69	4.98	1.016	半开析 + 中度割裂 + 半主沟
	80	I	2.17	9.29	2.051	开析型 + 中度割裂 + 主沟型
	81	I	2.20	3.86	0.817	开析型 + 轻度割裂 + 半主沟
	82	I	2.12	8.29	1.505	开析型 + 中度割裂 + 半主沟
	83	I	1.55	7.70	1.245	半开析 + 中度割裂 + 半主沟
	84	I	1.08	8.97	1.095	半开析 + 中度割裂 + 半主沟
	85	I	0.84	2.27	0.562	半开析 + 轻度割裂 + 半主沟
	86	I	0.81	0.59	1.125	半开析 + 轻度割裂 + 半主沟
	87	I	0.65	0.10	1.239	半开析 + 轻度割裂 + 半主沟
	88	I	0.72	0.28	1.987	半开析 + 轻度割裂 + 主沟型
	89	I	0.73	0.99	0.769	半开析 + 轻度割裂 + 半主沟
	90	I	1.58	7.17	0.679	半开析 + 中度割裂 + 半主沟
	91	I	0.85	1.87	0.390	半开析 + 轻度割裂 + 半主沟
	92	II	1.39	10.68	0.290	半开析 + 中度割裂 + 支沟型
称钩河	93	II	1.32	6.56	0.398	半开析 + 中度割裂 + 半主沟
	94	II	1.82	2.84	1.161	半开析 + 轻度割裂 + 半主沟
	95	II	0.47	3.69	0.140	半开析 + 轻度割裂 + 支沟型
	96	II	2.13	6.80	0.492	开析型 + 中度割裂 + 半主沟
	97	II	1.39	7.00	0.499	半开析 + 中度割裂 + 半主沟
	98	II	1.77	6.50	0.470	半开析 + 中度割裂 + 半主沟
	99	II	1.40	6.48	0.441	半开析 + 中度割裂 + 半主沟
	100	II	1.93	8.62	0.690	开析型 + 中度割裂 + 半主沟
	101	II	2.03	10.17	0.726	开析型 + 中度割裂 + 半主沟
	102	II	0.69	12.27	0.510	半开析 + 中度割裂 + 半主沟
	103	II	2.53	3.54	0.841	开析型 + 轻度割裂 + 半主沟
	104	II	1.56	7.49	1.194	半开析 + 中度割裂 + 半主沟
	105	II	1.64	5.31	0.856	半开析 + 中度割裂 + 半主沟
	106	II	0.39	4.11	0.171	深切型 + 中度割裂 + 支沟型
	107	III	0.65	2.50	0.273	半开析 + 轻度割裂 + 支沟型
	108	III	1.06	10.56	0.202	半开析 + 中度割裂 + 支沟型

续表 4-17

流域名称	沟道代码	沟道分级	开析度 K	割裂度 G (%)	主支沟系数 R	所属类型
称钩河	109	Ⅲ	0.63	7.74	0.094	半开析 + 中度割裂 + 支沟型
	110	Ⅲ	1.63	10.49	0.409	半开析 + 中度割裂 + 半主沟
	111	Ⅲ	0.65	2.50	0.273	半开析 + 轻度割裂 + 支沟型
	112	Ⅳ	5.37	19.64	0.217	开析型 + 中度割裂 + 支沟型
	113	Ⅳ	1.24	18.16	0.442	半开析 + 中度割裂 + 支沟型
	114	Ⅴ	2.40	28.95	1.000	开析型 + 强度割裂 + 半主沟

表 4-18　高塬沟壑区南小河沟沟道形态特征值及类型划分汇总表

沟道代码	沟道等级	开析度 K	割裂度 G（%）	主沟系数 R	所属类型
1	Ⅰ	1.88	8.49	0.03	半开析 + 弱度割裂 + 支沟型
2	Ⅰ	2.43	20.42	0.05	半开析 + 弱度割裂 + 支沟型
3	Ⅰ	1.22	34.26	0.02	半开析 + 中度割裂 + 支沟型
4	Ⅰ	1.31	34.22	0.04	深切型 + 中度割裂 + 支沟型
5	Ⅰ	1.72	30.57	0.03	半开析 + 中度割裂 + 支沟型
6	Ⅰ	2.08	53.84	0.04	半开析 + 中度割裂 + 支沟型
7	Ⅰ	1.52	86.61	0.02	半开析 + 强度割裂 + 支沟型
8	Ⅰ	1.79	69.67	0.02	半开析 + 强度割裂 + 支沟型
9	Ⅰ	1.74	10.19	0.03	半开析 + 弱度割裂 + 支沟型
10	Ⅰ	1.04	53.65	0.02	半开析 + 中度割裂 + 支沟型
11	Ⅰ	2.75	54.57	0.05	开析型 + 中度割裂 + 支沟型
12	Ⅰ	2.42	52.02	0.03	半开析 + 中度割裂 + 支沟型
13	Ⅰ	2.68	38.45	0.03	开析型 + 中度割裂 + 支沟型
14	Ⅰ	2.14	60.95	0.03	半开析 + 中度割裂 + 支沟型
15	Ⅰ	2.00	60.49	0.04	半开析 + 中度割裂 + 支沟型
16	Ⅰ	1.54	71.56	0.02	半开析 + 强度割裂 + 支沟型
17	Ⅰ	1.59	65.17	0.03	半开析 + 中度割裂 + 支沟型
18	Ⅰ	0.84	9.22	0.04	深切型 + 弱度割裂 + 支沟型
19	Ⅰ	1.36	11.33	0.05	半开析 + 弱度割裂 + 支沟型
20	Ⅰ	3.05	40.41	0.03	开析型 + 中度割裂 + 支沟型
21	Ⅱ	2.16	44.59	0.03	半开析 + 中度割裂 + 支沟型
22	Ⅱ	3.21	50.84	0.04	开析型 + 中度割裂 + 支沟型
23	Ⅲ	2.76	74.46	0.29	开析型 + 强度割裂 + 主沟型
平均值		1.97	45.04	0.04	
标准差		0.64	22.57	0.05	

综上所述:通过组合可知共有 27 种沟道组合结果,其中甘肃省所占的类型(结合沟道的分级)见表 4-19。总体而论,不同类型沟道在不同级别沟道中具有不同的分布状况,具体情况如下:

在丘三区,I 级沟道中,I_{14} 型(半开析 + 中度割裂 + 半主沟)的沟道所占的比例最高,占丘三区总沟道条数的 39.5%,占总面积的 44.38%。在 II 级沟道中,以 II_{10} 型(半开析 + 强度割裂 + 主沟型)最高,占总沟道条数的比例为 5.3%,占总面积的 3.17%;在 III 级沟道中,以 III_{10} 型(半开析 + 强度割裂 + 主沟型)为最高,占总沟道条数的比例均为 5.3%,占总面积的 0.36%,详见表 4-20、表 4-23。

在丘五区,I 级沟道中,I_{15}(半开析 + 轻度割裂 + 半主沟)的沟道所占比例最高,占总沟道条数的 27.9%,占总面积的 20.41%;在 II 级沟道中,II_{14}(半开析 + 中度割裂 + 半主沟)占总沟道条数的 6.1%,占总面积的 6.67%;在 III 级沟道中,III_{16}(半开析 + 强度割裂 + 支沟型)、III_{17}(半开析 + 中度割裂 + 支沟型)、III_{18}(开析型 + 轻度割裂 + 支沟型)、III_{25}(深切型 + 强度割裂 + 支沟型)的沟道条数所占比例均为 1.8%,而 III_{17}(半开析 + 中度割裂 + 支沟型)所占的面积最大,占总面积的 8.74%;在 IV 级沟道中,各个类型的沟道条数所占比例均为总条数的 0.9%,而 IV_8(开析型 + 中度割裂 + 支沟型)的沟道面积最大,占总面积的 4.26%;在 V 级沟道中,V_4(开析型 + 强度割裂 + 半主沟)沟道占总条数的 0.9%,占总面积的 1.78%。详见表 4-21、表 4-24。

在高塬沟壑区,I 级沟道中,I_{17} 型(半开析 + 中度割裂 + 支沟型)的沟道所占的比例最高,占总沟道条数的 34.7%,占总面积的 17.34%;在 II 级沟道中,II_{17} 型(半开析 + 中度割裂 + 支沟型)与 II_8 型(开析型 + 中度割裂 + 支沟型)的沟道条数所占的比例一样,为总沟道条数的 4.4%,占总面积的 1.90% 与 3.92%;在 III 级沟道中,III_1 型(开析型 + 强度割裂 + 主沟型)的沟道占总沟道条数的 4.4%,占总面积的 51.65%,详见表 4-22、表 4-25。

可见,在甘肃黄土高原侵蚀沟道主要以 I 级沟道为主,其中丘陵沟壑区主要以半开析、中度割裂、半主沟型为主;高塬沟壑区主要以半开析、中度割裂、支沟型为主。

表 4-19　甘肃黄土高原侵蚀沟道分级分类汇总表

分区		1 开析型+强度割裂+主沟型	2 开析型+中度割裂+主沟型	3 开析型+轻度割裂+主沟型	4 开析型+强度割裂+半主沟	5 开析型+中度割裂+半主沟	6 开析型+轻度割裂+半主沟	7 开析型+强度割裂+支沟型	8 开析型+中度割裂+支沟型	9 开析型+轻度割裂+支沟型	10 半开析+强度割裂+主沟型	11 半开析+中度割裂+主沟型	12 半开析+轻度割裂+主沟型	13 半开析+强度割裂+半主沟	14 半开析+中度割裂+半主沟	15 半开析+轻度割裂+半主沟	16 半开析+强度割裂+支沟型	17 半开析+中度割裂+支沟型	18 半开析+轻度割裂+支沟型	19 深切型+强度割裂+主沟型	20 深切型+中度割裂+主沟型	21 深切型+轻度割裂+主沟型	22 深切型+强度割裂+半主沟	23 深切型+中度割裂+半主沟	24 深切型+轻度割裂+半主沟	25 深切型+强度割裂+支沟型	26 深切型+中度割裂+支沟型	27 深切型+轻度割裂+支沟型
丘三区	Ⅰ		一						一		一	一		一	一			一	一					一				
	Ⅱ		一								一	一																
	Ⅲ		一									一																
丘五区	Ⅰ					一	一					一	一								一	一				一	一	
	Ⅱ			一		一	一								一		一	一	一								一	
	Ⅲ														一		一									一		
	Ⅳ				一																					一		
	Ⅴ								一																			一
高塬沟壑区	Ⅰ								一								一		一									
	Ⅱ																	一										
	Ⅲ	一																										

注:"一"代表有此类型沟道。

表4-20　丘三区典型小流域沟道形态特征及类型划分汇总表

编码	编号	不同级别 沟道分级	主支沟状况	不同类型 开析度	割裂度	沟道条数 条数	占总(%)	不同类型平均值 开析度	割裂度(%)	主沟系数	沟道面积(km²) 沟道面积(km²)	占总面积(%)
I_{11}	28	I	主沟型	半开析	中度割裂	2	5.3	1.716	44.44	1.000	0.110	0.31
	32							1.324	42.33	1.000	0.210	0.60
	平均值							1.520	43.39	1.000	0.160	0.46
I_{14}	1		半主沟	半开析型	中度割裂	15	39.5	1.015	44.33	0.645	0.397	1.13
	3							1.346	38.83	0.239	1.080	3.08
	5							1.966	36.98	0.214	1.577	4.50
	7							1.596	45.93	0.217	2.108	6.02
	10							0.964	52.71	0.517	1.203	3.43
	11							1.743	42.30	0.165	2.090	5.97
	13							2.855	55.60	0.581	0.710	2.03
	14							1.368	54.51	0.498	1.120	3.20
	15							2.544	55.95	0.381	1.385	3.95
	16							2.184	54.72	0.613	0.456	1.30
	17							1.820	43.39	0.419	0.653	1.86
	26							1.546	42.11	0.547	0.240	0.69
	27							2.762	37.48	0.206	0.880	2.51
	30							1.174	61.52	0.363	0.940	2.68
	31							1.294	41.54	0.218	0.710	2.03
	平均值							1.745	47.19	0.388	1.037	2.96
I_{23}	4		半主沟	深切型	中度割裂	1	2.6	0.564	50.27	1.000	0.047	0.13
	平均值							0.564	50.27	1.000	0.047	0.13
I_8	9		支沟	开析	中度割裂	1	2.6	3.611	38.33	0.158	2.446	6.98
	平均值							3.611	38.33	0.158	2.446	6.98
I_9	12		支沟	开析	轻度割裂	1	2.6	6.639	31.73	0.124	2.784	7.95
	平均值							6.639	31.73	0.124	2.784	7.95
I_{18}	6		支沟	半开析	轻度割裂	1	2.6	1.214	36.79	0.156	2.339	6.68
	平均值							1.214	36.79	0.156	2.339	6.68

续表 4-20

编码	编号	不同级别		不同类型		沟道条数		不同类型平均值			沟道面积	
		沟道分级	主支沟状况	开析度	割裂度	条数	占总(%)	开析度	割裂度(%)	主沟系数	沟道面积(km²)	占总面积(%)
I₁₃	18	I	半主沟	半开析	强度割裂	2	5.3	2.299	62.45	0.656	0.655	1.87
	19							2.859	62.42	0.473	1.184	3.38
						平均值		2.579	62.44	0.565	0.920	2.63
I₁₀	20		主沟	半开析	强度割裂	1	2.6	3.565	67.88	1.000	1.360	3.89
						平均值		3.565	67.88	1.000	1.360	3.89
I₁₅	2		半主沟	半开析	轻度割裂	5	13.3	1.521	35.08	0.424	0.783	2.24
	8							2.549	34.68	0.283	1.203	3.43
	25							2.969	34.81	0.433	0.380	1.09
	29							2.720	32.31	0.217	0.740	2.11
	33							2.359	34.33	0.396	0.290	0.83
						平均值		2.424	34.24	0.351	0.679	1.94
II₁₀	23	II	主沟型	半开析型	强度割裂	2	5.3	1.729	53.43	1.000	1.012	2.89
	34							1.042	70.07	1.000	0.098	0.28
						平均值		1.386	61.75	1.000	0.555	1.59
II₁₁	21			半开析	中度割裂	1	2.6	1.729	53.43	1.000	1.012	2.89
						平均值		1.729	53.43	1.000	1.012	2.89
II₂	22			开析型	中度割裂	1	2.6	6.543	52.77	1.000	2.110	6.02
						平均值		6.543	52.77	1.000	2.110	6.02
III₁₀	37	III	主沟型	半开析型	强度割裂	2	5.3	1.518	78.31	1.000	0.073	0.21
	38							0.886	64.15	1.000	0.052	0.15
						平均值		1.202	71.23	1.000	0.063	0.18
III₁₁	36				中度割裂	1	2.6	0.899	60.82	1.000	0.077	0.22
						平均值		0.899	60.82	1.000	0.077	0.22
III₂	24			开析型	中度割裂	1	2.6	6.387	45.86	1.000	0.470	1.34
						平均值		6.387	45.86	1.000	0.470	1.34
III₂₀	35			深切型	中度割裂	1		0.564	0.000 04	1.000	0.047	0.13
						平均数		0.564	0.000 04	1.000	0.047	0.13

第四章　侵蚀沟道分类研究　　·71·

续表 4-21

级别类型编码	沟道名称	不同级别	不同类型			沟道条数		不同类型平均值			沟道面积	
		沟道分级	主支沟状况	开析度	割裂度	条数	占总（%）	开析度	割裂度（%）	主支沟系数	面积（km²）	占总（%）
I₁₅	19							1.11	2.65	1.11	0.212	0.62
	20							0.72	2.54	0.95	0.188	0.55
	22							0.95	2.79	0.76	0.206	0.60
	26							1.26	2.19	1.36	0.175	0.51
	28							0.50	1.64	0.82	0.122	0.36
	29							1.01	0.68	1.23	0.187	0.55
	36							0.82	0.58	0.91	0.159	0.47
	31							0.69	0.30	1.44	0.082	0.24
	32							1.52	0.85	1.37	0.234	0.69
	33	I	半主沟型	半开析型	轻度割裂	32	27.9	1.03	0.60	1.22	0.164	0.48
	39							1.61	2.10	1.24	0.096	0.28
	41							0.88	0.55	1.11	0.150	0.44
	47							0.69	0.49	1.02	0.135	0.40
	48							0.89	1.55	0.55	0.394	1.16
	51							0.69	0.42	0.76	0.107	0.31
	52							0.66	1.37	0.46	0.348	1.02
	54							0.96	3.66	1.06	0.172	0.50
	55							0.72	1.68	0.36	0.428	1.26
	56							0.74	0.87	0.65	0.221	0.65

续表 4-21

级别类型编码	沟道名称	不同级别 沟道分级	主支沟状况	不同类型 开析度	不同类型 割裂度	沟道条数 条数	沟道条数 占总(%)	不同类型平均值 开析度	不同类型平均值 割裂度(%)	不同类型平均值 主支沟系数	沟道面积 面积(km²)	沟道面积 占总(%)
I₁₅	61	I	半主沟型	半开析型	轻度割裂	32	27.9	0.67	2.38	0.85	0.144	0.42
	62							0.74	1.78	0.39	0.452	1.33
	63							0.80	1.33	0.52	0.337	0.99
	65							1.11	1.73	1.41	0.166	0.49
	68							0.78	1.88	1.04	0.114	0.33
	71							0.79	1.24	0.56	0.316	0.93
	76							0.56	1.07	1.36	0.102	0.30
	78							1.23	1.75	0.99	0.315	0.92
	85							0.84	2.27	0.56	0.411	1.21
	86							0.81	0.59	1.13	0.106	0.31
	87							0.65	0.10	1.24	0.018	0.05
	89							0.73	0.99	0.77	0.180	0.53
	91							0.85	1.87	0.39	0.514	1.51
						平均值		0.88	1.45	0.92	0.217	0.64
I₅	66			开析型	中度割裂	3	2.6	2.96	9.88	1.42	0.504	1.48
	75							2.14	8.69	1.56	0.225	0.66
	82							2.12	8.29	1.51	0.299	0.88
						平均值		2.41	8.95	1.50	0.343	1.01
I₆	43				轻度割裂	2	1.8	1.88	0.99	1.47	0.271	0.80
	81							2.20	3.86	0.82	0.696	2.04
						平均值		2.04	2.43	1.15	0.484	1.42
I₂₄	70			深切型	中度割裂	1	0.9	0.06	0.54	1.18	0.096	0.28
						平均值		0.06	0.54	1.18	0.096	0.28

续表 4-21

级别类型编码	沟道名称	不同级别 沟道分级	主支沟状况	不同类型 开析度	不同类型 割裂度	沟道条数 条数	沟道条数 占总(%)	不同类型平均值 开析度	不同类型平均值 割裂度(%)	不同类型平均值 主支沟系数	沟道面积 面积(km²)	沟道面积 占总(%)
I₁₁	73				中度割裂	1	0.9	0.84	7.45	0.31	0.128	0.38
	平均值							0.84	7.45	0.31	0.128	0.38
I₁₂	23	I	主沟型	半平析型	轻度割裂	15	13.0	0.99	0.55	1.75	0.150	0.44
	24							0.86	0.14	1.75	0.038	0.11
	25							0.61	0.34	1.63	0.092	0.27
	27							1.08	1.41	2.03	0.113	0.33
	30							1.23	0.23	2.30	0.063	0.18
	34							1.14	0.29	2.25	0.074	0.22
	38							0.94	1.51	1.97	0.067	0.20
	42							1.32	2.07	1.68	0.097	0.28
	46							0.63	0.46	1.90	0.021	0.06
	49							1.61	0.14	1.63	0.035	0.10
	50							1.12	2.66	1.80	0.136	0.40
	53							1.38	3.29	1.79	0.154	0.45
	59							1.47	2.40	2.33	0.012	0.04
	72							1.42	3.18	1.61	0.093	0.27
	88							0.72	0.28	1.99	0.051	0.15
	平均值							1.10	1.26	1.89	0.080	0.23

续表 4-21

级别类型编码	沟道名称	不同级别	主支沟状况	不同类型		沟道条数		不同类型平均值			沟道面积	
		沟道分级		开析度	割裂度	条数	占总(%)	开析度	割裂度(%)	主支沟系数	面积(km²)	占总(%)
I_2	64	I	半主沟型	开析型	中度割裂			3.03	8.69	2.22	0.225	0.66
	69							2.10	7.07	1.96	0.208	0.61
	80							2.17	9.29	2.05	0.181	0.53
	平均值				中度割裂	3	2.6	2.43	8.35	2.08	0.205	0.60
I_3	21				轻度割裂	1		1.86	0.36	2.31	0.100	0.29
	平均值				轻度割裂	1	0.9	1.86	0.36	2.31	0.100	0.29
I_{21}	16			深切型	轻度割裂	1		0.28	0.24	2.00	0.027	0.08
	平均值				轻度割裂	1	0.9	0.28	0.24	2.00	0.027	0.08
I_{17}	1		支沟型	半开析型	中度割裂			0.59	16.74	0.02	0.043	0.13
	3							0.75	11.40	0.04	0.090	0.26
	17							1.10	10.72	0.24	1.182	3.47
	平均值				中度割裂	3	2.6	0.81	12.95	0.10	0.438	1.29
I_{26}	2			深切型	中度割裂	1		0.41	15.92	0.02	0.025	0.07
	平均值				中度割裂	1	0.9	0.41	15.92	0.02	0.025	0.07
I_{25}	10				强度割裂	1		0.42	28.04	0.02	0.032	0.09
	平均值				强度割裂	1	0.9	0.42	28.04	0.02	0.032	0.09

续表 4-21

级别类型编码	沟道名称	不同级别 沟道分级	主支沟状况	不同类型 开析度	不同类型 割裂度	沟道条数 条数	沟道条数 占总（%）	不同类型平均值 开析度	不同类型平均值 割裂度（%）	不同类型平均值 主支沟系数	沟道面积 面积（km²）	沟道面积 占总（%）
II₁₄	93	II	半主沟型	半开析型	中度割裂	7	6.1	1.32	6.56	0.40	0.525	1.54
	97							1.39	7.00	0.50	0.328	0.96
	98							1.77	6.50	0.47	0.332	0.97
	99							1.40	6.48	0.44	0.391	1.15
	102							0.69	12.27	0.51	0.360	1.06
	104							1.56	7.49	1.19	0.146	0.43
	105							1.64	5.31	0.86	0.191	0.56
	平均值							1.40	7.37	0.62	0.325	0.95
II₁₅	94			半开析型	轻度割裂	1	0.9	1.82	2.84	1.16	0.129	0.38
	平均值							1.82	2.84	1.16	0.129	0.38
II₅	96		支沟型	开析型	中度割裂	3	2.6	2.13	6.80	0.49	0.433	1.27
	100							1.93	8.62	0.69	0.247	0.72
	101							2.03	10.17	0.73	0.263	0.77
	平均值							2.03	8.53	0.64	0.314	0.92
II₆	103			开析型	轻度割裂	1	0.9	2.53	3.54	0.84	0.089	0.26
	平均值							2.53	3.54	0.84	0.089	0.26
II₁₆	4			半开析型	强度割裂	3	2.6	0.69	32.61	0.04	0.109	0.32
	11							0.62	33.43	0.03	0.056	0.16
	12							0.73	25.82	0.03	0.067	0.20
	平均值							0.68	30.62	0.03	0.077	0.23
II₁₇	5			半开析型	中度割裂	2	1.8	0.44	17.83	0.04	0.087	0.26
	92							1.39	10.68	0.29	1.178	3.46
	平均值							0.92	14.26	0.17	0.633	1.86
II₁₈	95			深切型	轻度割裂	1	0.9	0.47	3.69	0.14	1.011	2.97
	平均值							0.47	3.69	0.14	1.011	2.97
II₂₆	6			深切型	中度割裂	2	1.8	0.40	19.51	0.03	0.041	0.12
	106							0.39	4.11	0.17	0.741	2.17
	平均值							0.40	11.81	0.10	0.391	1.15

续表 4-21

级别类型编码	沟道名称	不同级别 沟道分级	主支沟状况	不同类型 开析度	割裂度	沟道条数 条数	占总(%)	开析度	不同类型平均值 割裂度(%)	主支沟系数	沟道面积 面积(km²)	占总(%)
Ⅲ$_{16}$	7	Ⅲ	支沟型	半开析型	强度割裂	2	1.8	0.51	46.29	0.13	0.406	1.19
	8							0.58	44.59	0.11	0.411	1.21
						平均值		0.55	45.44	0.12	0.409	1.20
Ⅲ$_{17}$	108				中度割裂	2	1.8	1.06	10.56	0.20	1.013	2.97
	109							0.63	7.74	0.09	1.967	5.77
						平均值		0.85	9.15	0.15	1.490	4.37
Ⅲ$_{18}$	107				轻度割裂	2	1.8	0.65	2.50	0.27	0.686	2.01
	111							0.65	2.50	0.27	0.686	2.01
						平均值		0.65	2.50	0.27	0.686	2.01
Ⅲ$_{25}$	13			深切型	强度割裂	2	1.8	0.37	59.90	0.16	0.343	1.01
	14							0.28	53.35	0.26	0.481	1.41
						平均值		0.33	56.63	0.21	0.412	1.21
Ⅲ$_{14}$	110		半主沟型	半开析型	中度割裂	1	0.9	1.63	10.49	0.41	0.467	1.37
						平均值		1.63	10.49	0.41	0.467	1.37
Ⅳ$_{16}$	9	Ⅳ	支沟型	半开析型	强度割裂	1	0.9	0.50	47.66	0.15	0.461	1.35
						平均值		0.50	47.66	0.15	0.461	1.35
Ⅳ$_{17}$	113				中度割裂	1	0.9	1.24	18.16	0.44	0.528	1.55
						平均值		1.24	18.16	0.44	0.528	1.55
Ⅳ$_{8}$	112			开析型	中度割裂	1	0.9	5.37	19.64	0.22	1.452	4.26
						平均值		5.37	19.64	0.22	1.452	4.26
Ⅳ$_{25}$	15			深切型	强度割裂	1	0.9	0.28	54.57	0.30	0.601	1.76
						平均值		0.28	54.57	0.30	0.601	1.76
Ⅴ$_{4}$	114	Ⅴ	半主沟型	开析型	强度割裂	1	0.9	2.40	28.95	1.00	0.606	1.78
						平均值		2.40	28.95	1.00	0.606	1.78

表 4-22　高塬沟壑区典型小流域沟道形态特征值及类型划分汇总表

分级编码	沟道名称	不同级别		不同类型			沟道条数			不同类型平均值			沟道面积	
		沟道分级	主支沟状况	开析度	割裂度	条数	占总(%)	开析度	割裂度(%)	主沟系数	面积(km²)	占总(%)
I₁₆	7、8、16				强度割裂	3	13.0	1.62	75.95	0.02	0.50	3.16
I₁₈	1、2、9、19			半开析	弱度割裂	4	17.3	1.85	12.61	0.04	1.49	9.43
I₁₇	10、3、17、5 15、6、14、12				中度割裂	8	34.7	1.78	51.37	0.03	2.74	17.34
					平均值			1.75	46.64	0.03	1.58	9.98
I₈	13、11、20	I	支沟型	开析型	中度割裂	3	13.0	2.83	44.48	0.04	1.57	9.94
					平均值			2.83	44.48	0.04	1.57	9.94
I₂₇	18			深切型	弱度割裂	1	4.4	0.84	9.22	0.04	0.14	0.89
I₂₆	4				中度割裂	1	4.4	1.31	34.22	0.04	0.28	1.77
					平均值			1.08	21.72	0.04	0.21	1.33
II₁₇	21	II	支沟型	半开析	中度割裂	1	4.4	2.16	44.59	0.03	0.30	1.90
II₈	22			开析型	中度割裂	1	4.4	3.21	50.84	0.04	0.62	3.92
III₁	23	III	主沟型	开析型	强度割裂	1	4.4	2.76	74.46	0.29	8.16	51.65

表 4-23 甘肃黄土高原丘三副区各沟道类型数量、面积统计表

级别类型编码	总条数	占总比例(%)	总面积(hm²)	占总面积(%)
I_{11}	4 303	5.3	14 408.5	0.91
I_{14}	32 066	39.5	702 690.4	44.38
I_{23}	2 111	2.6	2 058.4	0.13
I_8	2 111	2.6	110 517.8	6.98
I_{18}	2 111	2.6	125 876.3	6.68
I_{15}	10 797	13.3	105 767.7	9.70
I_9	2 111	2.6	83 125.8	7.95
I_{13}	4 303	5.3	61 592.3	5.25
I_{10}	2 111	2.6	153 584.9	3.89
II_{11}	2 111	2.6	50 192.2	2.89
II_2	2 111	2.6	45 758.8	6.02
II_{10}	4 303	5.3	95 317.6	3.17
III_{11}	2 111	2.6	5 700.1	0.22
III_2	2 111	2.6	3 483.4	1.34
III_{20}	2 111	2.6	21 216.9	0.13
III_{10}	4 303	5.3	2 058.4	0.36
合计	81 180	100	1 583 349.3	100

表 4-24 甘肃黄土高原丘五副区各沟道类型数量、面积统计表

级别类型编码	总条数	占总比例(%)	总面积(hm²)	占总面积(%)
I_{14}	19 632	13.9	387 795.68	14.00
I_5	3 672	2.6	83 653.07	3.02
I_{24}	1 271	0.9	7 755.91	0.28
I_{11}	1 271	0.9	10 525.88	0.38
I_2	3 672	2.6	49 859.44	1.80
I_{21}	1 271	0.9	2 215.98	0.08
I_{17}	3 672	2.6	106 920.81	3.86
I_{26}	1 271	0.9	1 938.98	0.07
I_{25}	1 271	0.9	2 492.97	0.09
I_{15}	39 405	27.9	565 350.70	20.41
I_3	1 271	0.9	8 032.91	0.29

续表 4-24

级别类型编码	总条数	占总比例(%)	总面积(hm²)	占总面积(%)
I₁₂	18 361	13.0	96 948.92	3.50
I₆	2 542	1.8	78 667.12	2.84
II₁₆	3 672	2.6	18 835.79	0.68
II₆	1 271	0.9	7 201.92	0.26
II₁₅	1 271	0.9	10 525.88	0.38
II₁₈	1 271	0.9	82 268.08	2.97
II₁₄	8 615	6.1	184 756.94	6.67
II₅	3 672	2.6	76 451.15	2.76
II₁₇	2 542	1.8	103 042.85	3.72
II₂₆	2 542	1.8	63 432.29	2.29
III₁₆	2 542	1.8	66 479.26	2.40
III₁₇	2 542	1.8	242 095.30	8.74
III₂₅	2 542	1.8	67 033.25	2.42
III₁₄	1 271	0.9	37 948.58	1.37
III₁₈	2 542	1.8	111 352.76	4.02
IV₁₆	1 271	0.9	37 394.58	1.35
IV₁₇	1 271	0.9	42 934.52	1.55
IV₈	1 271	0.9	118 000.69	4.26
IV₂₅	1 271	0.9	48 751.46	1.76
V₄	1 271	0.9	49 305.45	1.78
合计	141 237	100	2 769 969.15	100

表 4-25　甘肃黄土高塬沟壑区各沟道类型数量、面积统计表

级别类型编码	总条数	占总比例(%)	总面积(hm²)	占总面积(%)
I₁₆	5 984	13.0	33 399.26	3.16
I₁₈	7 963	17.3	99 669.32	9.43
I₁₇	15 971	34.7	183 273.18	17.34
I₈	5 984	13.0	105 059.71	9.94
I₂₇	1 979	4.4	9 406.75	0.89
I₂₆	1 979	4.4	18 707.82	1.77
II₁₇	1 979	4.4	20 081.84	1.90
II₈	1 979	4.4	41 432.00	3.92
III₁	1 979	4.4	545 908.86	51.65
合计	45 797	100	1 056 938.74	100

第五章　坡沟系统水沙来源与变化研究

黄土高原水土流失严重,多年平均入黄泥沙16亿t,这不仅造成土地资源的破坏,导致农业生态环境恶化,生态平衡失调,而且影响各行业生产的发展。要解决水土流失的问题,应研究径流泥沙的来源。而坡沟系统既是区域侵蚀产沙的主要源地,又是控制水土流失、恢复与重建生态环境的基本治理单元。探讨坡沟系统水沙来源与变化研究,将为研究水土保持措施对径流泥沙的影响提供需要的数据,同时对流域规划及水土流失综合治理具有重要的意义。

第一节　不同时段坡沟系统水沙来源研究

一、丘三区坡沟系统水沙来源研究

(一)罗玉沟流域坡沟系统水沙来源研究

全流域以支毛沟小流域为单元,用黄土、黏土、土夹石面积百分比为主要指标,同时参照地面坡度、沟壑密度等九项因子指标,可分为土石强度侵蚀区、杂色土中度侵蚀区和黄土中度侵蚀区三个侵蚀类型区。各侵蚀类型区自然条件、水土流失情况及主要来源详见表5-1。

表5-1　罗玉沟流域各侵蚀类型区自然条件、水土流失情况及主要来源

侵蚀类型区	面积(km²)		平均坡度(°)	开垦指数	植被	沟壑密度[km/(km²·a)]	年侵蚀模数[t/(km²·a)]	
	总	占总(%)					坡面	沟道
土石强度侵蚀区	30.14	41.4	29.6	0.48	较好	6.29	6 100	31 100
杂色土中度侵蚀区	26.84	36.87	17.7	0.74	较差	5.46	5 170	21 100
黄土中度侵蚀区	15.80	21.72	13.7	0.77	差	3.73	3 230	49 400

从流域总体水土流失情况来看,重力侵蚀量占总流失量的12%,水力侵蚀量占总流失量的88%。其中坡面侵蚀是水力侵蚀中最普遍的形式,该流域内水土流失发生及来源分述如下。

1. 坡面侵蚀

在降水条件大致相同的情况下,坡面侵蚀与土地利用方式、植被条件、地形和地面物质组成等因素关系密切。2006~2010年,黄委会天水水保站在流域上、中、下游三个大断面上,布设了10 m×10 m的正方形测钎网观测样地16处,直接观测次月的片蚀、纹沟、细沟侵蚀量;并在三条支流域中调查浅沟侵蚀量,用土壤流失通用方程[96]$A = R \times K \times L \times S \times C \times P$推算流失量,进行校核比较。其中,$A$指任一坡耕地在特定的降雨、作物管理制

度及所采用的水土保持措施下,单位面积年平均土壤流失量,t/hm²;R 指降雨侵蚀力采用魏斯曼公式 $R = \sum E \times I_{30}$ 计算;L 指坡长因子;S 指坡度因子;C 指植被覆盖和经营管理因子;P 指水土保持措施因子;K 指土壤可蚀性运用魏斯曼列线图求取,同时用室内模拟方法实测不同土壤抗分散的程度 D ,得出 D 与 K 的关系式为

$$K = 0.919\ 5D - 0.114\ 5 \mid Y \mid = \mid -0.862\ 7I > Y0.01 \mid$$

式中:D 为击散一定大小土颗粒所需水滴数。

代入数据计算出土壤可蚀性分别为:I₁梯田为 0.597 0 t/hm²,I₂林地为 0.481 1 t/hm²,II₁疏林草为 0.531 3 t/hm²,II₂荒草地为 0.546 5 t/hm²,III₁平坡农为 0.590 6 t/hm²,III₂缓坡农为 0.597 8 t/hm²,III₃陡坡农为 0.614 1 t/hm²。植物及管理措施 C ,根据植物生长期及年降雨侵蚀力 R 的时间分布得出:I₁梯田 0.270 5,I₂林地 0.035,II₁疏林草 0.088,II₂荒草地 0.236,III₁₋₃农地 0.270 5。坡面是流域洪水、细泥沙的主要产区。平沙年输移比近似 1。坡面水蚀年输沙量 32.5 万 t,占流域悬移质总量的 58.5%,占流域产沙量的 46%;沟坡及谷坡侵蚀最强,分别占坡面总量的 48% 及 35%;梁面侵蚀占坡面总量的 17%,坡面水蚀以层状及细沟方式为主,分别占坡面总量的 43% 及 37%,鳞片占 17%,浅沟占 3%。

对 1988 年 8 月 7 日的暴雨调查结果显示,全流域输沙总量为 120.4 万 t,其中坡面侵蚀量为 59.12 万 t,沟口实测的悬移质输沙量 94.87 万 t,占输沙总量的 78.9%,推移质占 21.1%,见表 5-2。按不同的地貌单元分,流域泥沙来源中坡面占 49.2%,沟道占 50.8%。从不同的土地类型看,泥沙主要来自沟床、休闲地、大秋作物地和沟壁,它们分别占流域总输沙量的 38.1%、24.9%、15.6% 及 12.7%,见表 5-3。

表 5-2　1988 年 8 月 7 日暴雨罗玉沟流域实测洪水特征统计表

测站名称	控制面积（km²）	洪峰流量（m³/s）	洪水径流总量（万 m³）	径流系数（%）	最大含沙量（kg/m³）	输沙量（万 t）	输沙模数（万 t/km²）
罗玉沟口	72.79	5.96	268.70	37.4	527	94.87	1.303
桥子东沟	1.36	32.90	4.67	35.4	790	1.733	1.274
桥子西沟	1.09	18.00	4.02	37.2	885	1.334	1.224

表 5-3　坡面不同地类平均侵蚀模数调查统计表　　　　（单位:万 t/km²）

自然类型区	休闲地	秋田地	梯田	林地	人工草地	荒坡	道路村庄
黄土区	1.735	1.409	0.054	0.016	0.016	0.661	1.100
杂土区	1.500	0.949	0.111	0.016	0.016	0.511	1.223
土石山区	1.520	1.772	0.150	0.016	0.016	0.611	0.987

2. 沟道侵蚀

沟道侵蚀是一个复杂的峰谷相间的断续侵蚀过程,几次暴雨洪水侵蚀输沙量就占年总量的 90% 以上。侵蚀过程及大小是和暴雨、洪水过程及大小成正比的。沟床在汛期的流速一般大于 3 m/s,床底主流最大切应力大于泥沙抗阻应力,常见沟底泥沙上翻的"揭河底"现象,就是汛期沟床下切侵蚀的主要方式,造成大量泥沙随洪水下泄,多年汛期观测结果表明,

输沙占全年的 5/6。非汛期小洪水及汛前第一次洪水时,流域中大量冬春风化堆积的泥沙集中随洪水输移入沟,水流含沙量达 0.7～0.9 t/m³,各级沟床洪水泥沙大量淤积,因而非汛期沟道输沙量不大,仅占全年的 1/6。这是沟道侵蚀在汛期、非汛期两个时段明显的特征。

罗玉沟沟道呈树枝状向上分岔,四级冲沟分岔数是 4.00,三级冲沟分岔数是 4.75,二级切沟分岔数是 5.15,一级切沟分岔数(浅沟数)是 10.25。罗玉沟沟道密度大、比降陡、流速大、水流冲刷力强,挟沙能力强,沟壑多呈深 V 字形。沟槽股流势能大、流速大、下切冲刷力强,加之沟道弯曲,旁蚀较严重,沟壁滑坡、崩塌特别发育。

1988 年暴雨调查结果表明,沟道侵蚀总量为 61.22 万 t,占流域侵蚀总量的 50.8%,其中各级沟道下切侵蚀总量为 45.95 万 t,占流域侵蚀总量的 38.1%,平均侵蚀模数为 8.53 万 t/(km²·a);沟壁泻溜总量为 15.27 万 t,占流域侵蚀总量的 12.7%,平均侵蚀模数为 3.58 万 t/(km²·a)。其中黄土区、杂色土区和土石山区沟道依次占 20%、43.1% 和 36.9%。

3. 重力侵蚀

重力侵蚀主要是滑坡、崩塌、泻溜三种方式。罗玉沟流域内有活动滑坡 144 处,其中主沟(5 级沟)两侧 29 处,支沟(1～4 级干沟)115 处;崩塌 95 处,其中主沟两侧 26 处,支沟 69 处;泻溜的面积 2.23 km²,其中土面泻溜主沟沟壁是 1.61 km²,陡谷坡 0.18 km²,石泻溜面在基岩陡坡面是 0.44 km²。估算年侵蚀量 44.6 万 t,滑坡、崩塌、泻溜各占的百分比为 42%、28%、30%。年输沙量 8.5 万 t,年输移比 0.68。重力侵蚀年输沙量的 88% 在沟道产生,12% 由坡面产生。

可见,在甘肃黄土高原丘三区罗玉沟小流域中,坡面是流域洪水、细泥沙的主要产区。坡面水蚀年输沙量 32.5 万 t,占流域悬移质总量的 58.5%,占流域产沙量的 46%。

(二)吕二沟流域坡沟系统水沙来源研究

吕二沟流域是渭河一级支流藉河南岸的一条支流,流域面积 12.01 km²,呈狭长形,似叶舟状。干沟长 6 800 m,平均宽度 1 830 m,海拔为 1 175～1 707 m,相对高差 532 m。流域内丘陵起伏,沟壑纵横,有大小支沟 51 条,沟壑密度 3.8 km/km²,平均比降 7.24%,其中坡面 9.68 km²,占 80.7%。坡度大部分在 5°～20°,沟壑 2.33 km²,占 19.3%,沟壑为底部切沟,向源侵蚀严重,地区结构属陇西盆地东边缘地带,上游系白垩纪红色砂砾层,下游显现甘肃系红层及局部漂白层,岩石多为红色砂砾岩,分水梁峁由黄土覆盖,低山坡脚为青土与红土露头,土层薄厚不等,色调不一。在土壤侵蚀类型上可作为黄土丘陵沟壑区第三副区的典型代表。

1. 坡面侵蚀

坡耕地:暴雨径流是坡耕地产生土壤侵蚀的主要动力,当土壤水分饱和后降雨形成地表径流,沿坡面集水线流动时挟带土壤颗粒,留下明显的细沟侵蚀痕迹。坡度愈陡,侵蚀愈强烈,详见表 5-4。

表 5-4　不同坡度土壤冲刷情况表

坡度	3°33′	7°45′	14°09′	17°31′
冲刷量(t/hm²)	0.97	1.75	2.87	4.09
比例(%)	100	179	249	420

荒草地:流域内荒草地上由于有一定数量的植被覆盖,根系直接固持土体,地上茎叶能减弱雨滴溅击,同时增加了地面糙率,对集中水流有削能减势的作用。据观测,荒草地侵蚀模数为 13.35 t/hm²。

林地:坡面林地的土壤侵蚀模数比较小,据与吕二沟相邻的梁家坪小区观测资料,5~7 龄刺槐人工林平均侵蚀模数为 9.75 t/hm²。

2. 沟道侵蚀

吕二沟流域由于受地形破碎、地势陡峻、沟床比降大、基岩疏松等条件的影响,在下渗水分的作用下,地表土体或岩石的内摩擦力和凝聚力减小,失去平衡,产生滑坡、崩塌、泻溜等重力侵蚀,相当剧烈,尤以滑坡最为严重,见表 5-5。

表 5-5 吕二沟流域重力侵蚀情况调查表

侵蚀类型	发生处数(处)	面积(hm²)	年总量(t)
滑坡	64	368	55 660
崩塌	17		3 834
泻溜	32	12.7	4 308

吕二沟流域的水土流失观测始于 1954 年,是我国最早布设的小流域水土流失观测网站,按照"前后对比"(治理前和治理后的对比观测)的原则,在小流域内布设了降雨、径流、泥沙观测站点。通过各雨量点的实测资料,掌握流域范围内的实际降雨情况,并结合沟口径流泥沙观测站实测次降雨的径流、泥沙数量以及典型暴雨进行实地调查,积累了大量的水土流失观测资料。1984 年,开展了流域径流泥沙的来源研究工作,结果见表 5-6。

表 5-6 1954~1984 年吕二沟流域径流泥沙来源分析表

地类		面积(km²)	占流域面积(%)	径流		泥沙	
				径流模数 [万 m³/(km²·a)]	径流量(万 m³)	输沙模数 [t/(km²·a)]	输沙量(t)
坡面	坡耕地	3.26	27.2	6.29	20.52	8 490	27 720
	天然荒坡地	3.01	25.1	7.79	23.38	10 170	30 530
	道路村庄	0.16	1.3	20.97	3.36	9 400	15 040
	小计	6.43	53.6		47.26		73 290
沟道	坡耕地	0.93	7.8	6.89	6.42	9 712	9 052
	天然荒坡地	4.14	34.5	8.09	33.37	12 600	52 300
	道路村庄	0.06	0.5	10.48	0.63	4 243	255
	陡崖泻溜	0.16	1.3	16.77	2.72	60 220	9 756
	沟床	0.28	2.3	32.95	9.60	47 480	13 340
	小计	5.57	46.4		52.74		84 703
合计		12.00	100		100		157 993

结果表明,流域内的坡耕地、天然荒坡地分别占流域面积的 35.0%、59.6%,流失量分别占全年输沙量的 25.45%、57.32%;沟床面积占流域面积的 2.3%,其流失量占全年输沙量的 8.44%。坡面、沟道面积分别占流域面积的 53.6%、46.4%,流失量分别占全年输沙量的 46.39%、53.61%;径流量分别占全年径流量的 47.26%、52.74%。由此,可以推断出吕二沟流域的径流、泥沙主要来自沟道。沟道的水土流失较沟间地大,陡崖崩塌、泻溜等重力侵蚀危害也十分严重。

二、丘五区坡沟系统水沙来源研究

以丘五区典型小流域安家沟流域为例,研究其坡沟系统不同时段水沙来源。

(一)土地利用情况

安家沟流域 1956~2007 年土地利用面积统计见表 5-7,其中 1956 年坡面以农耕地为主,面积为 503.52 hm^2,占坡面总面积的 75.6%;沟道除少数农耕地外基本没有利用。而 1984~2007 年坡面以梯田为主,到 2007 年梯田面积达到 379.53 hm^2,占坡面面积的 57.0%;沟道水保措施类型增多,利用面积增大,到 2007 年林地面积达到 107.05 hm^2,占沟道面积的 56.6%。

表 5-7　安家沟流域 1956~2007 年土地利用面积统计表　　　（单位:hm^2）

措施		1956 年	1984 年	1987 年	1997 年	2007 年
沟道	沟坡耕地	2.65	1.30	1.30	1.30	1.30
	沟台地		1.35	1.35	1.35	1.35
	林地		20.41	20.33	38.83	107.05
	荒沟	186.14	166.02	166.10	147.60	79.38
	小计	188.79	189.08	189.08	189.08	189.08
坡面	坡耕地	503.52	241.19	226.67	74.39	21.00
	梯田		289.99	307.88	320.81	379.53
	林地	160.59	57.20	60.91	78.70	147.95
	草地		13.11	6.99	92.64	42.49
	荒坡		29.08	29.08	48.63	20.73
	非生产用地	1.96	34.68	33.71	50.08	53.72
	小计	666.07	665.25	665.24	665.25	665.42
总计		854.86	854.33	854.32	854.33	854.50

(二)不同时段坡沟系统水沙来源分析

依据安家沟流域实际观测资料和土地利用情况,计算各时段安家沟流域的产流产沙量(见表 5-8)、各项措施的产流产沙量(见表 5-9、表 5-10)。由于以单项措施计算产流产沙时所得的结果小于全流域的产流产沙量,因此要按比例算出一个调整系数对其进行调整,得到最后的坡面及沟道产流产沙量,见表 5-11。

表 5-8　安家沟流域年产流产沙量

时段	径流量（m³）	侵蚀量（t）
1956～1963 年	147 865.83	64 878.38
1983～1989 年	73 572.10	18 463.48
1990～2001 年	64 615.19	11 793.74
2002～2007 年	26 689.64	1 831.83

表 5-9　甘肃省丘五区各项措施侵蚀模数

措施	径流模数[m³/(hm²·a)]	侵蚀模数[t/(hm²·a)]
耕地种草	175.04	19.47
荒坡种草	116.12	6.39
人工造林	152.36	7.15
水平梯田	20.75	1.08
荒坡	179.22	41.10
坡耕地	192.55	85.35
沟壑	523.05	411.00

表 5-10　安家沟流域沟道、坡面产流产沙情况及结构（以单项措施计算）

时段	沟道		坡面		合计	
	径流量（m³）	侵蚀量（t）	径流量（m³）	侵蚀量（t）	径流量（m³）	侵蚀量（t）
1956～1963 年	97 870.78	76 729.72	140 067.98	44 123.65	237 938.76	120 853.37
1983～1989 年	90 239.58	68 508.72	72 312.93	21 970.43	162 552.51	90 479.15
1990～2001 年	83 396.65	61 053.65	50 825.45	9 849.03	134 222.10	70 902.68
2002～2007 年	58 108.17	33 503.00	55 355.64	4 383.60	113 463.81	37 886.60

表 5-11　调整后安家沟流域沟道、坡面产流产沙情况及结构

时段	沟道		坡面		合计		径流量占比（%）		侵蚀量占比（%）	
	径流量（m³）	侵蚀量（t）	径流量（m³）	侵蚀量（t）	径流量（m³）	侵蚀量（t）	沟道	坡面	沟道	坡面
1956～1963 年	60 821	41 191	87 045	23 687	147 866	64 878	41.13	58.87	63.49	36.51
1983～1989 年	40 844	13 981	32 728	4 483	73 572	18 464	55.52	44.48	75.72	24.28
1990～2001 年	40 148	10 155	24 468	1 638	64 616	11 793	62.13	37.87	86.11	13.89
2002～2007 年	13 669	1 620	13 021	212	26 690	1 832	51.21	48.79	88.43	11.57
合计	155 482	66 947	157 262	30 020	312 744	96 967	52.50	47.50	78.44	21.56

由表 5-11 可知,在丘五区的安家沟流域中,1956~1963 年坡面、沟道径流量分别占总量的 58.87%、41.13%,坡面、沟道侵蚀量分别占总量的 36.51% 和 63.49%;1983~2007 年坡面、沟道径流量分别占总量的 43.51%、56.49%,坡面、沟道侵蚀量分别占总量的 18.17%、81.83%。由此可知,坡面是小流域径流的主要来源地,沟道是小流域泥沙的主要来源地。随着坡面治理程度的提高,小流域坡面产流与产沙的能力及所占比例减小,沟道产流、产沙所占比例逐渐增加。

三、高塬沟壑区坡沟系统水沙来源研究

以高塬沟壑区典型小流域南小河沟流域为例,研究其坡沟系统不同时段水沙来源。

为了充分考虑现有观测资料的连续性和中间间断的缺限,充分利用实际已有的观测资料时间段以及利用历史研究资料和成果、历史调查报告资料、社会经济资料统计情况,水沙已研究截至 2004 年分段情况(已考虑降雨特征、土地利用情况)。本次研究共划分了五个阶段,1954~1979 年、1980~1989 年、1990~1999 年、2000~2004 年、2005~2012 年。

(一)塬、坡、沟的划分

流域地貌总的来说有塬面、梁峁坡和沟谷三种类型,简称塬、坡、沟。依据坡度、地质形成年代时的地形地貌、土壤地质剖面进行塬、坡、沟的划分,见图 5-1。塬面所处的相对位置较高,地形宽旷平坦,是黄土高塬沟壑区特有的侵蚀地貌形态。塬面上的坡度一般在 1°~3°,是农业生产和村庄的基地,占流域总面积的 56.9%;在塬心部位,一般坡度为 1°~2° 的占 48.6%,2°~3° 的占 5.2%,塬边坡度稍大。坡是塬与沟谷之间的缓坡地带,从形态和地理年代上说,可视为残存的老沟谷,占流域总面积的 15.7%,坡度一般在 10°~30°。其中一部分为农耕地,另一部分为林地和牧荒地;在未治理的状况下,农耕地一般是老式梯田、坡式梯田和少量的坡耕地与垦荒地。沟谷即新沟,是由塬面汇集起来的水流向沟谷冲切侵蚀塬边土壤逐渐发育而成的,其形状在支沟多呈 V 字形,在主沟多呈 U 字形,侵蚀剧烈、地形破碎、陡峭,坡度一般在 40°~70°,占流域总面积的 27.4%。

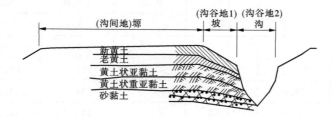

图 5-1　塬坡沟划分剖面及沟间(谷)地示意图

(二)降雨特征

南小河沟流域的多年实测降雨数据见表 5-12,流域多年平均降雨量为 550 mm,其中年降水最大值为 743.1 mm(2003 年),最小值为 330 mm(1997 年),汛期降雨量占年的 69.82%~78.52%,有效降水量占年的 52.05%~67.61%,最大 1 日降雨占年的 8.85%~10.47%。总的特征为年内集中在汛期,年际变化为三年一小旱,十年一大旱。

表 5-12　南小河沟流域降雨特征值　　　　（单位:mm）

时段	年降雨量	汛期降水	7~8月降水	有效降水	最大1日
1970~1979 年	516.4	395.1	213.8	268.8	53.2
1980~1989 年	523.3	404.0	202.8	329.6	49.7
1990~1999 年	477.4	352.3	199.7	309.9	50.0
2000~2004 年	560.6	440.2	203.9	379.0	49.6
2005~2012 年	550.4	384.3	178.2	300.1	48.7

(三)土地利用情况

截至 1979 年,南小河沟流域塬、坡、沟面积分别为 2 064.0 hm²、570.0 hm²、996.0 hm²,分别占总面积的 56.86%、15.7%、27.44%,见表 5-13。1979 年以后各个阶段的土地利用情况见表 5-14。

表 5-13　1979 年南小河沟流域土地利用面积统计表

部分	土地类型	十八亩台以上			全流域		
		面积(hm²)	占部(%)	占总(%)	面积(hm²)	占部(%)	占总(%)
塬	农地	1 689.2	83.79		1 730.2	83.83	
	庄院	88.8	4.40		91.8	4.45	
	道路	92.8	4.61		94.8	4.59	
	人工草地	100.9	5.00		100.9	4.89	
	场、坟等	44.3	2.20		46.3	2.24	
	小计	2 016.0	100	65.84	2 064.0	100	56.86
坡	农地	20.0	6.90		61.4	10.77	
	荒草地	250.5	86.38		444.7	78.02	
	道路等	19.5	6.72		63.9	11.21	
	小计	290.0	100	9.47	570.0	100	15.70
沟	农地	25.4	3.36		29.5	2.96	
	林地	—	—		—	—	
	荒草地	527.5	69.77		645.5	64.81	
	立崖	94.8	12.54		141.7	14.22	
	泻溜	89.8	11.88		140.8	14.14	
	沟床	18.5	2.45		38.5	3.87	
	小计	756.0	100	24.69	996.0	100	27.44
总计		3 062.0		100	3 630.0		100

表 5-14　南小河沟流域 1979～2012 年土地利用面积统计表　　（单位:hm²）

年份		1979	1989	1999	2004	2012
农地	梯田	19.87	19.87	19.89	44.20	44.20
	条田	1 096.53	1 295.67	1 561.11	1 674.55	1 741.80
	坝地	10.40	10.70	10.70	10.70	10.70
	其他农田	1 308.33	977.85	223.10	85.35	18.10
	小计	2 435.13	2 304.09	1 814.80	1 814.80	1 814.80
林地	果园	68.85	65.90	99.59	112.69	130.19
	经济林	23.01	52.40	67.80	176.56	223.16
	水保林	249.87	249.87	278.57	576.76	595.46
	小计	341.73	368.17	445.96	866.01	948.81
牧地	人工草	36.73	54.60	93.33	94.70	125.00
	小计	36.73	54.60	93.33	94.70	125.00
其他用地		232.90	232.90	296.80	315.53	326.37
未利用地		382.90	469.46	778.33	338.18	214.24
难利用地		200.78	200.78	200.78	200.78	200.78
合计		3 630	3 630	3 630	3 630	3 630

(四)各阶段坡沟系统水沙来源分析

1. 1955～1979 年

依据南小河沟实际观测资料和土地利用情况资料,采用直接对比方法,以大流域套小流域,小流域套径流场的方法计算了截至 1979 年的坡沟水沙来源(见表 5-15)。

1)塬面水力侵蚀

塬面水力侵蚀形式主要是降雨溅蚀、面蚀、细沟侵蚀、局部冲沟侵蚀等几种。在无治理的状况下,塬面径流的运行过程,是由农田低凹的集流槽,汇集塬面农田径流,进入道路,再由道路输入沟头,并在沟头部位下沟。沟间地塬面部位径流占流域总量的 67.4%,泥沙占 12.3%,是主要产生径流的部位。

塬面农田在大暴雨时是径流的主要产区。它的特点是在小雨或小暴雨时一般不产生径流,甚至可数年不产生径流。但是在超渗的大暴雨中,一旦发生径流,总量则很大。主要原因有以下几点:①塬面农田无地埂,一般由道路切割成长 0.5 km 左右的块状,集流面积大;②7～8 月暴雨最多期间,塬面主要作物小麦地刚好处于地表裸露期,虽然平坦,但暴雨易形成田面板结(地表结皮),使径流系数增大,并高于流域平均径流系数,以致对塬面形态和人民生命财产造成破坏。塬面农田径流含沙量比较低。根据西峰水保站对塬面农田包括集流槽在内的较大面积的观测,结合塬面小区观测资料分析,塬面农田径流平均含沙量为 34.5 kg/m³,3 年实测最大含沙量为 77.4 kg/m³,属低含沙的紊动挟沙水流,这使得塬面泥沙流失较之径流相对轻微。

表 5-15　南小河沟 1955～1979 年径流泥沙来源

部位	土地类型	面积（km²）	径流				泥沙			
			模数[m³/(km²·a)]	数量（m³）	占部（%）	占总（%）	模数[t/(km²·a)]	数量（t）	占部（%）	占总（%）
塬	农地	16.89	1 320	22 295	12.0		76	1 284	7.9	
	庄院	0.89	89 140	79 156	42.6		8 288	7 360	45.1	
	道路	0.93	89 020	82 611	44.5	67.4	8 287	7 690	47.1	12.3
	人工草地	1.01	257	259	0.1		0	0	0	
	其他	0.44	2 912	1 290	0.7		0	0	0	
	小计	20.16	9 208	185 611	100		810	16 334	100	
坡	农地	0.20	14 200	2 840	11.9		1 300	260	13.5	
	荒草地	2.51	1 146	2 871	12.1	8.6	8	20	1.0	1.4
	其他	0.20	92 670	18 071	76.0		8 462	1 650	85.5	
	小计	2.91	8 200	23 782	100		666	1 930	100	
沟	农地	0.25	13 620	3 459	5.2		1 299	330	0.3	
	荒草地	5.28	1 012	5 338	8.1		8	42	0.0	
	立崖	0.95	5 116	4 850	7.4	24.0	4 198	3 980	3.5	86.3
	泻溜	0.90	37 100	33 316	50.5		85 040	76 366	66.5	
	沟床	0.19	102 800	19 018	28.8		184 700	34 170	29.7	
	小计	7.57	8 728	65 981	100		15 197	114 888	100	
总计		30.64	8 993	275 374		100	4 348	133 152		100

注：土地类型其他：塬面指荒地、涝池、地坎等，荒草地多为塬边撂荒地；坡面指道路、小立崖（地坎）等。

　　集流槽为塬面农田最显著的侵蚀部位，其长度一般为 300～1 000 m，宽为 100 m 左右，呈缓坡集流状。其数量约为 1 500 m/km²，虽然在特大暴雨中会将集流槽的耕层土壤冲光，或在少数地段出现小冲沟，但由于集流槽为宽浅的水流状，一般并不形成沟谷，其片蚀或小冲沟也会随着耕翻、耙耱而恢复原地貌。

　　塬面农田虽然水力侵蚀轻微，但径流危害大，其主要危害是加剧道路侵蚀危害，其次是对农田集流槽自身的侵蚀危害。中华人民共和国成立后，在黄土高塬沟壑区进行了大规模的以"保塬"为目的，以修建水平梯田为主要内容的农田基本建设，使农田集流槽得到较好的整治，大大减轻了塬面径流下沟的危害。

　　塬面道路纵横交错，因大多道路低于农田，不但自身产生径流多，而且还要承担塬面农田、村庄径流的总输移任务。它的径流发生特点是：大暴雨、大危害的径流以农田径流量最大，而多年平均则以道路自身的径流量最多。这是因为道路、村庄在经常发生的小暴雨中径流发生率高，径流系数大。

道路是塬面最强的侵蚀部位,3 年实测道路自身(不包括农田径流)所产生的最大含沙量为 313 kg/m³,但一般含沙量较低。道路多年平均侵蚀模数为 9 240 t/km²,是农田的 71 倍。其含沙量亦可视为塬面综合的平均含沙量,分析塬面综合的多年平均含沙量为 74.4 kg/m³。

2)坡面水力侵蚀

坡面(沟谷地 1)水力侵蚀形式以上、中部以降雨溅蚀、面蚀为主,下部以局部的细沟侵蚀为主。坡面是黄土高塬沟壑区的中间侵蚀地带。在未治理的情况下,水土流失相对轻微,无论是水还是沙都不占主要地位。径流仅占流域总量的 8.6%,泥沙占 1.4%。侵蚀的主要形式是片蚀,集流现象不严重,径流一般为小面积集流或分散下沟。所以,这部分古老的谷坡,在现代处于相对稳定状况。底边虽有新沟不断侵蚀,但相对新沟对塬面的侵蚀而言,则甚轻微,所以仍能保持着坡面的基本形式。

沟谷(沟谷地 2)部位径流占流域总量的 24.0%,泥沙占 86.3%,是侵蚀最剧烈的部位,但该部位以重力侵蚀为主,水力侵蚀以冲蚀为主。沟谷上接坡面处一般为黄土立崖,崖高 15 m 左右。立崖的下部一般为红土泻溜及红土或黄土陡坡至沟床。在沟床弯道的水流处,可出现沟床立崖,它是沟床演变的结果。坡下立崖是普遍存在的,它使沟谷和坡面的分界明显。沟床立崖是在沟床左右交替分布的,有红土和黄土两种土质,高 10 m 左右。侵蚀形成新沟的这个地形形态,又决定着沟谷现代侵蚀形态和沟谷侵蚀的剧烈性。二沟谷侵蚀中红土泻溜最严重,面积占沟谷面积的 11.9%,但流失量占沟谷的 66%。

2. 1980～2004 年

依据 1979 年同样的方法分析,把土地利用和观测的模数做对应的更新后,得到南小河沟 1980～2004 年水沙来源情况,见表 5-16。

表 5-16　1980～2004 年径流泥沙来源

部位	土地类型	面积 (km²)	径流				泥沙			
			模数 [m³/(km²·a)]	数量 (m³)	占部 (%)	占总 (%)	模数 [t/(km²·a)]	数量 (t)	占部 (%)	占总 (%)
塬	农地	16.10	1 682	27 075	12.0	72.1	76	1 224	6.3	18.9
	庄院	0.89	89 140	79 156	35.2		8 288	7 360	37.9	
	道路	1.30	89 020	115 726	51.5		8 287	10 773	55.5	
	人工草地	0.94	257	241	0.1		53	50	0.3	
	其他	0.93	2 912	2 718	1.2		0	0	0.0	
	小计	20.16	11 157	224 916	100		963	19 407	100	

续表 5-16

部位	土地类型	面积(km²)	径流				泥沙			
			模数[m³/(km²·a)]	数量(m³)	占部(%)	占总(%)	模数[t/(km²·a)]	数量(t)	占部(%)	占总(%)
坡	农地	0.59	1 682	992	4.0		234	138	6.3	
	人工草地	0.01	6 331	63	0.3		53	1	0.0	
	林地	1.87	2 448	4 565	18.3		122	228	10.4	
	荒草地	0.24	5 510	1 322	5.3	8.0	746	179	8.2	2.1
	其他	0.20	92 670	18 071	72.2		8 462	1 650	75.1	
	小计	2.91	8 625	25 013	100		757	2 196	100	
沟	农地	1.20	1 682	2 018	3.2		1 299	1 559	1.9	
	林地	3.28	2 448	8 029	12.9		122	401	0.5	
	人工草地	0	6 331	0	0.0		53	0	0.0	
	荒草地	1.43	5 510	7 884	12.7	19.9	746	1 067	1.3	78.9
	立崖	0.95	5 116	4 850	7.8		4 198	3 980	4.9	
	泻溜	0.50	37 100	18 476	29.7		85 040	42 350	52.3	
	沟床	0.20	102 800	20 868	33.6		155 800	31 627	39.1	
	小计	7.56	8 218	62 125	100		10 712	80 984	100	
总计		30.62	10 192	312 056		100	3 350	102 587		100

西峰水保站吴永红等分别于 1990 年、1995 年利用铯 137 法（截至 1995 年阶段平均值），通过对淤积泥沙中的铯 137 的测试分析，研究了沟间地（梯田）、沟谷地（坡耕地、荒地、林地）土壤侵蚀情况，见表 5-17。

表 5-17　不同土地利用情况下土壤流失量

土地利用情况	梯田	条田	坡耕地	荒地	林地
土壤流失量[t/(km²·a)]	7	1 160	1 396	803	1 136.6

结果表明：泥沙主要来自沟谷。从淤积泥沙中铯 137 的测试结果看，南小河沟的竹儿沟和砚瓦川流域六年村天然聚湫都共同反映出一个特点，泥沙中不含铯 137。换言之，流域 95% 以上的泥沙来自沟谷地 2（见图 5-1）。这种现象只能说明一个问题——在高塬沟壑区，泥沙来自沟谷（沟谷地 2，见图 5-1）。但位于沟间地的泥沙沉积到哪儿了，从表 5-17 中土地利用情况下的土壤侵蚀分析可知，这个问题只能做这样的解释：由于近年来对沟间地塬面、古沟坡的治理，塬面、古沟坡的泥沙不下沟，虽然古坡面一些地方发生侵蚀，但这

些侵蚀掉的物质在古坡面的其他地方又沉积下来了（谷坡面目前一般治理措施是修梯田种植经济林或少量种草）。

径流主要来自塬面。1988 年 7 月 23 日在该流域发生的历时 2.5 h 的罕见特大暴雨（降水 44.7～135.1 mm），死亡 6 人，倒塌房（窑）2 396 间（孔）。根据西峰水保站雨后调查，南小河沟塬面农田径流系数为 35.6%～74%，径流模数为 15 900～100 000 m³/（km²·a）。根据小区实测对比，塬面农田为荒草地的 1.4 倍。

综合南小河沟 1980～2004 年水沙来源情况和铯 137 的研究结果，说明泥沙主要来自沟谷，沟谷泥沙占总量的 78.9%，其中坡面泥沙只占总量的 2.1%。

3. 2005～2012 年

依据 1979 年的方法分析，把土地利用和观测的模数做对应的更新后，得到南小河沟 2005～2012 年水沙来源情况，见表 5-18。

2006 年在董庄沟新增加了全坡面小区，2007 年、2008 年的观测数据如表 5-19、表 5-20 所示。

从全坡面小区资料和董庄沟径流泥沙比较数据得出，坡面径流占流域的 1.11%～7.78%，泥沙占流域的 1.33%～5.08%。总体来看，坡面径流泥沙占流域的比例都较小。以流域产汇流理论和实际工作经验分析，得出坡面径流占流域的 7.8% 左右，泥沙占流域的 3.0% 左右的结论。换言之，塬面径流下沟引起的沟谷侵蚀占流域的 97.0%，径流占流域的 92.2%。

表 5-18　2005～2012 年径流泥沙来源

部位	土地类型	面积（km²）	径流				泥沙			
			模数［m³/（km²·a）］	数量（m³）	占部（%）	占总（%）	模数［t/（km²·a）］	数量（t）	占部（%）	占总（%）
塬	农地	16.00	1 682	26 907	10.7	78.1	76	1 216	5.6	30.3
	庄院	1.09	89 140	96 984	38.6		8 288	9 017	41.2	
	道路	1.40	89 020	124 628	49.6		8 287	11 602	53.0	
	人工草地	0.74	257	189	0.1		53	39	0.2	
	其他	0.93	2 912	2 718	1.1		0	0	0	
	小计	20.16	12 473	251 426	100		1 085	21 874	100	
坡	农地	0.59	1 682	992	4.0	7.8	234	138	6.3	3.0
	人工草地	0.01	6 331	63	0.3		53	1	0	
	林地	1.87	2 448	4 565	18.3		122	228	10.4	
	荒草地	0.24	5 510	1 322	5.3		746	179	8.1	
	其他	0.20	92 670	18 071	72.2		8 462	1 650	75.1	
	小计	2.91	8 625	25 013	100		757	2 196	100	

续表 5-18

部位	土地类型	面积（km²）	径流				泥沙			
			模数 [m³/(km²·a)]	数量（m³）	占部（%）	占总（%）	模数 [t/(km²·a)]	数量（t）	占部（%）	占总（%）
沟	农地	1.00	1 682	1 682	3.7	14.1	1 299	1 299	2.7	66.7
	林地	3.78	2 448	9 253	20.4		122	463	1.0	
	人工草地	0	6 331	0	0.0		53	0	0.0	
	荒草地	1.43	5 510	7 884	17.4		746	1 067	2.2	
	立崖	0.95	5 116	4 850	10.7		4 198	3 980	8.3	
	泻溜	0.30	37 100	11 056	24.4		85 040	25 342	52.6	
	沟床	0.10	102 800	10 588	23.4		155 800	16 047	33.3	
	小计	7.56	5 994	45 313	100		6 375	48 198	100	
总计		30.62	10 509	321 752		100	2 360	72 268		100

表 5-19 2007 年全坡面小区与董庄沟次洪水径流泥沙

部位	日期		面积 1 852 m²				
	月	日	降水（mm）	径流（m³/km²）	泥沙（t/km²）	径流占总（%）	泥沙占总（%）
全坡面 1	6	29	14.1	21.79	30.43	1.35	5.08
	9	1	28.1	46.9	23.02	1.11	1.33
			面程 1.15 km²				
董庄沟	6	30	14.1	1 619.32	599.5		
	9	2	28.1	4 208.43	1 726.18		

表 5-20 2008 年全坡面小区与董庄沟次洪水径流泥沙

部位	日期		面积 1 852 m²				
	月	日	降水（mm）	径流（m³/km²）	泥沙（t/km²）	径流占总（%）	泥沙占总（%）
全坡面 2	7	21	52.8	638.7	108.6	7.78	3.03
	8	8	30.4	214.37	9.19	6.70	1.68
	8	20	27.6	136.03	6.69	5.17	2.64
			面积 1.15 km²				
董庄沟	7	21	52.8	8 212.04	3 586.87		
	8	8	30.4	3 199.02	548.08		
	8	20	27.6	2 631.52	253.68		

综合南小河沟 2005 ~ 2012 年水沙来源情况和全坡面小区研究结果得到,泥沙主要来自沟谷,沟谷泥沙占总量的 69.7%,其中坡面泥沙只占总量的 3.0%。径流主要来自塬面,占总量的 78.1%,沟谷径流占总量的 14.1%。

第二节 不同时段坡沟系统水沙变化研究

一、丘三区坡沟系统水沙变化分析

(一)沟坡系统侵蚀产沙年际变化

经对黄委会天水水土保持科学试验站关于罗玉沟、吕二沟及桥子东沟、桥子西沟多年的降水、径流及泥沙资料分时段整理分析,得到典型小流域 1976 ~ 2010 年不同时段内水文特征值汇总情况及罗玉沟、吕二沟流域降水与径流泥沙情况,见表 5-21、表 5-22 及图 5-2 ~ 图 5-5。

根据天水水土保持科学试验站观测资料,不同洪水流量其泥沙输移比不同,如桥子东、西沟流域在 1988 年 8 月 7 日的洪水过程,桥子东沟沟口实测洪水输沙量为 17 330 t,泥沙输移比为 0.74;桥子西沟沟口实测洪水输沙量为 19 560 t,泥沙输移比为 0.68。而 1987 年 4 月 19 日的洪水过程,两流域的泥沙输移比均接近 1。

罗玉沟流域 2000 ~ 2010 年洪水实测资料显示,多年平均降水量 519.6 mm,多年平均径流模数 29 121.8 $m^3/(km^2 \cdot a)$,多年平均输沙模数 4 934.82 $t/(km^2 \cdot a)$。从各年降雨量资料分布中可以看到,罗玉沟流域降雨有两个高峰期,即 1988 ~ 1990 年和 2003 ~ 2007 年、1994 ~ 1998 年及 2008 ~ 2010 年为降水量偏少年份。从侵蚀量的变化趋势来看,侵蚀产沙量基本随降水量增加而增加,特别是在 1988 年为侵蚀量最大的一年,此情况更为突出。从年降水量与年侵蚀产沙量对比可见,除 1998 年、2001 年、2007 年属中等降雨年,其侵蚀产沙量较大外,在相近降雨量的情况下,前期年份的年侵蚀产沙量大于后期年份。一般而言,输沙模数与径流模数对照关系,径流模数大的年份其输沙模数也大。

根据吕二沟流域 1982 ~ 2010 年实测资料,该流域多年平均输沙模数为 2 268.67 $t/(km^2 \cdot a)$。资料表明,流域内年输沙量与降水量有一定的关系,一般年降水量大则输沙量也大;反之则小。但也有个别年份,降水量较大,而输沙量较小。1982 ~ 2010 年,输沙量呈递减趋势。这虽与年降水量减少的趋势一致,但输沙量的减少趋势较降水量更为显著,特别是 1998 年以后,侵蚀量很小。1998 ~ 2004 年及 2008 ~ 2010 年径流量和侵蚀量最小,仅为 160 ~ 900 $t/(km^2 \cdot a)$。

表5-21　典型小流域水文特征值统计分析表

流域	时段	降水量年代均值(mm) 全年	汛期	径流量年代均值(万m³) 全年	汛期	输沙量年代均值(万t) 全年	汛期	年代均值与多年均值差 年降水量(mm)	相差(%)	年径流量(万m³)	相差(%)	年输沙量(万t)	相差(%)
罗玉沟	1986~1989年	560.1	439.1	429.8	312.4	140.4	79.0	8.0	1.4	214.2	49.8	63.1	44.9
	1990~1999年	520.9	423.9	175.0	151.2	89.2	24.2	-31.2	-6.0	-40.6	-23.2	11.9	13.3
	2000~2010年	519.6	488.6	155.2	151.8	37.9	29.2	-32.5	-6.3	-60.4	-38.9	-39.5	-104.3
	1986~2010年多年平均值	552.1	454.8	215.6	182.4	77.3	36.8						
吕二沟	1976~1979年	586.83	486.35	40.81	35.15	3.68	3.58	82.84	14.12	5.69	13.94	0.58	15.8
	1980~1989年	533.63	606.83	55.16	50.30	5.20	5.15	29.65	5.56	20.04	36.33	2.10	40.3
	1990~1999年	434.25	532.53	22.88	20.44	1.55	1.53	-69.73	-16.06	-12.24	-53.48	-1.56	-100.5
	2000~2010年	510.30	601.41	25.95	25.43	2.40	2.38	6.32	1.24	-9.16	-35.31	-0.71	-29.4
	1976~2010年多年平均值	503.99	570.13	35.12	32.22	3.10	3.07						
桥子东沟	1987~1989年	573.2	430.3	2.95	2.92	0.96	0.93	45.3	7.9	2.1	70.1	0.7	73.7
	1990~1999年	484.2	388.1	0.47	0.47	0.14	0.14	-43.7	-9.0	-0.4	-86.2	-0.1	-77.3
	2000~2010年	555.2	471.7	0.69	0.69	0.16	0.16	27.4	4.9	-0.2	-28.1	-0.1	-58.2
	1987~2010年多年平均值	527.9	431.7	0.88	0.87	0.25	0.25						
桥子西沟	1987~1989年	610.2	488.2	4.39	4.35	1.22	1.20	72.6	11.9	2.5	56.2	0.6	51.0
	1990~1999年	494.6	397.6	1.05	1.03	0.40	0.40	-43.0	-8.7	-0.9	-83.3	-0.2	-48.9
	2000~2010年	556.9	472.0	2.05	2.04	0.60	0.60	19.3	3.5	0.1	6.0	0.0	1.4
	1987~2010年多年平均值	537.6	443.0	1.92	1.91	0.60	0.59						

注：负值说明年代均值低于多年均值。

表 5-22 典型小流域 2005～2010 年降水径流泥沙情况统计表

流域名称	项目	2005 年	2006 年	2007 年	2008 年	2009 年	2010 年
罗玉沟	降水量(mm)	633.00	643.9	594.5	401.2	399.4	406.5
	径流量(万 m³)	171.90	144.9	417.3	68.17	23.98	13.58
	输沙量(万 t)	20.35	18.18	72.77	7.31	1.57	5.90
	输沙模数[t/(km²·a)]	2 795.71	2 497.60	9 997.25	1 004.12	215.83	81.06
	径流模数[dm³/(s·km²)]	0.75	0.63	1.18	0.30	0.10	0.06
吕二沟	降水量(mm)	628.1	570.1	639.7	447.3	411.3	461.60
	径流量(万 m³)	49.97	31.29	47.37	3.33	2.07	3.19
	输沙量(万 t)	6.44	3.01	5.71	0.15	0.08	0.09
	输沙模数[t/(km²·a)]	5 390.53	2 502.08	4 751.04	127.39	66.61	77.92
	径流模数[dm³/(s·km²)]	1.32	0.83	1.25	0.09	0.06	0.08

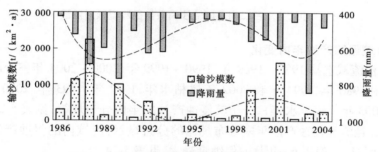

图 5-2 罗玉沟流域降雨量与输沙模数对照图

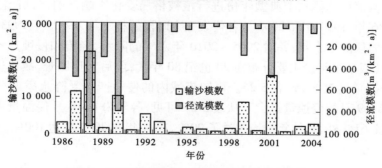

图 5-3 罗玉沟流域输沙模数与径流模数对照图

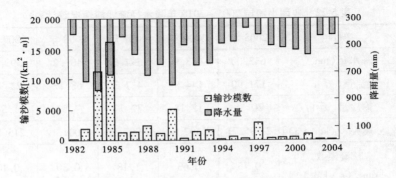

图 5-4　吕二沟流域年输沙模数与降水量对照图

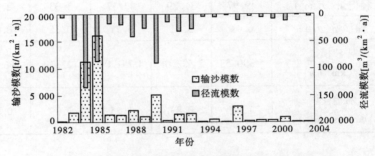

图 5-5　吕二沟流域输沙模数与径流模数对照图

(二)流域侵蚀产沙年内变化

在罗玉沟流域选择 1985～1989 年、1990～1999 年、2000～2004 年三个时段中八个代表年份(其中 1986 年、1994 年和 2002 年属枯水年,1987 年、1993 年、2000 年属平水年,1990 年和 2003 年代表丰水年),分析其侵蚀产沙的年内分布规律,见表 5-23。对 2005～2010 年降水、径流和侵蚀产沙年内分布规律的分析显示:流域内的侵蚀产沙受降水季节分布的影响明显,一般以 6～9 月的侵蚀量最大,见表 5-24。

在吕二沟流域选择六个典型年份进行植被格局变化影响下的侵蚀产沙变化规律研究,其中 1986 年、1994 年和 2002 年各代表三个时段的枯水年,1987 年、1993 年和 2001 年各代表三个时段的平水年;并对 2005～2010 年六年的降水、径流和侵蚀产沙年内分布规律进行分析(因丰水年份主要分布在 20 世纪 80 年代,前后对比困难,故未选择丰水年份进行对比分析),见表 5-25、表 5-26。可知流域内的侵蚀产沙受降水季节分布的影响明显,一般以 6～9 月的侵蚀量最大。从表 5-25 可见,各年份 6～9 月侵蚀量占全年比例除 1987 年为 74.61% 外,其他年份均超过了 90%,1994 年和 2002 年达 100%。

表5-23 罗玉沟流域1984～2004代表年份6～9月降水径流泥沙情况

年份	指标	6~9月					占全年比例(%)	全年	输沙模数[t/(km²·a)]
		6	7	8	9	小计			
1986	降水量(mm)	85.90	103.90	46.30	47.70	283.80	67.28	421.80	
	径流量(万m³)	42.25	61.07	7.79	10.68	121.79			
	月输沙量(t)	111 715.20	78 477.12	436.58	2 553.12	193 182.02	89.44	215 980.21	2 967.17
1987	降水量(mm)	120.10	94.20	19.60	42.60	276.50	52.93	522.40	
	径流量(万m³)	62.21	52.23	3.40	6.14	123.98			
	月输沙量(t)	122 860.80	118 117.44	224.99	2 387.23	243 590.46	29.35	829 841.50	11 400.49
1990	降水量(mm)	129.80	87.00	119.20	136.10	472.10	61.58	766.65	
	径流量(万m³)	91.24	65.09	77.14	147.48	380.95			
	月输沙量(t)	226 540.80	104 189.76	102 582.72	210 211.20	643 524.48	87.79	733 048.70	10 070.74
1993	降水量(mm)	96.60	194.60	74.30	69.10	434.60	70.28	618.40	
	径流量(万m³)	14.93	125.08	20.60	21.12	181.73			
	月输沙量(t)	13 919.04	197 398.08	3 160.51	2 177.28	216 654.91	93.74	231 133.22	3 175.34
1994	降水量(mm)	106.40	44.10	39.30	47.60	237.40	55.34	429.00	
	径流量(万m³)	9.67	6.86	1.21	1.01	18.75			
	月输沙量(t)	4 328.64	5 812.13	431.22	23.33	10 595.32	64.25	16 491.77	226.57
2000	降水量(mm)	78.10	15.20	126.10	104.40	323.80	58.81	550.60	
	径流量(万m³)	2.90	0	10.02	7.02	19.94			
	月输沙量(t)	10 575.36	0	32 676.48	13 245.12	56 496.96	87.19	64 800.00	890.23
2002	降水量(mm)	93.90	30.00	38.20	81.10	243.20	54.08	449.70	
	径流量(万m³)	10.47	8.33	3.67	3.55	26.02			
	月输沙量(t)	11 404.80	21 186.14	11 865.31	1 166.40	45 622.65	97.02	47 026.14	646.05
2003	降水量(mm)	80.00	116.90	165.70	200.10	562.70	66.83	842.00	
	径流量(万m³)	6.38	19.28	51.43	38.36	115.45			
	月输沙量(t)	5 909.76	32 944.32	79 548.48	6 091.20	124 493.76	78.90	15 7786.62	2 167.70

表 5-24　罗玉沟流域 2005~2010 年 6~9 月降水径流泥沙情况表

年份	指标	6月	7月	8月	9月	小计	占全年比例(%)	全年	输沙模数[t/(km²·a)]
2005	降水量(mm)	91.3	140.8	87.9	84.8	404.8	63.9	633.0	
	径流量(万m³)	11.5	73.0	23.5	7.4	115.4	67.1	171.9	
	月输沙量(t)	19 256.1	120 696.5	15 462.0	3 381.5	158 796.3	78.0	203 500.0	2 795.7
2006	降水量(mm)	44.5	99.9	183.2	78.4	406.0	63.1	643.9	
	径流量(万m³)	0.5	40.6	61.6	16.9	119.6	82.5	144.9	
	月输沙量(t)	107.9	63 932.8	89 610.5	3 540.9	157 192.2	86.5	181 800.0	2 497.6
2007	降水量(mm)	76.8	157.5	132.4	62.5	429.2	72.2	594.5	
	径流量(万m³)	5.3	73.7	159.1	34.7	272.8	65.4	417.3	
	月输沙量(t)	2 350.8	40 476.7	21 467.3	38 760.0	103 054.8	14.2	727 700.0	9 997.3
2008	降水量(mm)	101.4	48.2	39.2	86.2	275.0	68.5	401.2	
	径流量(万m³)	22.6	6.5	8.8	22.0	59.8	87.8	68.2	
	月输沙量(t)	48 576.8	2 675.6	9 774.2	10 219.9	71 246.5	97.5	73 090.0	1 004.1
2009	降水量(mm)	38.7	59.6	87.0	28.4	213.7	53.5	399.4	
	径流量(万m³)	2.8	1.9	15.0	0.2	19.9	82.9	24.0	
	月输沙量(t)	968.4	1 038.1	11 930.8	13.8	13 951.1	88.8	15 710.0	215.8
2010	降水量(mm)	16.2	68.9	92.7	56.8	234.6	57.7	406.5	
	径流量(万m³)	1.1	2.6	1.1	0	4.8	35.3	13.6	
	月输沙量(t)	38.5	1 183.1	623.8	0	1 845.4	31.3	5 900.0	81.1

表 5-25　吕二沟流域典型年份 6~9 月降雨、径流输沙情况表

年份	指标	6月	7月	8月	9月	小计	占全年比例（%）	全年	输沙模数[t/(km²·a)]
1986	降水量（mm）	100.70	80.40	48.20	51.10	280.40	64.70	433.40	
	径流量（万 m³）	5.65	5.81	0.35	0.80	12.61	63.18	19.96	
	月输沙量（t）	10 549.40	3 294.40	313.30	321.40	14 478.70	93.62	15 464.90	1 287.67
1987	降水量（mm）	141.40	99.30	22.70	41.00	304.40	54.06	563.10	
	径流量（万 m³）	11.35	6.51	0.64	0.03	18.53	79.97	23.17	
	月输沙量（t）	7 361.30	4 821.10	128.60	2.60	12 313.60	74.61	16 503.10	1 374.11
1993	降水量（mm）	97.10	188.80	74.30	67.10	427.20	67.25	635.40	
	径流量（万 m³）	1.24	24.37	1.93	1.17	28.71	90.77	31.63	
	月输沙量（t）	308.40	18 400.60	174.10	580.60	19 463.80	96.96	20 074.40	1 671.48
1994	降水量（mm）	107.20	68.20	48.20	47.90	271.30	55.89	485.80	
	径流量（万 m³）	2.36	2.41	0.86	0	5.63	100.00	5.63	
	月输沙量（t）	572.80	921.40	152.70	0	1 646.90	100.00	1 646.90	137.12
2001	降水量（mm）	108.60	76.40	73.70	185.10	443.70	77.91	569.60	
	径流量（万 m³）	1.45	1.42	2.33	7.05	12.25	83.85	14.61	
	月输沙量（t）	3 084.50	2 946.20	2 126.60	2 617.90	10 775.30	99.60	10 818.10	900.76
2002	降水量（mm）	77.50	43.90	43.20	71.80	236.40	55.12	428.90	
	径流量（万 m³）	0.36	0.05	0.67	0.47	1.55	100.00	1.55	
	月输沙量（t）	212.54	5.36	1 607.04	103.68	1 928.60	100.00	1 928.62	160.58

表 5-26　吕二沟流域 2005~2010 年 6~9 月降水径流泥沙情况表

年份	指标	6月	7月	8月	9月	小计	占全年比例(%)	全年	输沙模数 [t/(km²·a)]
2005	降水量(mm)	126.00	144.00	83.50	82.40	435.90	69.40	628.10	
	径流量(万 m³)	3.75	27.58	2.59	1.33	35.25	70.54	49.97	
	月输沙量(t)	3 251.06	40 436.76	1 015.03	358.21	45 061.06	69.99	64 380	5 390.53
2006	降水量(mm)	46.70	89.00	159.40	65.40	360.50	63.23	570.10	
	径流量(万 m³)	0.15	6.10	14.28	6.84	27.37	87.47	31.29	
	月输沙量(t)	63.76	13 880.33	11 273.21	1 468.63	26 685.93	88.81	30 050	2 502.08
2007	降水量(mm)	74.60	153.60	126.50	75.80	430.50	67.30	639.70	
	径流量(万 m³)	1.29	8.97	20.18	1.66	32.10	67.76	47.37	
	月输沙量(t)	272.16	7 520.43	45 667.67	240.88	53 701.14	94.11	57 060.01	4 751.04
2008	降水量(mm)	112.10	50.70	48.70	112.60	324.10	72.46	447.30	
	径流量(万 m³)	1.18	0.66	0	0.50	2.34	70.27	3.33	
	月输沙量(t)	864	274.75	0	128.74	1 267.49	82.84	1 530.00	127.39
2009	降水量(mm)	35.20	55.20	90.90	32.20	213.50	51.91	411.30	
	径流量(万 m³)	0	0	1.18	0	1.18	57.00	2.07	
	月输沙量(t)	0	0	422.50	0	422.50	52.81	800.00	66.61
2010	降水量(mm)	18.70	92.20	106.40	64.10	281.40	60.96	461.60	
	径流量(万 m³)	0	1.30	1.23	0.22	2.75	86.21	3.19	
	月输沙量(t)	0	507.95	222.22	108.00	838.17	89.57	935.80	77.92

二、丘五区坡沟系统水沙变化分析

以丘五区典型小流域安家沟流域为例,分析其不同时段的水沙变化情况。

(一)不同时段土地利用面积对水沙变化的影响

由表5-7中安家沟流域的土地面积统计情况可知,1956～2007年,可利用土地的面积在增加,其中坡面上以梯田为主,面积在逐年的增加,各项有利于降低水土流失的水保措施也在逐年增加;沟道以林地为主,难利用地的面积大幅度地减小。

(二)淤地坝建设对水沙变化的分析

1956～1963年沟道产生的径流量与侵蚀量占总量的比例均较小,原因是沟道产生的径流与泥沙被1号坝完全拦蓄,造成沟道里的水沙沉积不能流出沟口。

三、高塬沟壑区坡沟系统水沙变化分析

以高塬沟壑区典型小流域南小河沟流域为例,分析其坡沟系统水沙变化情况。其不同时段坡沟系统水沙变化有两种情况,一是水沙来源结构(比例)的时段变化,二是流域出口段实测的水沙沿时间段的变化。

(一)水沙来源结构(比例)的时段变化

由表5-15中南小河沟流域的径流、泥沙的分析可知,1955～1979年,该流域在治理前流域坡面(主要是塬嘴坡)径流仅占流域总量的8.6%,泥沙占1.4%。沟谷部位径流占流域总量的24.0%,泥沙占86.3%,是侵蚀最剧烈的部位。塬面径流模数为9 208 m^3/km^2、坡面径流模数为8 200 m^3/km^2、沟谷径流模数为8 728 m^3/km^2;塬面输沙模数为810 t/km^2、坡面输沙模数为666 t/km^2、沟谷输沙模数为15 197 t/km^2。

1995年利用铯137法研究结果表明:从淤积坝库泥沙中不含铯137的测试结果看,只能得出高塬沟壑区的泥沙95%以上来自沟谷。

2005～2012年,全坡面小区数据资料显示:坡面(沟谷地1)径流占流域的7.8%左右,泥沙占流域的3.0%左右,沟谷地2坡面径流占流域的14.1%,泥沙占流域的66.7%。考虑塬水下沟因素的影响(增加50%),沟谷的泥沙量占流域的90%以上的结论。坡面径流模数为8 625 $m^3/(km^2 \cdot a)$、坡面输沙模数为757 $t/(km^2 \cdot a)$。换言之,塬面径流下沟引起的沟谷侵蚀占流域的97%、径流占流域的92%。十八亩台测站观测的不同时期水沙变化见表5-27。

(二)不同时段变化分析

(1)高塬沟壑区坡面径流由治理前的坡耕地、荒地的高径流、泥沙模数,逐步转化为塬嘴梯田(或果园)、林地(含整地工程)的低径流、泥沙模数。

(2)高塬沟壑区沟谷径流泥沙由治理前的荒地、难利用地的高径流、泥沙模数,逐步转化为沟谷坡林地(含整地工程)的低径流、泥沙模数。

(3)研究方法不同,部分结论表面看数字有区别,如同期林地的水文小区观测(10 t/km^2)和铯137法得出的侵蚀模数[1 136 $t/(km^2 \cdot a)$]稍有区别,但两者无本质差别,传统水文小区观测的某一阶段,可能是成林地值,而铯137法测定的是从造林整地开始到测定年的值,把传统小区的所有观测值累计比较后,就会看到两者差异不大。

表 5-27　十八亩台站实测不同时期降水径流泥沙表

时段	汛期降水量（mm）		年径流量（万 m³）		汛期径流量（万 m³）		洪水径流量（万 m³）		常水径流量（万 m³）		年输沙量（万 t）	
	实测值	减少值	实测值	减少值	实测值	减少值	实测值	减少值	实测值	减少值	实测值	减少值
1970 ~ 1979 年	395.1		25.63		24.79		10.59		15.03		0.78	
1980 ~ 1989 年	404	35.8	117	-84.8	78.21	-59.1	20.24	-9.06	96.78	-73.9	3.05	2.85
1990 ~ 1999 年	352.3	87.5	178.6	-146.4	136.96	-117.8	8.77	2.41	169.85	-146.9	1.34	-1.14
2000 ~ 2004 年	440.2	-0.4	28.12	4.08	12.46	6.66	9.47	1.71	18.64	4.24	0.34	-0.13
2005 ~ 2012 年	384.32	55.48	8.65	23.558	5.51	13.61	0.72	10.46	4.79	18.09	0.047	0.153

（4）径流泥沙来源由 20 世纪 50 年代的塬面（沟间地）径流占流域总量的 67.4%，泥沙占 12.3%，是主要产生径流的部位。坡面（主要是塬嘴坡）径流仅占流域总量的 8.6%，泥沙占 1.4%。沟谷部位径流占流域总量的 24.0%，泥沙占 86.3%，演变为 20 世纪 90 年代的泥沙 95% 来自沟谷，其原因是塬面的条田治理、沟头防护措施，塬嘴坡的梯田和造林（或经济林）措施的实施。最后本书无任何治理措施的董庄沟的结果为，沟谷坡面地 1 径流占流域的 8% 左右，泥沙占流域的 3% 左右的结论（与 20 世纪 50 年代结论接近），沟谷坡面地 2 资料得出坡面径流占流域的 14.1%，泥沙占流域的 66.7%。考虑塬水下沟因素的影响（增加 50%），沟谷的泥沙量占流域的 90% 以上的结论。换言之，沟谷的泥沙占流域的 90% 以上。

（5）南小河沟流域（全流域）塬面面积由 1952 年的 20.64 km²，减少到 2000 年的 20.50 km²，减少 6.8%（14 hm²），年均减少 0.014%（0.29 hm²）。

综上所述：在甘肃黄土高原丘三区罗玉沟小流域中，坡面是流域洪水、细泥沙的主要产区。平沙年输移比近似为 1。坡面水蚀年输沙量 32.5 万 t，占流域悬移质总量的 58.5%，占流域产沙量的 46%；沟坡及谷坡侵蚀最强，分别占坡面总量的 48% 及 35%；梁面侵蚀占坡面总量 17%，坡面水蚀以层状及细沟方式为主，分别占坡面总量的 43% 及 37%，鳞片占 17%，浅沟占 3%。沟蚀泥沙平沙年均输沙量 29.2 万 t，其中 1/3 强蚀粗沙、卵石及土球，随洪水推移下泄，构成流域推移质主要来源，占流域推移质总量的 70%，重力侵蚀占 30%。在吕二沟流域中，坡面、沟道面积分别占流域面积的 53.6%、46.4%，流失量占全年输沙量的 46.39%、53.61%。径流量分别占全年径流量的 47.26%、52.74%。由此，可以推断出吕二沟流域的径流、泥沙来自坡面和沟道量相差不大。

在丘五区的安家沟流域中，1956 ~ 1963 年坡面、沟道径流量分别占总量的 58.87%、41.13%，坡面、沟道侵蚀量分别占总量的 36.51% 和 63.49%；1983 ~ 2007 年坡面、沟道径流量分别占总量的 43.51%、56.49%，坡面、沟道侵蚀量分别占总量的 18.17%、81.83%。由此可知，坡面是小流域径流的主要来源地，沟道是小流域泥沙的主要来源地。随着坡面治理程度的提高,小流域坡面产流与产沙的能力及所占比例减小,沟道产流、产沙所占比例逐渐增加。

在高塬沟壑区,南小河沟1955～1979年沟间地塬面部位径流占流域总量的67.4%,泥沙占12.3%,是主要产生径流的部位。沟道径流占流域总量的24.0%,泥沙占86.3%,是侵蚀最剧烈的部位,但该部位以重力侵蚀为主,水力侵蚀主要以冲蚀为主。1980～2004年水沙来源情况和铯137法的研究结果得到,泥沙主要来自沟谷,沟谷泥沙量占总量的78.9%,其中坡面泥沙量只占总量的2.1%。2005～2012年水沙来源情况表和全坡面小区研究结果表明,泥沙主要来自沟谷,沟谷泥沙量占总量的66.7%,其中坡面泥沙只占总量的3.0%。径流主要来自塬面,占总量的78.1%,沟谷径流占总量的14.1%。

第六章　不同类型沟道水沙资源开发利用对位配置模式研究

　　黄土高原是我国水土流失最严重的地区,小流域综合治理是该地区水土保持的重要方式。本章针对小流域治理工作中存在的措施配置问题,基于水土保持对位配置理论及水土保持径流调控理论与技术,从工程措施与植物措施对位配置两个方面开展了沟道治理模式研究,在系统总结甘肃省黄土高原不同水土流失类型区沟道治理模式的基础上,提出了沟道工程措施与植物措施对位配置的理论模式,可为科学指导甘肃省沟道治理工作,努力提高沟道资源治理开发的质量与效益,提供一定的理论依据。

第一节　工程措施对位配置模式研究

一、不同类型治沟工程及自然地质状况分析

　　不同的治沟工程措施对自然降雨、土壤、坡度、坡向、地质条件等的要求不同,因此不同类型的沟道治理工程措施要求具有针对性,详见表6-1、表6-2。

表6-1　治沟工程所需的条件(生态位)

治沟工程		坝体规格	地质条件	坝址选择条件
淤地坝	小型	坝高5~15 m,库容1万~10万 m³,淤地面积0.2~2 hm²,单坝集水面积1 km²以下,建筑物一般为土坝与溢洪道或土坝与泄水洞"两大件"	土坝可建在岩基上,也可建在河床覆盖层上,应力求建在较坚硬、完整、透水性弱的岩基上,或承载力大、变形小、透水性弱的土基上,应当说一般的砂砾覆盖层是较好的土基。溢洪道应选在土质坚硬、无滑坡塌方,或非破碎岩基上。泄水洞最好修筑在岩基或坚实的土基上,以免发生不均匀沉降	修在小支沟或较大支沟的中上游
	中型	坝高15~25 m,库容10万~50万 m³,淤地面积2~7 hm²,单坝集水面积1~3 km²,建筑物少数为土坝、溢洪道、泄水洞"三大件",多数为土坝与溢洪道或土坝与泄水洞"两大件"		修在较大支沟下游或主沟上中游
	骨干坝	坝高25 m以上,库容50万~500万 m³,淤地面积7 hm²以上,单坝集水面积3~5 km²或更多。建筑物一般是"三大件"齐全		修在主沟的中、下游或较大支沟下游

续表 6-1

治沟工程		坝体规格	地质条件	坝址选择条件
谷坊	土谷坊	坝高 1~5 m,顶宽 1~1.5 m,底宽 3.2~18 m,迎水坡比 1:1.2~1:1.8,背水坡比 1:1.0~1:1.5,工程量 2.10~48.75 m³	沟底与岸坡地形、地质(土质)状况良好,无孔洞或破碎地层,无不易清除的乱石和杂物	"口小肚大",工程量小,库容大。取用建筑材料(土、石、柳桩等)比较方便。沟底比降较大(5%~10%或更大)、沟底下切剧烈发展的沟段
	柳谷坊	多排密植型:在沟中已定谷坊位置,垂直于水流方向,挖沟密植柳秆(或杨秆)。沟深 0.5~1.0 m,秆长 1.5~2.0 m,埋深 0.5~1.0 m,露出地面 1.0~1.5 m。每处(谷坊)栽植柳秆(或杨秆)5 排以上,行距 1.0 m,株距 0.3~0.5 m,埋秆直径 5~7 cm。		
		柳桩编篱型:在沟中已定谷坊位置,打 2~3 排柳桩。桩长 1.5~2.0 m,打入地中 0.5~1.0 m,排距 1.0 m,桩距 0.3 m。用柳梢将柳桩编织成篱。在每两排篱中填入卵石(或块石),再用捆扎柳梢盖顶。		
		用铅丝将前后 2~3 排柳桩联系绑牢,使之成为整体,加强抗冲能力		
	石谷坊	干砌石谷坊:坝高 2~4 m,顶宽 1.0~1.3 m,迎水坡 1:0.2,背水坡 1:0.8,坝顶过水深 0.5~1.0 m,不蓄水,坝后 2~3 年淤满。		
		浆砌石谷坊:坝高 3~5 m,顶宽为坝高的 0.5~0.6 倍,迎水坡 1:0.1,背水坡 1:0.5~1:1。质量要求较高的谷坊,应作坝体稳定分析		

注:材料来源于《水土保持治沟骨干工程技术规范》(SL 289—2003)和《水土保持综合治理技术规范 沟壑治理技术》(GB/T 16453.3—2008)。

表 6-2　小型拦蓄、排水工程建设所需的条件(生态位)

小型工程	布设条件及要求
沉沙池	一般布设在蓄水池进水口的上游附近。排水沟(或排水型截水沟)排出的水,先进入沉沙池,泥沙沉淀后,再将清水排入池中。沉沙池的具体位置,应根据当地地形和工程条件确定,可以紧靠蓄水池,也可以与蓄水池保持一定距离
蓄水池	一般布设在坡脚或坡面局部低凹处,与排水沟(或排水型截水沟)的终端相连,容蓄坡面排水。应根据坡面径流总量、蓄排关系和修建省工、使用方便等原则,因地制宜具体确定。一个坡面的蓄排工程系统可集中布设一个蓄水池,也可分散布设若干蓄水池。单池容量为 100~10 000 m³。蓄水池的位置,应根据地形有利、便于利用、岩性良好(无裂缝暗穴、砂砾层等)、蓄水容量大、工程量小、施工方便等条件具体确定

注:材料来源于《开发建设项目水土保持技术规范》(GB 50433—2008)和《水土保持综合治理技术规范 小型蓄排引水工程》(GB/T 16453.4—2008)。

二、不同类型治沟工程对位配置模式

根据治沟工程的布设条件及要求,对不同沟道级别、不同类型的沟道进行工程措施的布设,其一般如下:

Ⅰ级沟中以开析、半开析+中度割裂+半主沟型的沟道为主,一般具备建设小型淤地坝的条件。个别面积大(1 km²以上)、沟道长的Ⅰ级沟,在沟口修建中型坝或骨干坝。在沟头修建沟头防护工程。在深切型的沟道中,由于高差大,沟道宽度小可修建柳谷坊等。

Ⅱ级沟中以开析、半开析+中度割裂+半主沟型或主沟型的沟道为主,一般具备修建中型坝的条件,其坝址位置一般在Ⅱ级沟下游。个别面积大的可在上游两个Ⅰ级沟道的交汇处的下游布设小型坝。

Ⅲ级及Ⅲ级以上的沟道,以开析、半开析+中度割裂+半主沟型或主沟型为主,由于沟道汇流面积较大,一般可修建2~3座骨干坝和中型坝。

第二节　植物措施对位配置模式研究

一、小流域自然资源状况分析

在黄土高原地区,丘陵起伏,沟壑纵横,形成了多种多样的生态类型。黄土丘陵沟壑区沟深坡陡,坡面较长,不同坡向、坡位等立地因素是光、热、水的再分配因子。在一个小流域,地貌特征及地形部位的不同导致了形成的地形小气候不同,且不同土地利用类型上农、林、牧各业的生物产量产生差异。

(一)日照时数分布特征

据文献[97]分析,在坡地或谷地上,由于地形遮蔽作用,日照时间总是比海平面少。此外,由于山地自身的朝向、坡度以及周围地形的影响等,不论在山的哪一部位,不论其海拔如何,都使任一坡地的实际日出时角 ω_1 和日落时角 ω_2 小于海平面的日出日落时角 ω_0,即存在有 $|\omega_0| \geqslant |\omega_1|$ 及 $|\omega_2|$,因此地形对于日照的影响总是减短它的日照时间。

由于小流域内坡地的方位不同,坡地上每天日出和日落的时间很不相同,因而使得坡地上每天的日照时间和一天中所接受的太阳辐射总量差异很大。根据傅抱璞[98]的研究,坡地上的太阳高度和直接太阳辐射通量不仅随着地方纬度、太阳赤纬和太阳时角而变化,并且还随着斜坡的坡向和坡度而改变。坡地上可能受到太阳辐射的必要条件是 $S_{\alpha\beta}$ 为正值($S_{\alpha\beta}$ 代表坡度为 α 及坡向为 β 的坡地上的太阳辐射通量)。所以如果设 $S_{\alpha\beta} = 0$ 时的太阳时角为 ω_s,则

$$\omega_s = \arccos\left[\frac{-uv\tan\delta \pm \sin\beta\sin\alpha\sqrt{1 - u^2(1 + \tan^2\delta)}}{1 - u^2}\right] \tag{6-1}$$

式中:α 为坡地的坡度;β 为坡地的坡向,以顺时针方位角表示,南坡为 0°,西坡为 90°,北坡为 180°,东坡为 270°;ψ 为纬度;δ 为太阳赤纬;ω_s 为坡地太阳辐射强度正负或 $S_{\alpha\beta}$ 转变时理论计算的临界时角;$u = \sin\psi\cos\alpha + \cos\psi\sin\alpha\cos\beta$;$V = \cos\alpha\cos\psi - \sin\psi\sin\alpha\cos\beta$。

总之,计算坡地上的日照时间时,要根据坡度 α、坡向 β、纬度 ψ 和太阳赤纬 σ。各个

坡地上日出(始照)时角 ω_1 和日落(终照)时角 ω_2 可用下列几个公式求之：

南坡($\beta = 0°$)

$$\omega_s = \arccos\left[-\tan(\varphi - \alpha)\tan\delta \right] \tag{6-2}$$

北坡($\beta = 180°$)

$$\omega_N = \arccos\left[-\tan(\varphi + \alpha)\tan\delta \right] \tag{6-3}$$

东坡($\beta = 270°$)或西坡($\beta = 90°$)

$$\omega_E \ 或 \ W_w = \arccos\left[\frac{ -uv\tan\delta \ \pm \sin\beta\sin\alpha\sqrt{1 - u^2(1 + \tan^2\delta)}}{1 - u^2} \right] \tag{6-4}$$

水平面

$$\omega_0 = \arccos\left[-\tan\varphi\tan\delta \right] \tag{6-5}$$

式(6-1)和式(6-4)中分子第二项前的正负号表示坡地日出、日落时角,计算日出时角取"+"号,日落时角取"-"号。

时角与地方时间的关系见表6-3。以纬度 $\varphi = 35.5°$ 为例,研究区全年各节气的太阳赤纬和正午时刻的太阳高度 h 的换算关系见表6-4。

表6-3　时角与地方时间的换算

地方时间 t	6	8	10	12	14	16	18
时角 ω_s	−90°	−60°	−30°	0°	30°	60°	90°

表6-4　全年各节气的太阳赤纬和正午时刻的太阳高度(纬度 $\varphi = 35.5°$)

节气	春分	立夏	夏至	立秋	秋分	立冬	冬至	立春
日期(月-日)	03−12	06−05	06−21	08−08	09−23	11−08	12−22	02−04
太阳赤纬 δ	0°	16.3°	13.4°	16.3°	0°	−6.2°	−23.4°	−16.2°
太阳高度 h	50°	66.3°	73.4°	66.4°	50°	33.8°	26.8°	33.8°

小流域内的全天平均光照时间可用下式计算

$$\omega_s = \frac{1}{\dfrac{\pi}{2} - \alpha_i} \int_{\alpha_i}^{\frac{\pi}{2}} \overline{\omega}_x \, \mathrm{d}x \tag{6-6}$$

将式(6-1)代入式(6-6),得

$$\omega_s = \frac{1}{\dfrac{\pi}{2} - \alpha_i} \int_{\alpha_i}^{\frac{\pi}{2}} \arccos\left[\frac{ -uv\tan\delta \ \pm \sin\beta\sin\alpha\sqrt{1 - u^2(1 + \tan^2\delta)}}{1 - u^2} \right] \mathrm{d}x \tag{6-7}$$

式中: $\overline{\omega_x}$ 为小流域内任一点的临界时角; φ、α、β 为常数,坡度角 $\alpha_i = \alpha_1$、α_2,对 α_i 求积分,即可求得任一点的日出、日落时角和每天的平均光照时间。

为了计算简便,通常在流域内求取若干点日出和日落的平均时角,就可满足实际工作的需求。据此求得小流域全年各月各节气不同坡度和坡向的日平均光照时间,如表6-5

所示。小流域各坡向不同坡度的坡地上每天可日照时间的年变化见图6-1。

表6-5　全年各月各节气不同坡度和坡向的日平均光照时间(纬度 $\varphi = 35.5°$)

节气	坡向	坡度 α				
		0°	10°	20°	30°	40°
春分 $\delta = 0$	阳坡	12.0	12.0	12.0	12.0	12.0
	阴坡		10.3	8.6	6.9	5.6
立夏 $\delta = 16.3$	阳坡	14.3	13.3	12.8	12.4	12
	阴坡		12.1	10.3	8.6	6.9
夏至 $\delta = 23.4$	阳坡	14.5	13.9	13.2	12.6	12.0
	阴坡		13.0	11.1	9.3	4.5
立冬 $\delta = -16.2$	阳坡	10.8	10.0	8.0	4.9	0
	阴坡		8.4	8.3	6.8	5.7
冬至 $\delta = -23.4$	阳坡	9.8	8.9	5.5	0	0
	阴坡		7.4	7.0	6.1	5.5

注:立秋与立夏、秋分与春分、立冬与立春的可照时间相同。

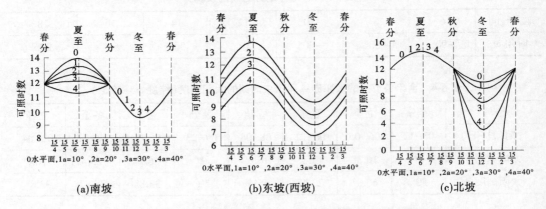

　　　　　(a)南坡　　　　　　　　　　　(b)东坡(西坡)　　　　　　　　　(c)北坡

图6-1　各坡向不同坡度坡地上的可照时数的年变化图

　　结果表明,南坡 $\beta = 0°$,在夏半年,中纬度地区由于早晚时刻太阳方位偏北,光线从山背后射来为山体所阻挡,无日照;随着太阳高度的升高,太阳方位角南移至某一时刻,坡地开始受光照。因而夏半年南坡上的日照时间是随着坡度的增大而减小,坡度愈大,被遮时间愈长,可照时间愈短。同时,光照随着坡度的增大而减少,坡度愈大,被遮的时间愈长,南坡上的可照时间愈短。当坡度大于纬度($\alpha > \varphi$)时,随着太阳赤纬的增加(向夏至接近),早晚太阳位置愈偏北,南坡本身遮蔽阳光的时间愈长,故南坡上的可照时间也愈短;当坡度等于纬度($\alpha = \varphi$)时,南坡上每天的可照时间均为 12 h, $\omega_\alpha = 90°$,其可照时间年变化趋势与水平面上相同。在秋分时,由于太阳赤纬 $\delta = 0$,则 $\omega_\alpha = 90°$,太阳东升西落,南坡上每天的日照时间与水平面相当,均为 12 h。在冬半年,太阳方位南移,其日照时间与水平面相当,当太阳赤纬 $\delta < 0$ 时,南坡上总的日照时间比夏季少。北坡 $\beta = 180°$,夏半年,当坡度 α 小于或等于太阳高度角($90° - \alpha + \varphi$)时,坡地对阳光无阻挡,全天有日照;当坡度大于太阳高度角时,随着坡度增大而日照急剧减少。冬半年,北坡上的日照时间随着坡度增

大迅速减少,坡度每增加1°,相当于纬度升高1°地方的水平面上的日照数;当坡度大于太阳高度角时,全天无光照。如小流域冬至正午的太阳高度角为26.8°,所以坡度大于26.8°的北坡,冬至那天就无光照。年变化趋势与水平面上相同。

综上所述,坡向和坡度的影响使得可日照时间减少。

(二)太阳辐射分布特征

太阳辐射是地方气候与局地小气候形成的物理基础,到达地面的太阳辐射通量的多少,除受太阳的高度、大气透明度影响外,还与地面的水平倾斜度有关。

1.坡面辐射平衡分析

陈明荣曾提出了坡地和水平梯田的辐射平衡方程[99]

$$R_{\beta\alpha} = (S_{\beta\alpha} + D_{\beta\alpha} + F_{\beta\alpha})(1 - v) - q_{\beta\alpha} \tag{6-8}$$

$$R_{\beta0} = (S_{\beta0} + D_{\beta0} + F_{\beta0})(1 - v') - q_{\beta0} \tag{6-9}$$

式中:$R_{\beta\alpha}$、$R_{\beta0}$;$S_{\beta\alpha}$、$S_{\beta0}$;$D_{\beta\alpha}$、$D_{\beta0}$;$F_{\beta\alpha}$、$F_{\beta0}$;$q_{\beta\alpha}$、$q_{\beta0}$ 和 v、v' 分别为坡向 β、坡度 α 的坡地和水平梯田上的辐射平衡;直接辐射;散射辐射;反射到坡地及梯田上的反射辐射;有效辐射和反射率。

由于太阳光线的入射角不同,各坡面上的辐射到达量(直接辐射量)有显著的差异。向阳坡面获得大量的热量,而背阳坡面则很少。坡地上散射辐射的差异,除与坡面大小有关外,还与太阳位置有关,但主要是坡度的影响,而且坡地上散射辐射的差异远不如直接辐射差异大。所以,分析坡面与水平面的总辐射差异主要是分析其直接辐射。

根据朗伯定律,斜面上的直接辐射应为

$$S_{\alpha\beta} = S_m \cdot \cos i \tag{6-10}$$

$$\cos i = \sin h \cos \alpha + \cos h \cos(A - \beta) \sin \alpha \tag{6-11}$$

式中:S_m 为太阳辐射强度;h 为太阳高度角;α 为坡度;A 为太阳方位角;β 为坡向(正南开始计量,顺时方向为正)。

可见,影响坡面直接辐射分布的主要因素是坡度和坡向。如果假定太阳光线正照坡面上,则地面上的直接辐射可用图示来分解为水平和铅直两个分量(如图6-2所示)。图6-2上 AB 为坡面,OZ 为天顶(铅直)方向,坡度为 α,ON 为坡面法线方向,OS 为太阳光线来向,OS′为 OS 在水平面上的投影,根据假定,图上的各种关系都是平面关系。以 S_m 为太阳辐射强度,h 为太阳高度角,则它在水平及铅直方向上的两个分量 S_u、S_v 分别为:

$$S_u = S_m \cdot \cos h \tag{6-12}$$

$$S_v = S_m \cdot \sin h \tag{6-13}$$

因为,任何面上获得的太阳辐射量,都是指从其法线方向来的。所以,对于坡面上任一点 O,所获得的辐射量必将是 S_u、S_v 在其法线 ON 上的投影的总和。S_u 在 ON 上的投影为 $S_u \cdot \sin \alpha$,S_v 在 ON 上的投影为 $S_v \cdot \cos \alpha$。那么,坡面上所得辐射量 S_α 即为

$$S_\alpha = S_u \cdot \sin \alpha + S_v \cdot \cos \alpha \tag{6-14}$$

将式(6-12)、式(6-13)代入式(6-14)得到:

$$S_\alpha = S_m \cdot (\cos h \sin \alpha + \sin h \cos \alpha) \tag{6-15}$$

$$S_\alpha = S_m \cdot \sin(\alpha + h) \tag{6-16}$$

这就是太阳光线正照坡地时,任一坡地上所获得的辐射量。从式(6-16)中可以看出,

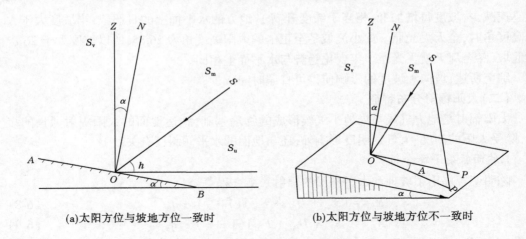

(a)太阳方位与坡地方位一致时　　　　　　(b)太阳方位与坡地方位不一致时

图6-2　坡地上直接辐射分解示意图

对于同一坡地来说,坡地上的辐射量将随着坡度的增大而增加,并在 $\alpha+h=90°$ 达到最大,此后如若 α 增大,则 S_α 反而减小。这个公式的小气候意义是非常明显的。

如果考虑到坡向对辐射的影响,则同样可推导出坡面上获得的太阳辐射强度的公式为

$$S_{\alpha\beta} = S_m\big[\sin h\cos\alpha + \cos h\sin\alpha(A - \beta)\big] \tag{6-17}$$

式中:$(A-\beta)$ 为太阳光线斜照坡面时,坡向与太阳方位角之间形成的夹角。

比较式(6-8)和式(6-10),可以看出在斜照时坡地上辐射的水平分量项增加了一个订正项 $\cos(A-\beta)$,当 $A-\beta=0$ 时,则两式完全一致。

2.坡面直接辐射状况分析

据傅抱璞[100]和翁笃鸣[101]研究,可采用坡面与平面上直接辐射的比值 C 来分析它们之间的辐射差异。C 的表达式为

$$C = \frac{S_{\alpha\beta}}{S} = \frac{S_m\cos i}{S_m\sin h} = \cos\alpha + \cot\cos(A - \beta)\sin\alpha \tag{6-18}$$

正午时,$A=0$,比值 C 为

$$C = \cos\alpha + \cot h\cos\beta \cdot \sin\alpha \tag{6-19}$$

根据式(6-19),计算出小流域在不同正午太阳高度角下(纬度 $\varphi=35.6°$)的 C 值(见表6-6)。由于是正午,所以相对辐射量在偏东西坡是对称的,即东坡与西坡、东南与西南坡、东北坡与西北坡的辐射量是相等的。

根据表6-6和式(6-19)的结果分析,可以看出以下几点:

(1)正午时,南坡受太阳光线正照,所以在各坡坡度 α 相同的条件下,南坡的相对辐射总量最大,东南坡、西南坡次之,北坡最小。随着 β 绝对值的增大,比值 $C = \frac{S_{\alpha\beta}}{S}$ 绝对地最小。

(2)坡向、坡地与平地的辐射差异都随着坡度 α 的增大而增大,当坡度较小时,C 值都接近于1,差异不显著;当坡度较大时,各种坡地的辐射差异就十分显著,因而导致巨大的小气候差异。

（3）在相同的坡向、坡度下，对于南坡和偏南坡，比值 C 随正午太阳高度的增大而减小，对于北坡和偏北坡则反之，C 值随 h 增大而增加。东、西坡的比值不随 h 变化，始终保持固定的数值。比值 C 随正午太阳高度角的变化，就同样说明了它的季节变化和随纬度的变化。

（4）对于南坡和偏南坡，比值 C 在多数情况下可大于1，但也可以小于1。当满足下式时：

$$\coth > (1 - \cos\alpha)/(\cos\beta\sin\alpha) \tag{6-20}$$

偏南坡坡地上的正午的直接辐射强度都比水平面上的大，即 C 值大于1。对于东坡、西坡、偏北坡和北坡，因为不能满足式（6-20），所以比值总是小于1，即坡地上的直接辐射总要比平面上的小。

3.坡地实际太阳总辐射量分析

坡地上除获得太阳直接辐射和散射辐射外，还能得到由对面和侧面的坡地上反射的短波辐射。一般情况下，这些反射来的短波辐射量是比较小的，可以忽略。实际上太阳辐射通过大气到达地面要被大气中各种介质削弱。地面实际接收的太阳辐射量都用气候学方法计算，应用最多的为式（6-21），为目前我国比较公认的总辐射日（月）总量的经验公式形式。

$$\sum Q = \sum S'_0(a + bs_1) \tag{6-21}$$

式中：$\sum Q$ 为开旷地的实际辐射日总量；s_1 为日照百分率；a、b 为参数；$\sum S'_0$ 为不考虑大气影响下开旷平地的辐射日总量（天文辐射日总量）。

据穆兴民、陈国良等对地处黄土高原的兰州、银川、西安、太原等 6 个站的实测资料，并参考有关研究成果[102]，得出以天文辐射和日照百分率为基础，适合计算黄土高原太阳辐射的参数 a、b 的值，如表 6-7 所示。

表 6-7　黄土高原太阳总辐射计算参数

参数	季节			
	春季（3~5 月）	夏季（6~8 月）	秋季（9~11 月）	冬季（12 月至翌年 2 月）
a	0.194	0.183	0.271	0.180
b	0.549	0.529	0.430	0.622
相关系数 r	0.900	0.810	0.920	0.977

小流域不同土地利用类型的总辐射月总量可用下式计算：

$$\sum Q = \frac{TS_0}{2\pi R^2}[(\omega_2 - \omega_1)\sin\varphi\sin\delta + \cos\varphi\cos\delta(\sin\omega_2 - \sin\omega_1)](a + bs_1) \tag{6-22}$$

式中：T 为全日时间（用分表示，一天为 1 440 min）；φ 为纬度；δ 为某日太阳赤纬；S_0 为太阳常数（一般可取 81.224 J/m²）；$\frac{1}{R^2}$ 为日地距离订正项；ω_1，ω_2 分别为各种地形的实际终止和开始日照时角；ω_0 为水平面的日出日落时角；其余符号意义同前。

据此具体计算了小流域各种土地类型的总辐射月总量，如表 6-8 所示。

表 6-6 不同正午太阳高度角下的 C 值(纬度 φ =35.6°)

坡度 α		0°	7°					15°					25°					35°				
坡向 β		0°	0°	±45°	±90°	±135°	±180°	0°	±45°	±90°	±135°	±180°	0°	±45°	±90°	±135°	±180°	0°	±45°	±90°	±135°	±180°
1月	上	1	1.19	1.13	0.993	0.853	0.795	1.386	1.263	0.966	0.669	0.546	1.592	1.391	0.906	0.421	0.220	1.749	1.477	0.819	0.161	-0.111
	中	1	1.18	1.12	0.993	0.86	0.805	1.364	1.247	0.966	0.685	0.568	1.556	1.365	0.906	0.447	0.258	1.701	1.443	0.819	0.195	-0.006 3
	下	1	1.16	1.114	0.993	0.87	0.82	1.332	1.225	0.966	0.707	0.6	1.504	1.329	0.906	0.483	0.308	7.631	1.393	0.819	0.245	0.007
2月	上	1	1.15	1.1	0.993	0.88	0.838	1.294	1.198	0.966	0.734	0.638	1.442	1.285	0.906	0.527	0.370	1.547	1.334	0.819	0.304	0.091
	中	1	1.13	1.09	0.993	0.895	0.855	1.259	1.173	0.966	0.759	0.673	1.384	1.244	0.906	0.568	0.428	1.468	1.278	0.819	0.36	0.17
	下	1	1.11	1.078	0.993	0.907	0.871	1.225	1.149	0.966	0.783	0.707	1.329	1.205	0.906	0.607	0.483	1.393	1.225	0.819	0.413	0.245
3月	上	1	1.1	1.07	0.993	0.915	0.883	1.199	1.13	0.966	0.802	0.733	1.286	1.175	0.906	0.637	0.526	1.334	1.184	0.819	0.454	0.304
	中	1	1.09	1.06	0.993	0.925	0.897	1.169	1.109	0.966	0.823	0.763	1.237	1.14	0.906	0.672	0.575	1.268	1.136	0.819	0.502	0.37
	下	1	1.082	1.056	0.993	0.929	0.903	1.154	1.109	0.966	0.833	0.778	1.213	1.177	0.906	0.635	0.599	1.236	1.114	0.819	0.524	0.402
春分		1	1.08	1.05	0.993	0.934	0.91	1.142	1.109	0.966	0.842	0.79	1.192	1.109	0.906	0.703	0.619	1.208	1.094	0.819	0.544	0.43
4月	上	1	1.08	1.05	0.993	0.934	0.91	1.114	1.071	0.966	0.861	0.818	1.148	1.077	0.906	0.735	0.664	1.148	1.052	0.819	0.586	0.49
	中	1	1.06	1.04	0.993	0.943	0.923	1.093	1.056	0.966	0.876	0.839	1.114	1.053	0.906	0.759	0.698	1.101	1.018	0.819	0.62	0.537
	下	1	1.05	1.035	0.993	0.95	0.933	1.075	1.043	0.966	0.889	0.857	1.083	1.031	0.906	0.781	0.729	1.06	0.989	0.819	0.649	0.578
5月	上	1	1.04	1.028	0.993	0.956	0.941	1.058	1.031	0.966	0.9	0.874	1.057	1.013	0.906	0.799	0.755	1.024	0.964	0.819	0.674	0.614
	中	1	1.036	1.023	0.993	0.962	0.949	1.045	1.022	0.966	0.91	0.887	1.035	0.997	0.906	0.815	0.777	0.993	0.942	0.819	0.696	0.645
	下	1	1.03	1.019	0.993	0.966	0.955	1.035	1.014	0.966	0.918	0.897	1.018	0.985	0.906	0.827	0.794	1.971	0.927	0.819	0.711	0.667
6月	上	1	1.024	1.015	0.993	0.97	0.96	1.026	1.009	0.966	0.923	0.932	1.005	0.976	0.906	0.836	0.807	0.953	0.914	0.819	0.724	0.685
	中	1	1.02	1.013	0.999 3	0.972	0.964	1.023	1.006	0.966	0.926	0.909	0.999	0.971	0.906	0.841	0.813	0.945	0.908	0.819	0.73	0.693
	下	1	1.019	1.011	0.999 3	0.974	0.966	1.022	1.006	0.966	0.926	0.91	0.998	0.971	0.906	0.841	0.814	0.944	0.907	0.819	0.731	0.694
夏至		1	1.019	1.011	0.993	0.974	0.966	1.022	1.006	0.966	0.926	0.91	0.998	0.971	0.906	0.841	0.814	0.944	0.907	0.819	0.731	0.694

续表 6-6

坡度 α		0°	7°					15°					25°					35°				
月	坡向 β	0°	0°	±45°	±90°	±135°	±180°	0°	±45°	±90°	±135°	±180°	0°	±45°	±90°	±135°	±180°	0°	±45°	±90°	±135°	±180°
7月	上	1	1.019	1.012	0.993	0.973	0.965	1.025	1.007	0.966	0.925	0.907	1.002	0.974	0.906	0.838	0.81	0.949	0.911	0.819	0.727	0.689
7月	中	1	1.02	1.014	0.993	0.971	0.962	1.03	1.011	0.966	0.92	0.902	1.011	0.98	0.906	0.832	0.801	0.961	0.92	0.819	0.718	0.677
7月	下	1	1.02	1.017	0.9993	0.968	0.958	1.04	1.018	0.966	0.914	0.892	1.026	0.991	0.906	0.821	0.786	0.982	0.934	0.819	0.704	0.656
8月	上	1	1.033	1.021	0.993	0.964	0.952	1.052	1.027	0.966	0.905	0.88	1.047	1.006	0.906	0.806	0.765	1.01	0.954	0.819	0.684	0.628
8月	中	1	1.04	1.026	0.9993	0.959	0.945	1.067	1.037	0.966	0.895	0.865	1.071	10.23	0.906	0.789	0.714	1.043	0.977	0.819	0.661	0.595
8月	下	1	1.048	1.032	0.993	0.953	0.937	1.085	1.05	0.966	0.882	0.847	1.1	1.043	0.906	0.769	0.712	1.082	1.005	0.819	0.633	0.556
9月	上	1	1.058	1.039	0.993	0.946	0.926	1.107	1.017	0.966	0.866	0.825	1.136	1.069	0.906	0.743	0.676	1.31	1.04	0.819	0.598	0.507
9月	中	1	1.069	1.047	0.993	0.938	0.915	1.13	1.082	0.966	0.85	0.82	0.174	1.095	0.906	0.717	0.638	1.182	1.078	0.819	0.562	0.456
9月	秋分 下	1	1.079	1.054	0.993	0.931	0.906	1.15	1.96	0.966	0.836	0.782	1.207	1.119	0.906	0.693	0.605	1.23	1.11	0.819	0.528	0.408
10月	上	1	1.08	1.056	0.993	0.929	0.903	1.156	1.1	0.966	0.832	0.776	1.216	1.125	0.906	0.687	0.596	1.24	1.117	0.819	0.521	0.398
10月	中	1	1.09	1.065	0.993	0.92	0.89	1.184	1.12	0.966	0.812	0.748	1.216	1.157	0.906	0.655	0.551	1.301	1.16	0.819	0.478	0.337
10月	下	1	1.11	1.075	0.993	0.91	0.875	1.215	1.142	0.966	0.79	0.717	1.312	1.193	0.906	0.619	0.5	1.37	1.209	0.819	0.429	0.268
11月	上	1	1.13	1.086	0.993	0.899	0.86	1.284	1.165	0.966	0.767	0.684	1.367	1.232	0.906	0.58	0.445	1.444	1.261	0.819	0.377	0.194
11月	中	1	1.14	1.099	0.993	0.886	0.841	1.287	1.193	0.966	0.739	0.645	1.431	1.277	0.906	0.535	0.381	1.531	1.322	0.819	0.316	-0.107
11月	下	1	1.16	1.11	0.993	0.875	0.825	1.321	1.217	0.966	0.715	0.611	1.486	1.316	0.906	0.496	0.326	1.065	1.375	0.819	0.263	-0.033
12月	上	1	1.17	1.21	0.993	0.864	0.81	1.353	1.24	0.966	0.692	0.579	1.538	1.353	0.906	0.459	0.274	1.677	1.426	0.819	0.212	-0.039
12月	中	1	1.19	1.3	0.993	0.855	0.797	1.38	1.259	0.966	0.673	0.552	1.583	1.384	0.906	0.428	0.229	1.737	1.469	0.819	0.169	-0.099
12月	冬至	1	1.194	1.135	0.993	0.85	0.791	1.394	1.268	0.966	0.664	0.538	1.605	1.4	0.906	0.412	0.207	1.768	1.49	0.819	0.148	-0.136
12月		1	1.196	1.136	0.993	0.949	0.789	1.397	1.271	0.966	0.661	0.535	1.611	1.404	0.906	0.408	0.201	0.755	1.495	0.819	0.143	-0.137
12月	下	1	1.196	1.136	0.993	0.849	0.789	1.397	1.271	0.966	0.661	0.535	1.611	1.404	0.906	0.408	0.201	1.755	1.495	0.819	0.143	-0.137

表 6-8　小流域不同坡度坡向的各月直接辐射量、散射辐射量、总辐射量和有效辐射表

（单位：MJ/cm²）

月份	辐射	坡度 0°	坡度 α=7°			坡度 α=15°			坡度 α=25°			坡度 α=35°		
			坡向0°	±90°	180°	坡向0°	±90°	180°	坡向0°	±90°	180°	坡向0°	±90°	180°
1月	S	127.3	150.3	126.4	102.6	173.2	123.0	72.7	197.4	115.3	33.2	215.6	104.3	-7.2
	D	146.1	145.7	145.7	145.7	143.6	143.6	143.6	139.3	139.3	139.3	132.9	132.9	132.9
	Q	273.4	296.0	272.1	248.3	316.9	266.6	216.3	336.7	254.6	172.5	348.5	237.1	125.7
	Q_g	138.0	147.7	137.4	127.2	156.4	134.8	113.1	164.3	129.0	93.7	168.5	120.6	72.6
2月	S	124.8	141.0	123.8	106.7	157.1	120.5	84.0	172.8	113.0	53.3	183.3	102.2	21.1
	D	190.5	189.8	189.8	189.8	187.2	187.2	187.2	181.6	181.6	181.6	173.3	173.3	175.6
	Q	315.3	330.8	313.6	296.5	344.3	307.8	271.2	354.4	294.6	234.8	356.6	275.5	196.6
	Q_g	162.2	168.8	161.4	154.0	174.3	158.6	142.9	177.8	152.1	1 126.4	177.6	142.7	107.9
3月	S	164.5	179.0	163.3	147.8	191.8	158.9	126.0	202.7	149.1	95.4	207.6	134.8	62.0
	D	274.7	273.6	273.6	273.6	270.0	270.0	270.0	261.8	261.8	261.8	249.8	249.8	249.8
	Q	439.2	452.7	437.0	421.4	461.8	428.9	396.0	464.5	410.9	357.2	457.4	384.6	311.8
	Q_g	227.3	233.0	226.2	219.5	236.4	222.2	208.1	236.4	213.3	190.2	231.7	200.3	169.1
4月	S	201.8	211.9	200.3	188.1	220.8	194.9	169.1	225.0	182.8	140.7	222.6	165.3	108.0
	D	327.8	326.6	326.6	326.6	322.3	322.3	322.3	312.5	312.5	312.5	298.2	298.2	298.2
	Q	529.6	538.5	526.9	514.7	543.0	517.2	491.4	537.5	495.3	453.1	520.8	463.5	406.2
	Q_g	273.6	277.3	272.3	267.0	278.6	267.5	256.4	274.9	256.7	238.6	265.7	241.0	216.4
5月	S	298.1	307.1	295.9	284.7	311.8	288.0	264.1	309.1	270.1	231.0	296.9	244.1	191.4
	D	322.0	320.8	320.8	320.8	316.5	316.5	316.5	306.9	306.9	306.9	292.9	2922.9	292.9
	Q	620.1	627.8	616.6	605.5	628.3	604.4	580.6	616.0	577.0	537.9	589.8	537.0	484.2
	Q_g	311.7	314.8	310.1	305.3	314.5	304.2	294.0	307.9	291.1	274.3	294.6	271.9	249.2
6月	S	322.8	328.9	320.4	311.7	330.2	311.8	295.4	322.8	292.4	262.1	305.6	264.4	223.4
	D	303.5	302.4	302.4	302.4	298.4	298.4	298.4	289.3	289.3	289.3	276.1	276.1	276.1
	Q	626.3	631.3	622.8	614.1	628.6	610.2	593.7	612.1	581.8	551.4	581.6	540.4	499.4
	Q_g	311.8	313.8	310.1	306.4	312.0	304.1	297.1	303.7	290.6	277.6	288.8	271.1	253.4

续表 6-8

月份	辐射	坡度 0°	坡度 α=7°			坡度 α=15°			坡度 α=25°			坡度 α=35°		
			坡向 0°	±90°	180°	坡向 0°	±90°	180°	坡向 0°	±90°	180°	坡向 0°	±90°	180°
7月	S	283.4	290.0	281.3	272.7	292.5	273.8	255.1	287.1	256.8	226.5	273.2	232.2	191.0
	D	309.4	308.2	308.2	308.2	304.1	304.1	304.1	294.9	294.9	294.9	281.4	281.4	281.4
	Q	592.9	598.2	589.5	580.9	596.7	577.9	559.2	582.0	551.7	521.4	554.7	513.6	472.5
	Q_g	298.2	300.4	296.7	2293.0	299.1	291.1	283.0	291.6	278.5	265.5	277.9	260.3	230.6
8月	S	270.5	281.3	268.5	255.6	288.8	261.3	233.7	290.2	245.1	200.0	282.7	221.5	160.4
	D	244.9	244.0	244.0	244.0	240.7	240.7	240.7	233.5	233.5	233.5	222.8	222.8	222.8
	Q	515.4	525.3	512.5	499.6	529.6	502.0	474.4	523.7	478.5	433.4	505.4	444.3	383.2
	Q_g	255.8	260.0	254.5	249.0	261.4	249.6	237.7	257.9	238.4	219.1	244.2	222.2	195.9
9月	S	177.1	189.9	175.8	161.7	201.2	171.1	141.8	209.5	160.4	130.9	185.1	145.0	105.0
	D	218.6	217.8	217.8	217.8	214.8	214.8	214.8	208.3	208.3	208.3	198.8	198.8	198.8
	Q	395.7	407.6	393.5	379.4	416.0	386.0	356.7	417.8	368.7	339.2	383.8	343.8	303.8
	Q_g	200.7	205.8	199.7	193.6	209.0	196.0	183.5	208.8	187.7	175.0	192.9	175.7	158.5
10月	S	157.0	174.3	155.8	137.4	190.9	151.7	112.4	206.2	142.3	78.3	215.4	128.6	41.8
	D	187.1	186.4	186.4	186.4	184.0	184.0	184.0	178.4	178.4	178.4	170.2	170.2	170.2
	Q	212.1	360.7	342.2	281.9	374.9	335.7	296.4	384.6	320.7	256.7	385.6	298.8	212.1
	Q_g	174.2	181.2	173.2	165.3	1486.9	170.1	153.2	190.4	162.9	135.4	189.7	152.3	115.0
11月	S	81.2	94.0	80.6	67.0	107.2	78.5	50.2	120.6	73.6	26.5	130.3	66.5	2.7
	D	149.5	148.9	148.9	148.9	146.9	146.9	146.9	142.5	142.5	142.5	135.9	135.9	135.9
	Q	230.7	242.9	229.5	174.1	254.1	225.4	197.1	263.1	216.1	169.0	266.2	202.5	138.7
	Q_g	166.4	125.3	119.5	113.7	129.8	117.5	105.3	133.1	112.9	92.6	133.5	106.1	78.7
12月	S	96.3	115.0	95.6	76.2	134.1	93.0	52.0	154.3	87.3	20.2	169.9	78.9	-12.2
	D	144.0	143.5	143.5	143.5	141.6	141.6	141.6	137.3	137.3	137.3	131.0	131.0	131.0
	Q	240.3	258.5	239.1	219.7	275.6	234.6	193.6	291.6	224.5	157.5	300.9	209.9	118.8
	Q_g	123.5	131.2	122.9	114.6	138.3	120.7	103.0	144.6	115.8	86.9	147.7	108.6	69.4
总计		12 757.3	25 630.7	12 774.7	14 264.6	14 736.2	12 529.7	11 630.5	13 459.4	11 977.9	11 543.8	13 115.6	13 804.9	9 222.7

4.坡地有效辐射分析

只有在到达地面的可见光区(400~700 μm)内的太阳辐射才对植物的光合作用有效,这部分辐射称为光合有效辐射,又称生理辐射。坡地生理辐射采用叶曼诺娃的研究成果。

$$Q_{\alpha\beta g} = 0.43S_{\alpha\beta} + 0.57D_{\alpha\beta} \tag{6-23}$$

式中: $S_{\alpha\beta}$ 为坡地直达辐射量; $D_{\alpha\beta}$ 为坡地散射辐射量。

根据傅抱璞[100]研究:

$$S_{\alpha\beta} = \frac{W_{\alpha\beta}}{W} \times S \tag{6-24}$$

式中: β 为坡向(以北为0,顺时针计算一周为360°)的方位角; α 为坡度; $W_{\alpha\beta}$ 为坡地上空天文辐射; W 为水平面的天文辐射; S 为水平面的直接辐射。

$$D_{\alpha\beta} = D \cdot \cos^2 \frac{\alpha}{2} \tag{6-25}$$

式中: D 为水平散射辐射量; α 为坡度。

根据上述公式,求得小流域不同坡度不同坡向的坡地上各月直接辐射量、散射辐射量、总辐射量和有效辐射量(见表6-8)。

5.坡面太阳辐射时空分布分析

太阳辐射计算结果(见表6-9、表6-10)表明:南坡和偏南坡,直达辐射比水平面多;但由于坡地散射辐射比平地少,因而总辐射量只有在坡度<15°时才比平面大。南坡坡度超过25°时,坡度越大,总辐射量越少,其他各方位的坡地辐射,无论是直接辐射、散射辐射还是总辐射,均比平地少,尤以北坡为最少。当北坡坡度>25°时,年总辐射量只有平地的63.9%。

表6-9　各坡向、坡度在整个生育期和全年太阳辐射　　　　　(单位:MJ/cm²)

项目		下半年(4~9月)				全年			
β	α	$S_{\beta\alpha}$	$D_{\beta\alpha}$	$Q_{\beta\alpha}$	生理辐射	$S_{\beta\alpha}$	$D_{\beta\alpha}$	$Q_{\beta\alpha}$	生理辐射
水平面		1 553.721	1 726.218	3 279.939	1 651.693	2 304.833	2 818.135	5 122.968	2 597.491
180°(南)	0~5°	1 612.755	1 719.519	3 332.274	1 673.464	2 392.338	2 806.831	5 199.168	2 628.473
	6°~15°	1 712.401	1 664.253	3 376.654	1 684.768	2 540.132	2 716.815	5 256.946	2 641.033
	16°~25°	1 805.348	1 524.414	3 329.762	1 645.412	2 678.296	2 488.215	5 166.511	2 569.858
	>25°	1 841.355	1 227.151	3 068.506	1 491.338	2 731.050	2 003.802	4 734.852	2 316.556
90°(西) 270°(东)	0~5°	1 552.047	1 719.519	3 271.566	1 647.506	2 302.321	2 302.321	5 109.152	2 589.954
	6°~15°	1 542.836	1 664.253	3 207.089	1 611.918	2 288.505	2 288.505	5 005.319	2 532.595
	16°~25°	1 523.995	1 524.414	3 048.409	1 524.414	2 260.872	2 260.872	4 749.087	2 390.663
	>25°	1 474.591	1 227.151	2 701.742	1 333.496	2 187.184	2 187.184	4 190.987	2 082.514
0°(北)	0~5°	1 486.733	1 719.519	3 206.251	1 619.454	2 205.606	2 205.606	5 012.437	2 548.505
	6~15°	1 339.357	1 664.253	3 003.610	1 524.414	1 986.637	1 986.637	4 703.451	2 402.805
	16~25°	1 137.135	1 524.414	2 661.549	1 357.779	1 687.280	1 687.280	4 175.496	2 143.642
	>25°	854.526	1 227.151	2 081.677	1 066.797	1 267.763	1 267.763	3 271.566	1 687.280

表 6-10　安定区安家沟流域太阳辐射量计算表

项目	地点	5 月	6 月	7 月	8 月	9 月	10 月	合计
太阳辐射 (J/cm²)	梁顶	66 151	66 989	64 477	63 639	46 892	37 681	345 830
	阳坡	64 728	64 477	62 425	62 341	51 749	44 338	350 058
	阴坡	61 085	65 858	62 425	59 118	59 118	26 670	315 350

于是,可以得出结论,对于北坡,冬半年的直接辐射可能日总量将随 α 增加而减小,而同时由于坡度 α 有影响,使其日总量减小到相当于纬度 α 的地方的水平面的日总量。可见,坡向、坡度对太阳辐射影响极为显著。

气候区大气上界太阳辐射量受纬度和季节的影响。太阳辐射经过深厚的大气层,由于大气层的吸收、散射和反射,仅有大约 48% 的太阳辐射能量到达地面(其中 30% 左右为直接辐射,18% 左右为散射辐射)。在本区太阳辐射中,生理有效辐射占 49%。太阳辐射是地表最主要的能量源泉,是大气中一切物理过程和现象的基本动力,也是形成小气候的物理基础之一。到达地面的太阳辐射能,由于地形起伏(高程、坡向、坡度)及植被的影响而重新分布。根据理论计算,在林木生长季节的 5~10 月,太阳辐射量以阳坡最高,梁峁顶次之,阴坡最低,阴、阳坡中部分别是梁峁顶的 91.2% 和 101.2%,年内阳坡太阳辐射最高峰出现在 5 月,梁峁顶为 5 月底 6 月初,阴坡为 6 月底至 7 月初。在 5~8 月梁峁顶太阳辐射高于阴坡和阳坡,9 月梁峁顶低于阳坡和阴坡,10 月梁峁顶低于阳坡而高于阴坡。阴阳坡相比,在 7 月前阴坡略低于阳坡,而 8 月后阳坡高于阴坡的幅度较大。坡向、坡度的不同,导致了林木生长期内太阳辐射能的重新分布。

6.坡面太阳辐射影响因子分析

1)海拔对太阳辐射的影响

山地上的太阳辐射随着海拔增加而增强。在中纬度地区,每升高 100 m,直接太阳辐射增加 5%~15%。晴天,散射辐射随高度增加而减少;阴天则相反。由于海拔对直接太阳辐射的影响超过散射辐射的影响,所以总辐射总是随高度而递增。由于空气质量、水汽和悬浮物质随高度增加而减少,大气逆辐射小,所以有效辐射随高度而递增,且大于直接太阳辐射的递增率,因此净辐射随高度增加而递减。

2)坡向和坡度对太阳辐射的影响

在夏季,在回归线以内的低纬度地区,坡向和坡度对于太阳辐射影响不大。在回归线以外地区,南坡上任何一天的天文太阳辐射日总量相当于比其纬度低 α 度水平面上的辐射量。北坡则相反,总是随坡度增大而减少。在冬季,南坡上的辐射日总量在一定范围内随着坡度增大而增加,坡度越陡,在冬至前后增加越显著。而北坡则随坡度增加而迅速减少,坡度增加 1° 就相当于纬度增加 1°。

(三)气温地温分布特征

据安家沟流域小气候观测,由于大气吸收太阳辐射的能力很弱,吸收地面长波辐射的能力很强,低层大气热量主要来源于地面,故气温与地温的年变化具有相同的趋势,只不过在数值上有高低、前后有变化而已;随着海拔的增加,平均地温降低趋势也比较明显。

由表 6-11、表 6-12 可以看出，气温和 0 cm、5 cm、10 cm、15 cm 地温在 4 月初至 7 月底一直处于增温过程，自 7 月底至 8 月初先后达到最高，8 月中旬至 10 月为降温过程，20 cm、30 cm 地温变化略滞后于气温。梁峁顶的地表最高地温出现时间为 8 月上旬(58 ℃)，阴坡为 7 月上旬(61 ℃)，阳坡为 5 月上旬(55.5 ℃)，沟底为 8 月上旬(59 ℃)；地面最低地温出现时间均在 11 月底，梁峁顶、阴坡、阳坡、沟底分别为 −29 ℃、−21 ℃、−15 ℃、−13.5 ℃。20~30 cm 地温与气温相比，最高值出现在 8 月上、中旬，推迟近半个月。在整个增温过程中明显存在有两个降温期，这是因为 0~30 cm 地温在增温前(4 月初至 5 月中旬)，由于太阳辐射强度的增大，土壤含水量比较稳定，地表无植被覆盖，增温过程比较一致，而在 5 月中旬至 7 月上旬，由于地表覆盖度的增加和土壤含水量的变化，在 5 月中旬至下旬各层土壤温度平均下降近 1 ℃；此后直至 7 月上旬各层土壤温度增温过程又趋于正常，但在 7 月中旬由于降雨增多，土壤含水量迅速增加，土壤平均温度又一次下降 0.2~0.8 ℃，随后又恢复正的增温过程。各点各层次土壤温度变动系数均随深度的增加而减小。

表 6-11　安家沟流域不同地形部位空气温度观测汇总表　　　(单位:℃)

项目	地点	4 月	5 月	6 月	7 月	8 月	9 月	10 月	11 月	平均
温度	梁顶	7.48	12.36	14.22	16.97	16.95	11.70	6.44	1.86	11.00
	阳坡	8.61	13.34	15.32	18.26	17.96	12.07	7.03	1.52	11.76
	阴坡	8.51	13.46	15.57	15.57	17.95	12.37	6.78	1.48	11.77
	沟底	9.02	14.49	16.57	16.57	18.19	12.78	7.80	1.81	12.42
地面最高	梁顶	48	53	58	55	56	51	45	37	58
	阳坡	49	56	48	55	49	42	37	34	56
	阴坡	45	54	55	61	59	50	36	30	61
	沟底	59	56	52	51	47	36	31	24	59
地面最低	梁顶	−10	−29	−1	0	−6	−14	−16	−14	−29
	阳坡	−7	−2	2	4		−5	−6	−15	−15
	阴坡	−14	−13	−1	3	1	−7	−18	−21	−21
	沟底	−14	−2	3	4	1	−2	−12	−14	−14

表 6-12　安家沟流域不同地形部位土壤温度观测汇总表　　　(单位:℃)

项目	地点	4 月	5 月	6 月	7 月	8 月	9 月	10 月	11 月	平均
0 cm	梁顶	10.67	15.40	18.40	20.60	20.18	15.06	8.53	1.48	13.79
	阳坡	10.77	16.57	18.24	20.52	19.68	14.17	7.97	1.78	13.71
	阴坡	10.71	16.88	19.33	21.83	20.00	13.92	7.28	1.19	13.89
	沟底	9.99	17.83	18.47	20.19	17.38	15.65	7.80	0.71	13.5

续表 6-12

项目	地点	4月	5月	6月	7月	8月	9月	10月	11月	平均
5 cm	梁顶	7.95	3.20	15.84	18.57	18.68	13.73	7.98	2.14	12.27
	阳坡	8.84	14.95	16.97	19.34	19.20	14.05	8.47	1.85	12.96
	阴坡	9.23	14.80	17.59	20.00	18.91	13.93	7.77	1.06	12.91
	沟底	9.85	15.80	19.00	20.70	20.35	14.32	9.00	2.33	13.99
10 cm	梁顶	8.04	13.13	15.88	18.51	18.40	13.98	8.34	2.35	12.34
	阳坡	9.17	14.43	16.95	19.26	19.12	14.16	8.87	2.41	13.05
	阴坡	9.03	14.94	17.43	19.86	14.23	14.20	8.38	1.36	13.05
	沟底	9.85	15.52	18.61	20.43	20.24	15.28	9.29	2.63	13.98
15 cm	梁顶	7.75	12.82	15.53	18.24	18.41	14.00	8.52	2.51	12.22
	阳坡	8.79	14.21	16.58	19.02	18.97	14.26	9.21	2.89	12.99
	阴坡	8.38	14.94	17.15	19.51	19.20	14.68	8.93	1.82	13.02
	沟底	9.25	15.23	18.29	20.06	15.81	15.23	9.43	3.16	12.31
20 cm	梁顶	7.39	12.85	15.56	18.20	18.43	14.24	8.88	2.96	12.31
	阳坡	8.58	14.02	16.62	18.81	19.14	15.50	9.54	3.19	13.05
	阴坡	7.86	14.13	16.75	19.23	19.27	14.84	9.33	2.35	12.97
	沟底	9.51	14.91	17.83	19.88	19.97	15.29	9.91	3.67	3.87
30 cm	梁顶	7.73	15.21	15.82	18.30	18.95	14.49	9.20	3.37	12.63
	阳坡	8.80	14.13	16.70	18.50	19.51	14.60	9.77	4.25	13.28
	阴坡	10.00	14.67	17.64	20.08	19.61	15.40	9.93	2.65	13.75
	沟底	9.27	15.00	18.11	20.02	20.58	15.30	10.10	4.35	14.09
0～30 cm 平均	梁顶	8.25	3.78	16.17	18.74	18.86	14.25	8.58	2.47	
	阳坡	9.16	4.72	17.01	19.24	19.27	14.29	8.79	2.73	
	阴坡	9.20	4.99	17.65	20.09	18.54	14.50	8.56	2.74	
	沟底	9.62	5.72	18.39	20.20	19.06	15.28	9.26	2.81	

　　从不同观测点来看,在整个地温的变化过程中,除 0 cm 处变化不稳定外,其余各层土壤梁峁顶均低于沟底。梁峁顶 5 cm、10 cm、15 cm、20 cm、30 cm 平均土温分别比相同部位沟底低 1.72 ℃、1.64 ℃、1.09 ℃、1.56 ℃、1.46 ℃;且一般情况下两测点的温差变化特点是:增温过程大于降温过程,梁峁顶各层次地温的旬平均值变动系数均大于沟底。

　　阴阳坡各层土壤温度的变化幅度及其数值,介于梁峁顶与沟底之间,由于太阳辐射强度的影响,土壤解冻阳坡略早于阴坡(3~5 d),土壤封冻阴坡略早于阳坡(2~4 d)。在整个生长期内由于植被、太阳辐射、土壤水分的综合影响,阴阳坡各层地温曲线不时交错,无显著差异。

各观测点空气温度与地温变化非常相似,随海拔的增加气温降低,总的变化趋势是沟底气温曲线高于梁峁顶,阴、阳坡介于两者之间且相互交错。在升温过程中(4月初至7月底),升温速度以沟底最快,阴、阳坡居中,梁峁顶最慢。阴坡、阳坡、沟底三点在8月上旬气温达到最高值,梁峁顶在8月中旬达到最高值,随后4个观测点气温逐渐降低,方差分析表明,各点观测地温在数量分布上无显著差异。

据王冬梅等对宁夏西吉黄家二岔小流域各坡向的小气候观测[103],平均气温、平均最高气温及平均最低气温如表6-13所示。各坡向间的月平均气温最大差值为0.5 ℃(5月),最小差值仅0.1 ℃(6~8月)。5月平均气温:东坡>西坡、南坡>北坡。月最高气温:各坡向间最大差异0.5~0.7 ℃。5月南坡最高(21.5 ℃),北坡最低(20.8 ℃);7月北坡、西坡最高(24.8 ℃),南坡最低(24.2 ℃)。月最低气温分布与平均气温、平均最高气温类似。

表6-13　坡地气温特征值　　　　　　　　　　　(单位:℃)

月份	5月			6月			7月			8月		
项目	平均	最高	最低	平均	最高	最低	平均	最高	最低	平均	最高	最低
东坡(E)	15.0	21.1	8.9	17.4	23.0	12.4	19.1	24.3	14.2	17.1	22.9	13.3
西坡(W)	14.9	21.4	8.7	17.3	23.6	12.1	19.2	24.9	14.5	17.3	22.8	13.1
南坡(S)	14.9	21.5	8.5	17.3	23.3	12.1	19.0	24.2	14.5	17.1	22.1	13.0
北坡(N)	14.5	20.8	7.7	17.3	23.4	12.1	19.1	24.8	14.5	17.2	22.2	13.1
极差	0.5	0.7	1.2	0.1	0.6	0.3	0.2	0.5	0.3	0.2	0.2	0.3
平均	14.8	21.2	8.5	17.3	23.3	12.2	19.1	24.6	14.4	17.2	22.5	13.1
平地	14.0	20.9	7.1	17.2	23.0	11.9	19.3	24.8	14.7	17.5	22.5	14.2

注:观测场百叶箱内离地1.5 m气温。

1.不同坡向气温分析

在地形小气候的形成中,由地形条件差异引起的温差是非常重要的。就其成因而言,影响小地形月平均气温的最重要因子,应是太阳辐射条件,其次是夜间冷空气的沉积和冷空气的停滞。根据翁笃鸣对山西大寨的研究结果,太阳辐射引起的温差最大,太阳辐射是地形对温度影响的最根本因素[104]。据研究,在我国大陆地区,气温年变化特点在很大程度上取决于天文辐射年变程,任一月平均气温与前月天文辐射的相关系数可达0.9以上。因此,如计算当月平均气温与前月实际总辐射的相关系数,数值会更大,王冬梅通过研究固原县小流域太阳辐射资料和各坡向的月平均温度资料,建立了月平均温度与太阳辐射的关系模型[97]:

$$T = -6.202\ 17 + 0.048\ 79Q \tag{6-26}$$

相关系数 $r = 0.901\ 2$,经F检验呈极显著水平。

2.不同坡位温度分析

影响气温的地形因素主要有大山脉的走向,总体高度和长度;地方海拔;坡地的坡向和坡度;地形形状(山谷、盆地、峡谷等)以及地表植被情况。根据近年来国内外的研究,归纳起来可认为任一地点的月平均温度,可由下列分析式表示:

$$T = T_0 - \alpha\Delta H - \beta\Delta\varphi + \Delta L + \Delta T + \varepsilon \tag{6-27}$$

式中:T_0 为某一对比站的月平均气温;ΔH 为两测点相对高差;α 为气温减率;$\Delta\varphi$ 为纬度差;β 为气温随纬度变化率;ΔL 为地形条件差异造成的温差项,在小气候中这是很重要的一项,就是在大气候分析中,当 ΔH 不很大(例如在 1 000 m 以下)时,也是不能忽视的;ΔT 为某一点离海距离的函数,表示海洋的影响;归后 ε 项可理解为由其他各种因素(如下垫面条件、植被等)以及某些随机因素的影响结果。

由傅抱璞等[100]的研究得到 A、B 两地温差方程为:

$$T_A - T_B = (h_B - h_A)r_h + \Delta T_s + \Delta T_m \tag{6-28}$$

式中:T_A 为无资料的 A 地的平均气温;T_B 为 B 地相应时期的平均气温;h_A 和 h_B 分别为 A 和 B 地的海拔;r_h 为相应时期的温度递减率;ΔT_s 为宏观温差(即大地形作用引起的温度差);ΔT_m 为微观温差(即局部海拔和小地形所引起的温差)。

并且

$$\Delta T_s = \Delta T_\Psi + \Delta T_\lambda + \Delta T_g$$
$$\Delta T_\psi = (\Psi_B - \Psi_A)r_\Psi$$
$$\Delta T_\lambda = (\lambda_B - \lambda_A)r_\lambda \tag{6-29}$$

式中:Ψ_A 和 Ψ_B 分别为 A 和 B 的纬度;r_Ψ 为温度随纬度的递减率;λ_B 和 λ_A 分别为 A 和 B 的经度;r_λ 为温度随经度的递减率;ΔT_g 为受大地形以及其他大自然地理环境(如大水体等)的影响所引起的温度差:

$$\Delta T_m = (\Delta T_{A0} - \Delta T_{B0}) - \Delta T_g \tag{6-30}$$

式中:T_{A0} 和 T_{B0} 分别为 A 和 B 两地订正海平面的温度,这个式子表示微观温差可以通过 A、B 两地的海平面温差与宏观温差之差值求得。如能预先确定出 ΔT_s 和 ΔT_m 及 r_h,则无资料的 A 地的温度可以求出。依固原测点的实测资料推算,固原和西吉为同一地区,ΔT_g 故可取0;又因用相同坡向的实测温度资料来推算,故 ΔT_m 也取0,所以

$$\Delta T_s = \Delta T_\psi + \Delta T_\lambda$$

于是

$$\begin{aligned} T_A - T_B &= (h_B - h_A)r_h + \Delta T_s + \Delta T_m \\ &= (h_B - h_A)r_h + \Delta T_\psi + \Delta T_\lambda \\ &= (h_B - h_A)r_h + (\psi_B - \psi_A)r_\psi + (\lambda_B - \lambda_A)r_\lambda \end{aligned} \tag{6-31}$$

只要确定相应时期的温度递减率 r_h、r_ψ、r_λ,即可求得西吉黄家二岔小流域不同坡向和坡位的月平均气温值(见表6-14)。据研究 $r_h = 0.6$,$r_\psi = 0.36$,$r_\lambda = 0.17$[97]。

(四)流域降水分布特征

在一定地区、一定环境条件下,降水主要受宏观地理因素、海拔和坡地方向的影响。有的山区除海拔外,年降水量还与坡度具有一定正相关。据研究,坡度对降水量大幅度作用出现在45°,而小流域一般坡地坡度都比较平缓,因此坡度对降水的影响可以忽略不计。坡向对降水的影响依山区所在地理位置、气流、湿度及海拔等不同有很大差别。

表 6-14　西吉黄家二岔小流域内不同坡向和坡位的月平均气温值　　　　（单位：℃）

坡向	坡位	5 月	6 月	7 月	8 月	坡向	坡位	5 月	6 月	7 月	8 月
东坡	上	12.9	15.3	10.3	15.0	西坡	下	13.9	16.3	18.2	16.3
	中	13.5	15.9	10.9	15.6	北坡	上	12.3	15.1	16.9	15.0
	下	14.1	16.5	11.5	16.2		中	12.9	15.7	17.5	15.6
南坡	上	12.7	15.1	16.8	14.9		下	13.5	16.3	18.1	16.2
	中	13.3	15.7	17.4	15.5	平地	上	11.8	15.0	17.5	15.3
	下	13.9	16.3	18.0	16.1		中	12.4	15.6	18.1	15.9
西坡	上	12.7	15.1	17.0	15.1		下	13.0	16.2	18.7	16.5
	中	13.3	15.7	17.6	15.7						

据傅抱璞[105]研究，关于海拔对降水的影响其一般规律是：降水最初随海拔升高而增加，到某一高度以后才转而逐渐向上递减。据傅抱璞给出的计算最大降水量高度的经验公式，并推出气候干燥地区下降最大降水量的高度一般都在 2 000~4 000 m，由此可得小流域内最大降水量在梁峁顶。

在最大降水量高度以下，降水随高度降低而减少。为寻求降水与高度的关系，王冬梅等以西吉县及相邻的固原和海源县境内的 18 个水文站的海拔和年降水资料建立降水量 P(mm)随海拔 H(km)变化的非线性回归方程如下：

$$P = 304.89 + 47.129\ 2H + 5.216 \times H^2 \tag{6-32}$$

相关系数 $r = 0.865\ 6$。

由此可知，小流域内海拔每升高 100 m，年均降水量约增加 5 mm，变化不大。小流域多年平均降水量为 402.2 mm，于是研究降水的再分配时可以认为流域内处于同一降水水平[97]。

1.不同坡向土壤含水量变化特点

由表 6-15 可知，每种地类在各月的土壤含水量都是阴坡（北坡）>阳坡（南坡），且阴阳坡差异显著；阴阳坡的差异幅度因地类不同而不同，农地、林地、草地、荒地 3 年的平均土壤含水量阴坡分别高于阳坡 15.3%、34.2%、16.70%、45.6%。这主要是土壤含水量随坡向不同而形成的地理条件、坡地小气候和天然植被条件综合作用的结果。

（1）南坡和西坡的辐射平衡比北坡和东坡高，因为坡向直接影响到光、热、降水的分配，进而影响土壤水分的状况。阳坡的日照时数大于阴坡，接收的太阳辐射多，土壤温度及土壤上方空气的温度均比阴坡高，进而使土壤蒸发加强，植物蒸腾加剧，导致阳坡失水比阴坡多，因而阳坡土壤含水量比阴坡低，生产上称之为"旱阳坡"或"干旱坡"。

（2）干旱和人为破坏致使南坡和西坡植被稀疏，土壤水分消耗以土壤蒸发为主，植物蒸腾耗水甚微，而北坡和东坡植被覆盖度相对较大，植物蒸腾较南坡和西坡大。土壤蒸发依靠土壤毛管作用传输水分，主要消耗上层水分，蒸腾靠根系吸收水分，具有较强抗旱性的天然植被吸收了深层土壤贮水，导致北坡和东坡深层贮水减少，土壤含水量相对较低。

（3）因阳坡长期干燥，植物种类相对于阴坡少，阳坡的土壤形成速度明显低于阴坡，加上侵蚀严重，土层薄，结构不良，土壤保水能力差，这也是导致土壤水分含量比阴坡少的一个重要原因。

表6-15　小流域内不同坡向土壤水分季节变化表　　　　（%）

地类	坡向	4月	5月	6月	7月	8月	9月	10月	年平均
林地	阴（北）	13.42	11.09	11.06	11.87	13.10	10.54	14.92	12.71
	阳（南）	9.44	8.61	8.85	9.68	10.30	10.98	9.13	9.51
草地	阴（北）	14.69	9.36	11.02	11.12	12.99	13.66	12.37	11.93
	阳（南）	10.92	8.59	8.59	9.80	12.18	13.07	11.94	7.29
荒地	阴（北）	14.72	12.16	12.14	12.71	14.49	11.24	14.03	8.95
	阳（南）	8.40	7.01	8.69	9.47	10.26	14.22	8.48	8.96
农地	阴（北）	16.08	14.31	15.38	15.25	14.41	13.01	14.68	12.63
	阳（南）	15.63	13.17	12.41	12.62	13.22	14.24	13.17	13.44

注：观测时间为1992~1994年。

2.不同坡位土壤含水量分布

由表6-16可以看出，在小流域内任何断面上土壤水分总是由上至下有规律地增加。坡位引起土壤水分差异，一方面，径流影响降水再分配的结果；另一方面，随着坡位抬高，风速明显增大。风速的增加致使土壤蒸发相对增多，因而出现坡面由高到低土壤水分增加的现象。

表6-16　小流域不同断面不同坡位土壤含水量　　　　（%）

坡位	上游	中游	下游
坡顶	12.15	13.69	12.85
坡上	12.47	14.35	13.45
坡中	13.64	14.59	14.22
坡下	13.96	15.46	14.62
沟台地	14.82	16.57	15.39
沟底	15.72	18.24	16.64

注：观测时间为1992~1994年。

安家沟流域不同土地利用措施下，各坡向、坡位的土壤水分的测定结果（见表6-17）表明：

荒地同一坡向不同部位（分梁峁坡面上、中、下部）土壤含水量从上至下依次略微增高，但无显著差异，而不同坡向同一部位差异非常显著。2 m内土壤含水量阴坡比阳坡平均多蓄水70.5 mm，坡面上部阴坡比阳坡平均高70.03 mm，坡面中部阴坡比阳坡高76.18

mm。坡面下部阴坡比阳坡高 59.3 mm,形成了极显著差异。

草地比农坡地、荒坡地更为干燥;阴坡比阳坡较湿润,上部比中部及下部稍湿润。因此,在土地利用上应考虑恰当利用地形条件对水分造成的影响。坡面上、中、下三个坡位,除荒坡地的阳坡外,均是上部的水分高于中部,中部高于下部,其差异不显著。

梯田和农坡地与荒地相反,流域上部梯田和农坡地的土地含水量越往下越递减。其原因是流域中、下部小气候及土壤环境条件较好,适宜作物生长发育,作物生长茂盛,生物产量较高,蒸腾量相应增大,土壤储水消耗增多。虽然土壤蒸发量从上往下有减少趋势,但作物生长所消耗的水比它大得多,掩盖了风速对土壤蒸发的影响。

不同地形部位林地土壤含水量与林种的关系非常密切,灌木林地土壤含水量远低于阔叶乔木林。相同地形部位由于不同树种生态学、生物学特性不同,各树种林地土壤含水量差异明显,如相同地形部位的青杨×榆树混交林与柠条林相比,由于混交林吸水能力及深度较柠条浅,在 2 m 土层内四年平均青杨×榆树混交林土壤含水量较柠条高 46 mm,两林地土壤含水量分别为 9.31% 和 6.19%。

表 6-17　安家沟流域不同土地利用措施不同坡向坡位土壤水分表

利用方式	单位	阳坡			阴坡		
		上部	中部	下部	上部	中部	下部
梯田	%	11.39	11.25	9.42	12.65	11.09	12.19
	mm	260.12	260.12	211.31	285.14	261.13	252.96
农坡	%	12.31	11.67	9.94	13.63	12.88	11.86
	mm	289.38	274.51	232.25	321.48	305.09	280.83
荒坡	%	7.95	7.65	9.06	11.28	11.35	10.73
	mm	185.52	186.12	190.00	261.55	262.30	257.30
人工草地	%	9.29	8.60	—	—	8.75	—
	mm	229.00	207.22	—	—	219.53	—
林地	%	0.89	0.87	0.70	0.95	0.99	1.02
	mm	214.55	208.33	168.55	227.58	238.58	244.88

注:林地树种:阴、阳坡之上、中、下部分为杞柳、加杨、青杨、青杨×白榆、青杨、柠条。

(五)流域风速分布特征

近地面风速除受大气环流影响外,还与地表与空气进行热量交换时产生的乱流有很大关系。大气环流决定了年内风速的总趋势。不同地形部位由于地形高度的增加,迎风面地形对风的抬升作用,使风速增大,梁峁顶风速在任何时候都远高于其他三点。阳坡又明显高于阴坡及沟底,而阴坡与沟底相差不大,曲线相互交错,各点平均值以梁峁顶最高(3.25 m/s),阳坡次之(1.21 m/s),阴坡、沟底最低(分别为 0.82 m/s 和 0.75 m/s)。梁峁顶风速分别比阳坡、阴坡、沟底高 169%、296%、333%。方差分析结果表明,各点风速的数量分布形成了极显著的差异,除阴坡与沟底两点间平均数差异不显著外,其余各点间均形成了极显著的差异(见表 6-18)。阳坡随坡位抬升,风速增大的幅度较阴坡大。

表 6-18　安家沟流域不同地形部位风速观测汇总表　　　（单位：m/s）

地点	4 月	5 月	6 月	7 月	8 月	9 月	10 月	11 月	平均	方差	变动系数(%)
梁顶	4.14	3.72	3.23	3.10	3.05	3.04	2.69	3.01	3.25	0.722 8	0.222 4
阳坡	1.57	1.60	1.18	0.95	1.20	1.12	1.09	0.95	1.21	0.336 6	0.278 2
阴坡	1.31	1.12	0.82	0.72	0.73	0.59	0.58	0.82	0.82	0.295 6	0.360 5
沟底	1.10	0.94	0.80	0.72	0.69	0.55	0.57	0.62	0.75	0.271 7	0.362 3

综上所述,小流域内由于地貌特征及地形部位对光、热、水的再分配,形成了不同地形小气候,是导致不同土地利用类型上农、林、牧各行业生物产量差异的主要原因。小流域内,在坡地或谷地上,坡向和坡度的影响,总是使日照减少。太阳辐射是地方气候与局地小气候形成的物理基础,太阳辐射计算结果表明,南坡和偏南坡,直达辐射比水平面多,在坡度<15°时才比平地大。南坡超过25°时,坡度越大,总辐射量越少,其他各方位的坡地辐射,无论是直接辐射、散射辐射或是总辐射,均比平地少,尤以北坡为最少。当北坡坡度>25°时,年总辐射量只有平地的63.9%。不同坡向及坡位气温与地温变化非常相似,随海拔的增加气温降低,阴、阳坡介于两者之间且相互交错。在升温过程中(4月初至7月底),升温速度以沟底最快,阴、阳坡居中,梁峁顶最慢。阴坡、阳坡、沟底三点在8月上旬气温达到最高值,梁峁顶在8月中旬达到最高值,随后4个观测点气温逐渐降低,各点观测地温在数量分布上无显著差异。不同坡向各月的土壤含水量都是北坡>南坡,且阴阳坡差异显著;阴阳坡的差异幅度因地类不同而不同,农地、林地、草地、荒地3年的平均土壤含水量阴坡分别高于阳坡15.3%、34.2%、16.70%、45.6%。在小流域内不同坡位土壤含水量变化,一方面,由于地表径流的影响以及风速的增加致使土壤蒸发相对增多,引起坡位由高到低土壤水分增加的现象;另一方面,由于不同植物生长发育状况随坡位的降低、生产潜力的增加,其对土壤水分消耗(植物蒸腾量)剧烈增加,引起坡位由高到低土壤水分减少的现象。

二、侵蚀沟道立地条件类型划分

基于上述对小流域不同地形部位、坡向、坡位、坡度的日照时数、太阳辐射、气温与地温、降水量、土壤水分以及风速等小气候因子对植物生长发育影响的分析,利用相关理论计算公式,以各类型区气候观测数据(见表6-19)为基础,对不同类型区不同坡向、不同坡度的气温≥10 ℃有效积温(℃)、全年日照时数(h)进行了理论计算,以沟道部位、坡向、坡度、土壤类型、土壤水分状况以及盐碱程度为主要指标,对小流域沟道立地条件类型进行了划分,结果见表6-20～表6-22。

表6-19　甘肃省黄土高原地区气候特征值表

类型区		沟壑密度（km/km²）	生态环境条件				侵蚀模数[t/(km²·a)]
			海拔（m）	降雨（mm）	≥10℃有效积温（℃）	全年日照时数(h)	
丘陵沟壑区	二副区	1.9~2.6	1 300~1 800	450~530	2 500~3 200	2 447	7 000~10 000
	三副区	1.5~3.5	1 100~2 200	404~607	2 225~3 537	2 122	6 000~8 000
	四副区		>1 800	500~600	1 811~2 416	2 474	5 000
	五副区	1~3.0	1 600~2 300	350~475	2 089~2 371	2 541	3 500~6 000
高塬沟壑区		1~3.0	1 000~1 800	500~650	2 700~3 320	2 403	2 000~5 000

表6-20　丘二区、丘三区小流域沟道立地条件类型划分

立地类型	沟道部位	坡向	坡度	土壤类型	土壤水分	全年日照时数(h)		≥10℃有效积温(℃)	
						丘二区	丘三区	丘二区	丘三区
Ⅰ	沟台地	阴坡		黄土类	良	2 447	2 122	2 500~3 200	2 225~3 537
Ⅱ		阳坡		黄土类	良	2 447	2 122	2 500~3 200	2 225~3 537
Ⅲ	沟坡	阴坡	<25°	黄土类	良	1 809	1 569	2 215~2 835	1 971~3 133
Ⅳ				红土	良	1 809	1 569	2 215~2 835	1 971~3 133
Ⅴ		阴坡	25°~45°	黄土类	良	1123	974	1 605~2 054	1 428~2 271
Ⅵ			45°~75°	红土	良	1 123	974	1 605~2 054	1 428~2 271
Ⅶ	沟坡	阳坡	<25°	黄土类	差	2 052	1 779	2 614~3 347	2 327~3 699
Ⅷ			25°~45°	红土	差	2 052	1 779	2 614~3 347	2 327~3 699
Ⅸ			45°~75°	黄土类	差	1 434	1 244	2 994~3 832	2 664~4 236
Ⅹ				红土	差	1 434	1 244	2 994~3 832	2 664~4 236

表6-21　丘四区、丘五区小流域沟道立地条件类型划分

立地类型	沟道部位	坡向	坡度	土壤类型	土壤水分	全年日照时数(h)		≥10℃有效积温(℃)	
						丘四区	丘五区	丘四区	丘五区
Ⅰ	沟台地	阴坡		黄土类	良	2 474	2 541	1 811~2 416	2 089~2 371
Ⅱ		阳坡		黄土类	良	2 474	2 541	1 811~2 416	2 089~2 371
Ⅲ	沟坡	阴坡	<25°	黄土类	良	1 829	1 878	1 604~2 140	1 850~2 100
Ⅳ				红土	良	1 829	1 878	1 604~2 140	1 850~2 100

续表6-21

立地类型	沟道部位	坡向	坡度	土壤类型	土壤水分	全年日照时数(h)		≥10 ℃有效积温(℃)	
						丘四区	丘五区	丘四区	丘五区
V	沟坡	阴坡	25°~45°	黄土类	良	1 136	1 167	1 162~1 551	1 341~1 522
VI			45°~75°	红土	良	1 136	1 167	1 162~1 551	1 341~1 522
VII		阳坡	<25°	黄土类	差	2 075	2 131	1 894~2 527	2 185~2 480
VIII				红土	差	2 075	2 131	1 894~2 527	2 185~2 480
IX			25°~45°	黄土类	差	1 450	1 489	2 169~2 893	2 502~2 839
X			45°~75°	红土	差	1 450	1 489	2 169~2 893	2 502~2 839

表6-22　高塬沟壑区小流域沟道立地条件类型划分

立地类型	沟道部位	坡向	坡度	土壤类型	土壤水分	全年日照时数(h)	≥10 ℃有效积温(℃)
I	沟台地	阴坡		黄土类	良	2 403	2 700~3 320
II		阳坡		黄土类	良	2 403	2 700~3 320
III	沟坡	阴坡	<25°	黄土类	良	1 776	2 392~2 941
IV		阴坡		红土	良	1 776	239~2 941
V	沟坡	阴坡	25°~45° 45°~75°	黄土类	良	1 103	1 733~2 131
VI			25°~45° 45°~75°	红土	良	1 103	1 733~2 131
VII		阳坡		黄土类	差	2 015	2 824~3 472
VIII				红土	差	2 015	2 824~3 472
IX			25°~45° 45°~75°	黄土类	差	1 408	3 233~3 976
X			25°~45° 45°~75°	红土	差	1 408	3 233~3 976

三、不同植物种类生物学、生态学特性分析

(一)乔、灌木树种生长发育所需生态条件

对甘肃黄土高原适宜生长的乔灌木从海拔、年均降雨量、≥10℃有效积温、全年日照时数(h)、土壤含水量(%)、土壤含盐量等生态条件的最低限、最高限、理想值等进行描述,详见表6-23、表6-24。

(二)多年生草本植物生长发育所需生态条件

多年生草本植物生长发育所需生态条件详见表6-25。

表 6-23 灌木树种生长发育所需生态条件表

树种	海拔（m）			降雨量（mm）			≥10 ℃有效积温（℃）			全年日照时数（h）			土壤含水量（%）			耐盐性（%）			气温（℃）		
	最低值 D_{imin}	最适值 D_{iopt}	最高值 D_{imax}	最低值 D_{imin}	最适值 D_{iopt}	最高值 D_{imax}	最低值 D_{imin}	最适值 D_{iopt}	最高值 D_{imax}	最低值 D_{imin}	最适值 D_{iopt}	最高值 D_{imax}	最低值 D_{imin}	最适值 D_{iopt}	最高值 D_{imax}	最低值 D_{imin}	最适值 D_{iopt}	最高值 D_{imax}	极端低温 D_{imin}	年均 D_{iopt}	极端高温 D_{imax}
文冠果	200	400~1 400	2 000	141	500~800	984				<2 000	2 324~3 168		7.5	11.3~16.9	24.4				-17.9~-33.9	5.5~14.6	
白刺		1 000~3 300		10	<80	300								5.5	11		0.119~0.228	8			
葡萄		400~600	1 500	350	<600	1 500	2 500	>3 000	3 700		>2 500			15~17.5				0.3	-14		35
柠条		900~1 300	5 000	100	250~350								6	12~14	15				-42		60
红柳		1 500~2 470											6	>10			0.5~0.7	1.2	-40		47.6
中国沙棘	500	800~3 000	5 200	200	400~600	1 069		785~4 672			>2 500		5~10	15~20	23.6		0.1~1.2		-31.1	0.8~11.7	40

表6-24　乔木树种生长发育所需生态条件表

树种	海拔(m) 最低值 D_{imin}	海拔(m) 最适值 D_{iopt}	海拔(m) 最高值 D_{imax}	年降雨量(mm) 最低值 D_{imin}	年降雨量(mm) 最适值 D_{iopt}	年降雨量(mm) 最高值 D_{imax}	≥10℃有效积温(℃) 最低值 D_{imin}	≥10℃有效积温(℃) 最适值 D_{iopt}	≥10℃有效积温(℃) 最高值 D_{imax}	全年日照时数(h) 最低值 D_{imin}	全年日照时数(h) 最适值 D_{iopt}	全年日照时数(h) 最高值 D_{imax}	土壤含水量(%) 最低值 D_{imin}	土壤含水量(%) 最适值 D_{iopt}	土壤含水量(%) 最高值 D_{imax}	耐盐性(%) 最低值 D_{imin}	耐盐性(%) 最适值 D_{iopt}	耐盐性(%) 最高值 D_{imax}	气温(℃) 极端低温 D_{imin}	气温(℃) 年均 D_{iopt}	气温(℃) 极端高温 D_{imax}
新疆杨		<2 000			<200			3 965~4 298	4 500										-30	39.5~42.7	47
白榆	150	<1 500	2 500	50	250~350	700		1 100~4 500					5				0.3~0.35		-52.3	-5.5~15.2	48
旱柳		<1 600	2 900	38.8	400~550	1 653.5		3 300~3 720									0.2	0.3	-42		33.1
侧柏	350	500~1 300	3 600		200~1 600									13.13			0.2		-35	5~17	45
油松	1 000	1 400~1 700	2 700	300	500~1 000			2 500~3 000					10.3	11.7~17.7	20.6		0.16~0.19		-30~-35	6~12	
粗枝云杉	1 600	2 300~3 200	3 800		500~850			1 200~3 800					13.75	15~16.25	18.75				-26~-10	2~12	29~36
青海云杉	1 750	2 200~3 200	3 550		330~500			200~1 130			2 830								-32	-0.7~2	
山杨	250	1 300~2 300	4 100	250	600~800	1 100		1 300~3 700	4 214					13~19			0.2~0.24	2	-50	12~24	43.5

续表6-24

树种	海拔(m) 最低值 D_{imin}	最适值 D_{iopt}	最高值 D_{imax}	年降雨量(mm) 最低值 D_{imin}	最适值 D_{iopt}	最高值 D_{imax}	≥10℃有效积温(℃) 最低值 D_{imin}	最适值 D_{iopt}	最高值 D_{imax}	全年日照时数(h) 最低值 D_{imin}	最适值 D_{iopt}	最高值 D_{imax}	土壤含水量(%) 最低值 D_{imin}	最适值 D_{iopt}	最高值 D_{imax}	耐盐性(%) 最低值 D_{imin}	最适值 D_{iopt}	最高值 D_{imax}	气温(℃) 极端低温 D_{imin}	年均 D_{iopt}	极端高温 D_{imax}
国槐			1 500														0.15	0.27	-6		40
紫穗槐		<1 600	2 200	93	600~1 500						2 200~2 430		6~7				0.3~0.5	0.8	-30	11~15	74
白皮松		500~2 000	2 200	470	500~800			2 500~3 000		1 500	2 000~3 500	5 000	2	5~7.5	17.5		0.1~0.2		-25~-15	9~12	32~38
青杨		800~3 000		300	500~600			>2 000	5 000	500	1 900~2 800	3 500		15~18.75	22.5		0.3~0.6		-30		
臭椿	400	1 200~1 800	2 400	200	400~1 400	1 360							5	7~14	>18		0.3~0.6		-35	7~18	47.8
泡桐	<500	800~2 000	2 400	200	400~850	1 800							5	10~13	15		0.15~0.2		-25	12~22	38
楸树	500	800~1 500	2 400	400	500~1 500													<0.1	-17~-12	13~16	28~35
苹果	500	50~2 500		500	500~1 000			4 900~5 100		150	>2 000			15~20			0.13~0.25		-12	7~14	20

续表 6-24

树种	海拔(m) 最低值 D_{imin}	海拔(m) 最适值 D_{iopt}	海拔(m) 最高值 D_{imax}	年降雨量(mm) 最低值 D_{imin}	年降雨量(mm) 最适值 D_{iopt}	年降雨量(mm) 最高值 D_{imax}	≥10℃有效积温(℃) 最低值 D_{imin}	≥10℃有效积温(℃) 最适值 D_{iopt}	≥10℃有效积温(℃) 最高值 D_{imax}	全年日照时数(h) 最低值 D_{imin}	全年日照时数(h) 最适值 D_{iopt}	全年日照时数(h) 最高值 D_{imax}	土壤含水量(%) 最低值 D_{imin}	土壤含水量(%) 最适值 D_{iopt}	土壤含水量(%) 最高值 D_{imax}	耐盐性(%) 最低值 D_{imin}	耐盐性(%) 最适值 D_{iopt}	耐盐性(%) 最高值 D_{imax}	气温(℃) 极端低温 D_{imin}	气温(℃) 年均 D_{iopt}	气温(℃) 极端高温 D_{imax}
梨	50	1 600~1 700		150	400~800			3 500~4 200			1 600~1 700			15~20				0.2	5	8.5~14	35
刺槐		400~1 200	2 100	400	500~900								8.8					0.3		8~14	
核桃	500	1 700~2 200	4 200	500	800~1 200				5 000	>2 000			15					<0.25	−28	10~14	35
华山松	1 000	1 400~3 300			600~1 500		2 276	2 720~4 600					11~12				0.1~0.2		−30	6~15	
毛白杨		200~1 000		300	500~800		800	4 250~4 500	5 300		1 700~2 150	2 900		16.25~18.75	22.5		0.1~0.2		−37.8	11~15.5	43
樱桃		300~600			600~700						2 600~2 800								−20	10~12	
山桃	800	1 000~1 800	2 150	400	520~620	900							8.85	11.6~15.28	18.75		0.5	1	−19.9~−27	8~10	34.8
山杏	300	700~2 000	2 500		400~800			2 800~3 500									0~0.2		−22~−25	8~14	33~41

表 6-25　草种生长发育所需生态条件表

树种	海拔 (m)			年降雨量 (mm)			≥10 ℃有效积温 (℃)			全年日照时数 (h)			土壤含水量 (%)			耐盐性 (%)		
	最低值 D_{imin}	最适值 D_{iopt}	最高值 D_{imax}	最低值 D_{imin}	最适值 D_{iopt}	最高值 D_{imax}	最低值 D_{imin}	最适值 D_{iopt}	最高值 D_{imax}	最低值 D_{imin}	最适值 D_{iopt}	最高值 D_{imax}	最低值 D_{imin}	最适值 D_{iopt}	最高值 D_{imax}	极端低温 D_{imin}	最适值 D_{iopt}	极端高温 D_{imax}
沙打旺	700	2 400	3 200	300~350	550	1 100	1 300	3 600	4 600	<1 200	2 400	2 700		8~12	20		0.3~0.4	0.55
红豆草	<1 000	1 600~2 300	3 700	160	350~500	660	530	2 300	3 000				13	15~20	22	0.1	0.13~0.15	0.3
红三叶	<600	2 000~2 700	>3 000	400	700~2 000	>2 100	<1 500	2 600	5 300	1 000	1 400	2 500	4.7	5~12			0.25	0.6
小冠花	170	1 000~1 300	3 000	100	400~600	600		3 010~3 700			2 600~3 200		5.7	6~11	17.6		0.1~0.2	<0.5
紫花苜蓿		880~1 440	2 700	400	600~800	1 000	1 700	3 300~3 500	3 700		1 400~1 500	2 800	6	13.7~15.2	20		0.1~0.3	
扁穗鹅冠草	1 250	2 900~3 800	3 800		400~1 700		1 500	2 800~3 500	3 800		2 000~3 000			9~15	18		0.1~0.3	
老芒麦	2 000	2 200~4 000		200	400~500	800		700~800	1 500~2 000		2 000~2 400	3 100	8	8.6~9.15	15		0.4~0.8	1.2
无芒雀麦	500	600~2 500	3 000	350	450~600		1 860	2 000~2 850	3 000		2 500~2 900		5	10~18	20	0.3	0.5~1	1.5
披碱草	<10	450~4 500	>5 200	150	250~300	600	1 300	1 660~1 900	3 200		2 000~3 200		5.1	6.55~7.75			0.2	1

四、植物种生态适宜度计算

根据式(1-5)、式(1-7)对不同类型区沟道 10 种立地条件下的树种进行生态适宜度的计算,结果见表 6-26~表 6-30。当树种的生态适宜度指数等于 1 时说明在此立地条件下适宜;当树种的生态适宜度指数等于 0 时则不适宜。

表 6-26　丘二区树种生态适宜度指数计算表

立地类型	树种	生态适宜度				生态适宜度指数
		海拔（m）	年降雨量（mm）	≥10 ℃有效积温（℃）	全年日照时数（h）	
I	油松	1.000 0	0.422 2	1.000 0	1.000 0	0.806 1
	白皮松	0.225 0	0.111 1	1.000 0	1.000 0	0.397 6
	华山松	1.000 0	0.673 3	1.000 0	1.000 0	0.905 9
	侧柏	0.759 3	1.000 0	1.000 0	1.000 0	0.933 5
	山杨	1.000 0	0.533 3	1.000 0	1.000 0	0.854 6
	毛白杨	0.550 0	0.542 9	0.573 4	0.464 6	0.531 1
	青杨	1.000 0	0.760 0	0.716 7	1.000 0	0.859 1
	旱柳	1.000 0	1.000 0	1.000 0	1.000 0	1.000 0
	刺槐	0.423 1	0.300 0	1.000 0	1.000 0	0.596 9
	国槐	0.033 3	1.000 0	1.000 0	1.000 0	0.427 3
	白榆	0.950 0	0.525 0	1.000 0	1.000 0	0.840 4
	臭椿	1.000 0	1.000 0	1.000 0	1.000 0	1.000 0
	泡桐	1.000 0	1.000 0	1.000 0	1.000 0	1.000 0
	楸树	0.680 0	0.150 0	1.000 0	1.000 0	0.565 1
	山杏	1.000 0	1.000 0	1.000 0	1.000 0	1.000 0
	苹果	0.380 0	0.510 0	0.441 2	0.223 5	0.371 8
	梨	0.937 5	1.000 0	0.321 4	0.439 4	0.603 2
	文冠果	0.409 1	0.685 7	1.000 0	1.000 0	0.727 7
	葡萄	1.000 0	0.560 0	0.700 0	1.000 0	0.791 3
	柠条	0.884 6	0.400 0	1.000 0	1.000 0	0.771 3
	红柳	1.000 0	1.000 0	1.000 0	1.000 0	1.000 0
	中国沙棘	1.000 0	1.000 0	1.000 0	1.000 0	1.000 0
	紫穗槐	1.000 0	0.414 8	1.000 0	0.007 0	0.232 1
	山桃	1.000 0	0.529 4	1.000 0	1.000 0	0.853 0
II	油松	1.000 0	0.422 2	1.000 0	1.000 0	0.806 1
	侧柏	0.759 3	1.000 0	1.000 0	1.000 0	0.933 5
	毛白杨	0.550 0	1.000 0	0.573 4	0.464 6	0.618 7
	旱柳	1.000 0	1.000 0	0.233 9	1.000 0	0.695 4
	白榆	0.950 0	0.525 0	1.000 0	1.000 0	0.840 4
	臭椿	1.000 0	1.000 0	1.000 0	1.000 0	1.000 0
	山杏	1.000 0	1.000 0	1.000 0	1.000 0	1.000 0
	文冠果	0.409 1	0.685 7	1.000 0	1.000 0	0.727 7

续表 6-26

立地类型	树种	生态适宜度				生态适宜度指数
		海拔（m）	年降雨量（mm）	≥10 ℃有效积温（℃）	全年日照时数（h）	
II	葡萄	1.000 0	0.560 0	0.700 0	1.000 0	0.791 3
	柠条	0.884 6	0.400 0	1.000 0	1.000 0	0.771 3
	红柳	1.000 0	1.000 0	1.000 0	1.000 0	1.000 0
	山桃	1.000 0	0.529 4	1.000 0	1.000 0	0.853 0
III	油松	1.000 0	0.422 2	1.000 0	1.000 0	0.806 1
	白皮松	1.000 0	0.111 1	1.000 0	0.247 2	0.407 1
	华山松	1.000 0	0.673 3	0.179 9	1.000 0	0.590 0
	侧柏	0.759 3	1.000 0	1.000 0	1.000 0	0.933 5
	山杨	1.000 0	0.533 3	1.000 0	1.000 0	0.854 6
	毛白杨	0.550 0	0.542 9	0.482 5	1.000 0	0.616 1
	青杨	1.000 0	0.760 0	0.825 0	0.707 6	0.816 1
	旱柳	1.000 0	1.000 0	0.321 2	1.000 0	0.752 8
	刺槐	0.423 1	0.300 0	1.000 0	1.000 0	0.596 9
	国槐	0.033 3	1.000 0	1.000 0	1.000 0	0.427 3
	白榆	0.950 0	0.525 0	1.000 0	1.000 0	0.840 4
	臭椿	1.000 0	1.000 0	1.000 0	1.000 0	1.000 0
	泡桐	1.000 0	1.000 0	1.000 0	1.000 0	1.000 0
	楸树	0.680 0	0.150 0	1.000 0	1.000 0	0.565 1
	山杏	1.000 0	1.000 0	0.278 6	1.000 0	0.726 5
	苹果	1.000 0	0.510 0	0.504 9	0.896 8	0.693 2
	梨	0.937 5	1.000 0	0.398 8	0.064 1	0.393 5
	葡萄	1.000 0	0.560 0	0.050 0	0.276 4	0.296 6
	柠条	0.884 6	0.400 0	1.000 0	1.000 0	0.771 3
	红柳	1.000 0	1.000 0	1.000 0	1.000 0	1.000 0
	中国沙棘	1.000 0	1.000 0	1.000 0	0.276 4	0.725 1
	紫穗槐	1.000 0	0.414 8	1.000 0	0.255 6	0.570 6
	山桃	1.000 0	0.529 4	1.000 0	1.000 0	0.853 0
IV	侧柏	0.759 3	1.000 0	1.000 0	1.000 0	0.933 5
	柠条	0.884 6	0.400 0	1.000 0	1.000 0	0.771 3
	红柳	1.000 0	1.000 0	1.000 0	1.000 0	1.000 0
V	油松	1.000 0	0.422 2	0.390 2	1.000 0	0.637 1
	侧柏	0.759 3	1.000 0	1.000 0	1.000 0	0.933 5
	山杨	1.000 0	0.533 3	1.000 0	1.000 0	0.854 6
	毛白杨	0.550 0	0.542 9	0.288 0	0.477 7	0.450 2
	青杨	1.000 0	0.760 0	1.000 0	0.336 8	0.711 3
	旱柳	1.000 0	1.000 0	0.508 2	1.000 0	0.844 3
	刺槐	0.423 1	0.300 0	1.000 0	1.000 0	0.596 9

续表 6-26

立地类型	树种	生态适宜度				生态适宜度指数
		海拔（m）	年降雨量（mm）	≥10 ℃有效积温（℃）	全年日照时数（h）	
V	国槐	0.033 3	1.000 0	1.000 0	1.000 0	0.427 3
	白榆	0.950 0	0.525 0	1.000 0	1.000 0	0.840 4
	臭椿	1.000 0	1.000 0	1.000 0	1.000 0	1.000 0
	泡桐	1.000 0	1.000 0	1.000 0	1.000 0	1.000 0
	楸树	0.680 0	0.150 0	1.000 0	1.000 0	0.565 1
	山杏	1.000 0	1.000 0	0.477 3	1.000 0	0.831 2
	苹果	1.000 0	0.510 0	0.641 0	0.525 9	0.644 0
	梨	0.937 5	1.000 0	0.564 4	0.339 4	0.651 0
	文冠果	0.409 1	0.685 7	1.000 0	1.000 0	0.727 7
	葡萄	1.000 0	0.560 0	1.000 0	0.550 8	0.745 2
	柠条	0.884 6	0.400 0	1.000 0	1.000 0	0.771 3
	红柳	1.000 0	1.000 0	1.000 0	1.000 0	1.000 0
	中国沙棘	1.000 0	1.000 0	1.000 0	0.550 8	0.861 5
	紫穗槐	1.000 0	0.414 8	1.000 0	0.537 9	0.687 3
	山桃	1.000 0	0.529 4	1.000 0	1.000 0	0.853 0
	紫花苜蓿	0.746 8	0.300 0	0.076 2	0.774 5	0.339 1
	红豆草	0.578 9	1.000 0	0.734 2	1.000 0	0.807 4
	沙打旺	0.500 0	0.700 0	0.156 9	1.000 0	0.484 1
	三叶草	0.542 9	0.094 7	0.299 5	0.307 5	0.262 3
VI	侧柏	0.759 3	0.693 8	1.000 0	1.000 0	0.851 9
	柠条	0.884 6	0.400 0	1.000 0	1.000 0	0.771 3
	红柳	1.000 0	1.000 0	1.000 0	1.000 0	1.000 0
VII	紫花苜蓿	0.746 8	0.300 0	0.076 2	0.774 5	0.339 1
	红豆草	0.578 9	1.000 0	0.734 2	1.000 0	0.807 4
	沙打旺	0.500 0	0.700 0	0.230 2	1.000 0	0.532 8
	三叶草	0.542 9	0.140 0	0.299 5	0.307 5	0.289 3
	油松	1.000 0	0.350 0	1.000 0	1.000 0	0.769 2
	侧柏	0.759 3	0.693 8	1.000 0	1.000 0	0.851 9
	毛白杨	0.550 0	0.466 7	0.653 5	1.000 0	0.640 0
	旱柳	1.000 0	1.000 0	0.198 8	1.000 0	0.667 7
	白榆	0.950 0	0.525 0	1.000 0	1.000 0	0.840 4
	臭椿	1.000 0	0.650 0	1.000 0	1.000 0	0.897 9
	山杏	1.000 0	1.000 0	1.000 0	1.000 0	1.000 0
	文冠果	0.409 1	0.466 7	1.000 0	0.069 7	0.339 6
	葡萄	1.000 0	0.560 0	0.961 0	0.179 2	0.557 3
	柠条	0.884 6	0.400 0	1.000 0	1.000 0	0.771 3
	山桃	1.000 0	0.529 4	1.000 0	1.000 0	0.853 0
	红柳	1.000 0	1.000 0	1.000 0	1.000 0	1.000 0

续表 6-26

立地类型	树种	生态适宜度				生态适宜度指数
		海拔（m）	年降雨量（mm）	≥10 ℃有效积温（℃）	全年日照时数（h）	
VIII	侧柏	0.759 3	0.693 8	1.000 0	1.000 0	0.851 9
	柠条	0.884 6	0.400 0	1.000 0	1.000 0	0.771 3
	红柳	1.000 0	1.000 0	1.000 0	1.000 0	1.000 0
IX	油松	1.000 0	0.422 2	0.137 7	1.000 0	0.491 0
	侧柏	0.759 3	1.000 0	1.000 0	1.000 0	0.933 5
	毛白杨	0.550 0	0.542 9	0.730 9	0.333 0	0.519 2
	旱柳	1.000 0	1.000 0	1.000 0	1.000 0	1.000 0
	白榆	0.950 0	0.525 0	1.000 0	1.000 0	0.840 4
	臭椿	1.000 0	1.000 0	1.000 0	1.000 0	1.000 0
	山杏	1.000 0	1.000 0	1.000 0	1.000 0	1.000 0
	文冠果	0.409 1	0.685 7	1.000 0	1.000 0	0.727 7
	葡萄	1.000 0	0.560 0	0.410 0	0.426 4	0.559 4
	柠条	0.884 6	0.400 0	1.000 0	1.000 0	0.771 3
	红柳	1.000 0	1.000 0	1.000 0	1.000 0	1.000 0
	山桃	1.000 0	0.529 4	1.000 0	1.000 0	0.853 0
	紫花苜蓿	0.746 8	0.300 0	1.000 0	1.000 0	0.688 0
	沙打旺	0.500 0	0.700 0	0.918 7	0.195 0	0.500 4
	三叶草	0.542 9	0.094 7	0.698 9	1.085 0	0.444 4
X	侧柏	0.759 3	1.000 0	1.000 0	1.000 0	0.933 5
	柠条	0.884 6	0.400 0	1.000 0	1.000 0	0.771 3
	红柳	1.000 0	1.000 0	1.000 0	1.000 0	1.000 0
	紫花苜蓿	0.746 8	0.300 0	1.000 0	1.000 0	0.688 0
	沙打旺	0.500 0	0.700 0	0.918 7	0.195 0	0.500 4
	三叶草	0.542 9	0.094 7	0.698 9	1.170 0	0.452 8

表 6-27　丘三区树种生态适宜度指数计算表

立地类型	树种	生态适宜度				生态适宜度指数
		海拔（m）	年降雨量（mm）	≥10 ℃有效积温（℃）	全年日照时数（h）	
I	油松	0.043 5	1.000 0	1.000 0	1.000 0	0.456 6
	粗枝云杉	1.000 0	1.000 0	1.000 0	1.000 0	1.000 0
	白皮松	1.000 0	0.663 0	1.000 0	1.000 0	0.902 4
	华山松	0.722 2	1.000 0	1.000 0	1.000 0	0.921 9
	新疆杨	1.000 0	0.567 8	1.000 0	1.000 0	0.868 0
	山杨	0.650 0	1.000 0	0.582 1	1.000 0	0.784 3
	毛白杨	1.000 0	1.000 0	0.706 3	1.000 0	0.916 8
	青杨	0.961 5	1.000 0	0.225 5	1.000 0	0.682 4

续表 6-27

立地类型	树种	生态适宜度				生态适宜度指数
		海拔（m）	年降雨量（mm）	≥10 ℃有效积温（℃）	全年日照时数（h）	
I	旱柳	0.346 2	1.000 0	1.000 0	1.000 0	0.767 0
	刺槐	0.100 0	1.000 0	1.000 0	1.000 0	0.562 3
	国槐	0.850 0	0.486 3	1.000 0	1.000 0	0.801 8
	白榆	1.000 0	1.000 0	1.000 0	1.000 0	1.000 0
	臭椿	1.000 0	1.000 0	1.000 0	1.000 0	1.000 0
	泡桐	0.600 0	1.000 0	1.000 0	1.000 0	0.880 1
	楸树	1.000 0	1.000 0	1.000 0	1.000 0	1.000 0
	山杏	1.000 0	1.000 0	0.435 1	0.061 0	0.403 6
	苹果	1.000 0	1.000 0	0.314 0	0.248 2	0.528 4
	梨	0.250 0	0.011 0	0.423 8	0.061 0	0.091 8
	核桃	0.318 2	1.000 0	1.000 0	1.000 0	0.751 0
	白刺	1.000 0	0.622 0	0.762 0	0.151 2	0.517 4
	葡萄	0.859 0	0.444 3	1.000 0	1.000 0	0.786 0
	柠条	1.000 0	1.000 0	1.000 0	1.000 0	1.000 0
	红柳	1.000 0	1.000 0	1.000 0	0.151 2	0.623 6
	中国沙棘	0.916 7	0.431 0	1.000 0	0.126 7	0.473 1
	紫穗槐	1.000 0	0.620 6	1.000 0	1.000 0	0.887 6
	山桃	1.000 0	1.000 0	1.000 0	1.000 0	1.000 0
II	油松	0.722 2	1.000 0	1.000 0	1.000 0	0.921 9
	侧柏	0.650 0	1.000 0	0.582 1	0.797 9	0.741 3
	毛白杨	0.961 5	1.000 0	0.225 5	1.000 0	0.682 4
	旱柳	0.850 0	0.486 3	1.000 0	1.000 0	0.801 8
	白榆	0.833 3	1.000 0	1.000 0	1.000 0	0.955 4
	臭椿	0.739 1	1.000 0	1.000 0	1.000 0	0.927 2
	山杏	0.318 2	1.000 0	1.000 0	0.163 5	0.477 6
	白刺	1.000 0	0.622 0	0.762 0	0.151 2	0.517 4
	葡萄	0.859 0	0.444 3	1.000 0	1.000 0	0.786 0
	柠条	1.000 0	1.000 0	1.000 0	1.000 0	1.000 0
	红柳	1.000 0	0.620 6	1.000 0	1.000 0	0.887 6
	山桃	1.000 0	1.000 0	1.000 0	1.000 0	1.000 0
III	油松	0.043 5	1.000 0	1.000 0	1.000 0	0.456 6
	粗枝云杉	1.000 0	1.000 0	1.000 0	1.000 0	1.000 0
	白皮松	1.000 0	0.663 0	0.199 4	1.000 0	0.603 0
	华山松	0.722 2	1.000 0	1.000 0	1.000 0	0.921 9
	新疆杨	1.000 0	0.567 8	1.000 0	1.000 0	0.868 0
	山杨	0.650 0	1.000 0	0.490 1	0.384 6	0.591 6
	毛白杨	1.000 0	1.000 0	0.276 0	1.000 0	0.724 8

续表 6-27

立地类型	树种	生态适宜度				生态适宜度指数
		海拔（m）	年降雨量（mm）	≥10 ℃有效积温（℃）	全年日照时数（h）	
Ⅲ	青杨	0.961 5	1.000 0	0.314 0	1.000 0	0.741 3
	旱柳	0.346 2	1.000 0	1.000 0	1.000 0	0.767 0
	刺槐	0.100 0	1.000 0	1.000 0	1.000 0	0.562 3
	国槐	0.850 0	0.486 3	1.000 0	1.000 0	0.801 8
	白榆	1.000 0	1.000 0	1.000 0	1.000 0	1.000 0
	臭椿	1.000 0	1.000 0	1.000 0	1.000 0	1.000 0
	泡桐	0.600 0	1.000 0	1.000 0	1.000 0	0.880 1
	楸树	1.000 0	1.000 0	0.270 9	1.000 0	0.721 4
	山杏	1.000 0	1.000 0	0.499 6	0.262 5	0.601 8
	苹果	1.000 0	1.000 0	0.392 4	0.485 3	0.660 6
	梨	0.250 0	0.011 0	0.489 6	0.262 5	0.137 1
	核桃	0.318 2	1.000 0	1.000 0	1.000 0	0.751 0
	白刺	1.000 0	0.622 0	0.104 0	1.000 0	0.504 3
	葡萄	0.859 0	0.444 3	1.000 0	1.000 0	0.786 0
	柠条	1.000 0	1.000 0	1.000 0	1.000 0	1.000 0
	红柳	1.000 0	1.000 0	1.000 0	0.010 0	0.316 2
	中国沙棘	0.916 7	0.431 0	1.000 0	0.039 1	0.352 5
	紫穗槐	1.000 0	0.620 6	1.000 0	1.000 0	0.887 6
	山桃	0.722 2	1.000 0	1.000 0	1.000 0	0.921 9
Ⅳ	侧柏	0.859 0	0.444 3	1.000 0	1.000 0	0.786 0
	柠条	1.000 0	1.000 0	1.000 0	1.000 0	1.000 0
	红柳	1.000 0	1.000 0	0.383 5	1.000 0	0.786 9
Ⅴ	油松	0.043 5	1.000 0	1.000 0	1.000 0	0.456 6
	华山松	0.722 2	1.000 0	1.000 0	1.000 0	0.921 9
	新疆杨	1.000 0	0.567 8	1.000 0	1.000 0	0.868 0
	山杨	0.650 0	1.000 0	0.293 6	0.547 0	0.568 4
	毛白杨	1.000 0	1.000 0	0.502 8	0.256 2	0.599 1
	青杨	0.961 5	1.000 0	0.075 3	1.000 0	0.518 6
	旱柳	0.346 2	1.000 0	1.000 0	1.000 0	0.767 0
	刺槐	0.100 0	1.000 0	1.000 0	1.000 0	0.562 3
	国槐	0.850 0	0.486 3	1.000 0	1.000 0	0.801 8
	白榆	1.000 0	1.000 0	1.000 0	1.000 0	1.000 0
	臭椿	1.000 0	1.000 0	1.000 0	1.000 0	1.000 0
	泡桐	0.600 0	1.000 0	1.000 0	1.000 0	0.880 1
	楸树	1.000 0	1.000 0	0.471 6	1.000 0	0.828 7
	山杏	1.000 0	1.000 0	0.637 4	0.445 4	0.729 9
	苹果	1.000 0	1.000 0	0.559 6	0.427 1	0.699 2

续表 6-27

立地类型	树种	生态适宜度				生态适宜度指数
		海拔（m）	年降雨量（mm）	≥10 ℃有效积温（℃）	全年日照时数（h）	
V	梨	0.250 0	0.011 0	0.630 1	1.000 0	0.204 0
	白刺	1.000 0	0.622 0	1.000 0	0.610 4	0.785 0
	葡萄	0.859 0	0.444 3	1.000 0	1.000 0	0.786 0
	柠条	1.000 0	1.000 0	1.000 0	1.000 0	1.000 0
	红柳	1.000 0	1.000 0	1.000 0	0.610 4	0.883 9
	中国沙棘	0.916 7	0.431 0	1.000 0	0.599 2	0.697 5
	紫穗槐	1.000 0	0.620 6	1.000 0	1.000 0	0.887 6
	山桃	0.681 8	0.351 7	0.087 9	0.350 7	0.293 2
	紫花苜蓿	1.000 0	0.657 4	0.745 5	1.000 0	0.836 7
	红豆草	0.558 8	0.777 5	0.238 9	1.000 0	0.567 6
	三叶草	0.722 2	1.000 0	1.000 0	1.000 0	0.921 9
VI	侧柏	0.859 0	0.444 3	1.000 0	1.000 0	0.786 0
	柠条	1.000 0	1.000 0	1.000 0	1.000 0	1.000 0
	红柳	0.681 8	0.351 7	0.087 9	0.350 7	0.293 2
	紫花苜蓿	1.000 0	0.657 4	0.745 5	1.000 0	0.836 7
	红豆草	0.558 8	0.777 5	0.238 9	1.000 0	0.567 6
	三叶草	1.000 0	1.000 0	0.004 3	1.000 0	0.256 6
VII	油松	0.722 2	1.000 0	1.000 0	1.000 0	0.921 9
	侧柏	0.650 0	1.000 0	0.619 0	1.000 0	0.796 4
	毛白杨	0.961 5	1.000 0	0.190 1	1.000 0	0.653 8
	旱柳	0.850 0	0.486 3	1.000 0	1.000 0	0.801 8
	白榆	1.000 0	1.000 0	1.000 0	1.000 0	1.000 0
	臭椿	1.000 0	1.000 0	1.000 0	1.000 0	1.000 0
	山杏	0.318 2	1.000 0	1.000 0	1.000 0	0.751 0
	白刺	1.000 0	0.622 0	0.981 4	0.288 4	0.647 8
	葡萄	0.859 0	0.444 3	1.000 0	1.000 0	0.786 0
	柠条	1.000 0	0.620 6	1.000 0	1.000 0	0.887 6
	山桃	1.000 0	1.000 0	1.000 0	1.000 0	1.000 0
	红柳	0.722 2	1.000 0	1.000 0	1.000 0	0.921 9
VIII	侧柏	0.859 0	0.444 3	1.000 0	1.000 0	0.786 0
	柠条	1.000 0	1.000 0	1.000 0	1.000 0	1.000 0
	红柳	1.000 0	1.000 0	0.150 0	1.000 0	0.622 3
IX	油松	0.722 2	1.000 0	1.000 0	1.000 0	0.921 9
	侧柏	0.650 0	1.000 0	0.741 3	0.421 4	0.671 3
	毛白杨	0.961 5	1.000 0	1.000 0	1.000 0	0.990 2
	旱柳	0.850 0	0.486 3	1.000 0	1.000 0	0.801 8
	白榆	1.000 0	1.000 0	1.000 0	1.000 0	1.000 0

续表 6-27

立地类型	树种	生态适宜度				生态适宜度指数
		海拔（m）	年降雨量（mm）	≥10 ℃有效积温（℃）	全年日照时数（h）	
IX	臭椿	1.000 0	1.000 0	1.000 0	1.000 0	1.000 0
	山杏	0.318 2	1.000 0	1.000 0	1.000 0	0.751 0
	白刺	1.000 0	0.622 0	0.357 1	0.502 4	0.578 0
	葡萄	0.859 0	0.444 3	1.000 0	1.000 0	0.786 0
	柠条	1.000 0	1.000 0	1.000 0	1.000 0	1.000 0
	红柳	1.000 0	0.620 6	1.000 0	1.000 0	0.887 6
	山桃	0.681 8	0.351 7	1.000 0	0.170 7	0.449 8
	红豆草	0.558 8	0.777 5	0.934 8	0.036 7	0.349 3
	沙打旺	0.600 0	0.111 1	0.685 2	0.610 0	0.408 5
	三叶草	0.722 2	1.000 0	1.000 0	1.000 0	0.921 9
X	侧柏	0.859 0	0.444 3	1.000 0	1.000 0	0.786 0
	柠条	1.000 0	1.000 0	1.000 0	1.000 0	1.000 0
	红柳	0.681 8	0.351 7	1.000 0	0.857 9	0.673 5
	红豆草	0.558 8	0.777 5	0.934 8	0.036 7	0.349 3
	沙打旺	0.600 0	0.111 1	0.685 2	0.610 0	0.408 5

表 6-28　丘四区树种生态适宜度指数计算表

立地类型	树种	生态适宜度				生态适宜度指数
		海拔（m）	年降雨量（mm）	≥10 ℃有效积温（℃）	全年日照时数（h）	
I	油松	0.173 9	1.000 0	1.000 0	1.000 0	0.645 8
	粗枝云杉	0.666 7	1.000 0	1.000 0	1.000 0	0.903 6
	新疆杨	1.000 0	0.666 7	1.000 0	1.000 0	0.903 6
	山杨	0.800 0	1.000 0	0.367 4	0.436 9	0.598 6
	毛白杨	1.000 0	1.000 0	0.962 2	1.000 0	0.990 4
	青杨	0.846 2	1.000 0	0.431 9	1.000 0	0.777 5
	旱柳	0.700 0	0.375 0	0.530 3	1.000 0	0.610 8
	白榆	0.666 7	1.000 0	1.000 0	1.000 0	0.903 6
	臭椿	1.000 0	1.000 0	0.396 1	1.000 0	0.793 3
	山杏	0.181 8	1.000 0	1.000 0	1.000 0	0.653 0
	白刺	0.820 5	0.571 4	1.000 0	1.000 0	0.827 5
	柠条	1.000 0	1.000 0	1.000 0	1.000 0	1.000 0
	红柳	1.000 0	1.000 0	1.000 0	0.010 4	0.319 3
	中国沙棘	0.666 7	0.633 3	1.000 0	0.018 1	0.295 7
	紫穗槐	1.000 0	0.882 4	1.000 0	1.000 0	0.969 2
	山桃	0.782 6	1.000 0	0.295 5	1.000 0	0.693 5

续表 6-28

立地类型	树种	生态适宜度				生态适宜度指数
		海拔（m）	年降雨量（mm）	≥10℃有效积温（℃）	全年日照时数（h）	
II	油松	0.173 9	1.000 0	1.000 0	1.000 0	0.645 8
	粗枝云杉	0.666 7	1.000 0	1.000 0	1.000 0	0.903 6
	新疆杨	1.000 0	0.666 7	1.000 0	1.000 0	0.903 6
	山杨	0.800 0	1.000 0	0.367 4	0.436 9	0.598 6
	毛白杨	1.000 0	1.000 0	0.962 2	1.000 0	0.990 4
	青杨	0.846 2	1.000 0	0.431 9	1.000 0	0.777 5
	旱柳	0.700 0	0.375 0	0.530 3	1.000 0	0.610 8
	白榆	0.666 7	1.000 0	1.000 0	1.000 0	0.903 6
	臭椿	0.608 7	1.000 0	0.396 1	1.000 0	0.700 7
	山杏	0.181 8	1.000 0	1.000 0	1.000 0	0.653 0
	白刺	0.820 5	0.571 4	1.000 0	1.000 0	0.827 5
	柠条	1.000 0	1.000 0	1.000 0	1.000 0	1.000 0
	红柳	0.782 6	1.000 0	0.376 0	1.000 0	0.736 5
III	油松	0.173 9	1.000 0	1.000 0	1.000 0	0.645 8
	粗枝云杉	0.052 6	0.100 0	0.656 6	0.353 7	0.187 0
	青海云杉	0.666 7	1.000 0	1.000 0	1.000 0	0.903 6
	新疆杨	1.000 0	0.666 7	1.000 0	1.000 0	0.903 6
	山杨	0.800 0	1.000 0	0.299 9	1.000 0	0.699 8
	毛白杨	1.000 0	1.000 0	0.064 0	0.718 4	0.463 1
	青杨	0.846 2	1.000 0	0.496 8	1.000 0	0.805 2
	旱柳	0.700 0	0.375 0	0.584 0	1.000 0	0.625 7
	白榆	1.000 0	1.000 0	1.000 0	1.000 0	1.000 0
	臭椿	1.000 0	1.000 0	0.465 1	1.000 0	0.825 8
	山杏	0.181 8	1.000 0	1.000 0	1.000 0	0.653 0
	白刺	0.820 5	0.571 4	1.000 0	1.000 0	0.827 5
	柠条	1.000 0	1.000 0	1.000 0	1.000 0	1.000 0
	红柳	1.000 0	1.000 0	0.599 3	0.268 4	0.633 3
	中国沙棘	0.666 7	0.633 3	1.000 0	0.247 3	0.568 5
	紫穗槐	1.000 0	0.882 4	1.000 0	1.000 0	0.969 2
	山桃	0.666 7	1.000 0	1.000 0	1.000 0	0.903 6
IV	侧柏	0.820 5	0.571 4	1.000 0	1.000 0	0.827 5
	柠条	1.000 0	1.000 0	1.000 0	1.000 0	1.000 0
	红柳	0.782 6	1.000 0	0.547 8	1.000 0	0.809 2
V	油松	0.173 9	1.000 0	1.000 0	1.000 0	0.645 8
	粗枝云杉	0.666 7	1.000 0	1.000 0	1.000 0	0.903 6
	新疆杨	1.000 0	0.666 7	1.000 0	1.000 0	0.903 6
	毛白杨	1.000 0	1.000 0	1.214 5	0.343 8	0.803 8

续表 6-28

立地类型	树种	生态适宜度				生态适宜度指数
		海拔（m）	年降雨量（mm）	≥10 ℃有效积温（℃）	全年日照时数（h）	
V	青杨	0.846 2	1.000 0	0.635 3	1.000 0	0.856 3
	旱柳	0.700 0	0.375 0	1.000 0	1.000 0	0.715 8
	白榆	1.000 0	1.000 0	1.000 0	1.000 0	1.000 0
	臭椿	1.000 0	1.000 0	0.612 4	1.000 0	0.884 6
	山杏	0.181 8	1.000 0	1.000 0	1.000 0	0.653 0
	白刺	0.820 5	0.571 4	1.000 0	1.000 0	0.827 5
	柠条	1.000 0	1.000 0	1.000 0	1.000 0	1.000 0
	红柳	1.000 0	1.000 0	1.000 0	0.545 6	0.859 4
	中国沙棘	0.666 7	0.633 3	1.000 0	0.532 5	0.688 6
	紫穗槐	1.000 0	1.000 0	1.000 0	1.000 0	1.000 0
	山桃	0.584 4	0.500 0	0	0.242 7	0
	紫花苜蓿	1.000 0	0.468 1	0.466 9	1.000 0	0.683 8
	红豆草	0.647 1	1.000 0	0.024 6	1.000 0	0.355 1
	老芒麦	1.000 0	1.000 0	0	0.608 3	0
	无芒雀麦	1.000 0	0.153 8	0.117 7	0.645 0	0.328 7
	披碱草	0.666 7	1.000 0	1.000 0	1.000 0	0.903 6
VI	侧柏	0.820 5	0.571 4	1.000 0	1.000 0	0.827 5
	柠条	1.000 0	1.000 0	1.000 0	1.000 0	1.000 0
	紫花苜蓿	1.000 0	0.468 1	0.466 9	1.000 0	0.683 8
	红豆草	0.647 1	1.000 0	0.024 6	1.000 0	0.355 1
	无芒雀麦	1.000 0	0.153 8	0.117 7	0.645 0	0.328 7
	披碱草	0.782 6	1.000 0	0.263 2	1.000 0	0.673 7
VII	油松	0.173 9	1.000 0	1.000 0	1.000 0	0.645 8
	粗枝云杉	0.666 7	1.000 0	1.000 0	1.000 0	0.903 6
	新疆杨	1.000 0	0.666 7	1.000 0	1.000 0	0.903 6
	毛白杨	1.000 0	1.000 0	0.929 8	1.000 0	0.982 0
	青杨	0.846 2	1.000 0	0.405 8	1.000 0	0.765 5
	旱柳	0.700 0	0.375 0	1.000 0	1.000 0	0.715 8
	白榆	1.000 0	1.000 0	1.000 0	1.000 0	1.000 0
	臭椿	1.000 0	1.000 0	0.368 4	1.000 0	0.779 1
	白刺	1.000 0	0.571 4	1.000 0	1.000 0	0.869 4
	柠条	0.906 8	1.000 0	1.000 0	1.000 0	0.975 8
	红柳	0.666 7	0.571 4	1.000 0	1.000 0	0.785 6
VIII	侧柏	0.820 5	0.571 4	1.000 0	1.000 0	0.827 5
	柠条	1.000 0	1.000 0	1.000 0	1.000 0	1.000 0
	红柳	0.782 6	1.000 0	1.000 0	1.000 0	0.940 6

续表 6-28

立地类型	树种	生态适宜度				生态适宜度指数
		海拔（m）	年降雨量（mm）	≥10 ℃有效积温（℃）	全年日照时数（h）	
IX	油松	0.666 7	1.000 0	1.000 0	1.000 0	0.903 6
	侧柏	0.800 0	1.000 0	0.484 2	0.325 6	0.595 9
	毛白杨	0.846 2	0.782 6	0.319 6	1.000 0	0.678 3
	旱柳	0.700 0	0.782 6	1.000 0	1.000 0	0.860 3
	白榆	0.666 7	0.607 1	1.000 0	1.000 0	0.797 6
	臭椿	1.000 0	0.312 5	0.276 9	1.000 0	0.542 3
	山杏	0.181 8	1.000 0	1.000 0	1.000 0	0.653 0
	白刺	1.000 0	1.000 0	0.062 0	0.420 0	0.401 7
	葡萄	0.820 5	0.571 4	1.000 0	1.000 0	0.827 5
	柠条	1.000 0	1.000 0	1.000 0	1.000 0	1.000 0
	红柳	1.000 0	1.000 0	1.000 0	1.000 0	1.000 0
	山桃	0.584 4	0.500 0	0.488 8	1.000 0	0.614 8
	紫花苜蓿	1.000 0	0.782 6	0.782 6	1.000 0	0.884 7
	红豆草	0.647 1	1.000 0	0.535 2	0.208 3	0.518 3
	老芒麦	1.000 0	1.000 0	1.000 0	0.500 0	0.840 9
	无芒雀麦	1.000 0	0.782 6	0.782 6	0.546 9	0.760 8
	披碱草	0.666 7	0.656 3	1.000 0	1.000 0	0.813 3
X	侧柏	0.820 5	0.571 4	1.000 0	1.000 0	0.827 5
	柠条	1.000 0	1.000 0	1.000 0	1.000 0	1.000 0
	红柳	0.584 4	0.500 0	0.488 8	1.000 0	0.614 8
	紫花苜蓿	1.000 0	0.782 6	0.782 6	1.000 0	0.884 7
	红豆草	0.647 1	1.000 0	0.535 2	0.208 3	0.518 3
	老芒麦	1.000 0	1.000 0	1.000 0	0.500 0	0.840 9
	无芒雀麦	1.000 0	0.782 6	0.782 6	0.546 9	0.760 8

表 6-29　丘五区树种生态适宜度指数计算表

立地类型	树种	生态适宜度				生态适宜度指数
		海拔（m）	年降雨量（mm）	≥10 ℃有效积温（℃）	全年日照时数（h）	
I	油松	0.652 2	0.250 0	0.256 7	1.000 0	0.452 3
	粗枝云杉	0.304 3	0.514 7	1.000 0	1.000 0	0.629 1
	侧柏	0.611 1	1.000 0	1.000 0	1.000 0	0.884 2
	山杨	1.000 0	0.361 1	1.000 0	1.000 0	0.775 2
	毛白杨	0.950 0	0.321 4	0.400 0	0.436 9	0.480 6
	青杨	1.000 0	0.450 0	0.923 3	1.000 0	0.802 9
	旱柳	0.730 8	1.000 0	0.400 5	1.000 0	0.735 5
	白榆	0.550 0	0.718 8	1.000 0	1.000 0	0.792 9

续表 6-29

立地类型	树种	生态适宜度				生态适宜度指数
		海拔（m）	年降雨量（mm）	≥10 ℃有效积温（℃）	全年日照时数（h）	
I	臭椿	0.500 0	1.000 0	1.000 0	1.000 0	0.840 9
	山杏	1.000 0	1.000 0	0.362 9	1.000 0	0.776 1
	文冠果	0.045 5	0.533 4	1.000 0	1.000 0	0.394 6
	柠条	0.782 1	0.178 6	1.000 0	1.000 0	0.611 3
	红柳	1.000 0	1.000 0	1.000 0	1.000 0	1.000 0
	中国沙棘	1.000 0	1.000 0	1.000 0	0.010 4	0.319 3
	紫穗槐	0.416 7	0.333 9	1.000 0	0.018 1	0.224 0
	山桃	0.266 7	0.073 5	1.000 0	1.000 0	0.374 2
II	油松	0.652 2	0.250 0	0.256 7	1.000 0	0.452 3
	粗枝云杉	0.304 3	0.514 7	1.000 0	1.000 0	0.629 1
	侧柏	0.611 1	1.000 0	1.000 0	1.000 0	0.884 2
	山杨	1.000 0	0.361 1	1.000 0	1.000 0	0.775 2
	毛白杨	0.950 0	0.321 4	0.400 0	0.436 9	0.480 6
	青杨	1.000 0	0.450 0	0.923 3	1.000 0	0.802 9
	旱柳	0.730 8	1.000 0	0.400 5	1.000 0	0.735 5
	白榆	0.550 0	0.718 8	1.000 0	1.000 0	0.792 9
	臭椿	0.500 0	1.000 0	1.000 0	1.000 0	0.840 9
	山杏	1.000 0	1.000 0	0.362 9	1.000 0	0.776 1
	文冠果	0.045 5	0.533 4	1.000 0	1.000 0	0.394 6
	柠条	0.782 1	0.178 6	1.000 0	1.000 0	0.611 3
	红柳	1.000 0	1.000 0	1.000 0	1.000 0	1.000 0
III	油松	0.652 2	0.250 0	0.341 7	1.000 0	0.485 8
	粗枝云杉	0.304 3	0.514 7	1.000 0	1.000 0	0.629 1
	青海云杉	0.210 5	1.000 0	0.747 8	0.353 7	0.485 8
	侧柏	0.611 1	1.000 0	1.000 0	1.000 0	0.884 2
	山杨	1.000 0	0.361 1	1.000 0	1.000 0	0.775 2
	毛白杨	0.950 0	0.321 4	0.328 7	1.000 0	0.562 8
	青杨	1.000 0	0.450 0	0.012 5	0.718 4	0.252 1
	旱柳	0.730 8	1.000 0	0.469 1	1.000 0	0.765 2
	白榆	0.550 0	0.718 8	1.000 0	1.000 0	0.792 9
	臭椿	0.500 0	1.000 0	1.000 0	1.000 0	0.840 9
	山杏	1.000 0	1.000 0	0.435 7	1.000 0	0.812 5
	文冠果	0.045 5	0.533 4	1.000 0	1.000 0	0.394 6
	柠条	0.782 1	0.178 6	1.000 0	1.000 0	0.611 3
	红柳	1.000 0	1.000 0	1.000 0	1.000 0	1.000 0
	中国沙棘	0.984 8	1.000 0	1.000 0	0.268 4	0.717 0
	紫穗槐	0.416 7	0.333 9	1.000 0	0.247 3	0.430 7
	山桃	0.266 7	0.073 5	1.000 0	1.000 0	0.374 2

续表 6-29

立地类型	树种	生态适宜度				生态适宜度指数
		海拔（m）	年降雨量（mm）	≥10℃有效积温（℃）	全年日照时数（h）	
IV	侧柏	0.611 1	1.000 0	1.000 0	1.000 0	0.884 2
	柠条	0.782 1	0.178 6	1.000 0	1.000 0	0.611 3
	红柳	1.000 0	1.000 0	1.000 0	1.000 0	1.000 0
V	油松	0.652 2	0.250 0	0.522 8	1.000 0	0.540 3
	粗枝云杉	0.304 3	0.514 7	1.000 0	1.000 0	0.629 1
	侧柏	0.611 1	1.000 0	1.000 0	1.000 0	0.884 2
	山杨	1.000 0	0.361 1	1.000 0	1.000 0	0.775 2
	毛白杨	0.950 0	0.321 4	0.176 6	0.471 6	0.399 4
	青杨	1.000 0	0.450 0	0.284 3	0.343 8	0.457 9
	旱柳	0.730 8	1.000 0	0.615 2	1.000 0	0.818 8
	白榆	0.550 0	0.718 8	1.000 0	1.000 0	0.792 9
	臭椿	0.500 0	1.000 0	1.000 0	1.000 0	0.840 9
	山杏	1.000 0	1.000 0	0.591 0	1.000 0	0.876 8
	文冠果	0.045 5	0.533 4	1.000 0	1.000 0	0.394 6
	柠条	0.782 1	0.178 6	1.000 0	1.000 0	0.611 3
	红柳	1.000 0	1.000 0	1.000 0	1.000 0	1.000 0
	中国沙棘	0.984 8	1.000 0	1.000 0	0.545 6	0.856 2
	紫穗槐	0.416 7	0.333 9	1.000 0	0.532 5	0.521 7
	山桃	0.266 7	0.073 5	1.000 0	1.000 0	0.374 2
	紫花苜蓿	0.487 0	0.041 7	0	0.242 7	0
	红豆草	1.000 0	1.000 0	0.509 3	1.000 0	0.844 8
	沙打旺	0.735 3	0.450 0	0.057 2	1.000 0	0.370 9
	披碱草	1.000 0	0.576 9	0.274 0	0.645 0	0.565 1
VI	侧柏	0.611 1	1.000 0	1.000 0	1.000 0	0.884 2
	柠条	0.782 1	0.178 6	1.000 0	1.000 0	0.611 3
	红柳	1.000 0	1.000 0	1.000 0	1.000 0	1.000 0
	红豆草	1.000 0	1.000 0	0.509 3	1.000 0	0.844 8
	沙打旺	0.735 3	0.450 0	0.057 2	1.000 0	0.370 9
	披碱草	1.000 0	0.576 9	0.274 0	0.645 0	0.565 1
VII	油松	0.652 2	0.250 0	0.222 5	1.000 0	0.436 4
	粗枝云杉	0.304 3	0.514 7	1.000 0	1.000 0	0.629 1
	侧柏	0.611 1	1.000 0	1.000 0	1.000 0	0.884 2
	山杨	1.000 0	0.361 1	1.000 0	1.000 0	0.775 2
	毛白杨	0.950 0	0.321 4	0.428 7	1.000 0	0.601 5
	青杨	1.000 0	0.450 0	0.889 2	1.000 0	0.795 3
	旱柳	0.730 8	1.000 0	0.373 0	1.000 0	0.722 5
	白榆	0.550 0	0.718 8	1.000 0	1.000 0	0.792 9

续表 6-29

立地类型	树种	生态适宜度				生态适宜度指数
		海拔（m）	年降雨量（mm）	≥10 ℃有效积温（℃）	全年日照时数（h）	
VII	臭椿	0.500 0	1.000 0	1.000 0	1.000 0	0.840 9
	山杏	1.000 0	1.000 0	0.333 6	1.000 0	0.760 0
	柠条	0.782 1	0.178 6	1.000 0	1.000 0	0.611 3
	红柳	1.000 0	1.000 0	1.000 0	1.000 0	1.000 0
VIII	侧柏	0.611 1	1.000 0	1.000 0	1.000 0	0.884 2
	柠条	0.782 1	0.178 6	1.000 0	1.000 0	0.611 3
	红柳	1.000 0	1.000 0	1.000 0	1.000 0	1.000 0
IX	油松	0.652 2	0.250 0	1.000 0	1.000 0	0.635 4
	侧柏	0.611 1	1.000 0	1.000 0	1.000 0	0.884 2
	毛白杨	0.950 0	0.321 4	0.523 2	0.325 6	0.477 6
	旱柳	0.730 8	1.000 0	0.282 1	1.000 0	0.673 8
	白榆	0.550 0	0.718 8	1.000 0	1.000 0	0.792 9
	臭椿	0.500 0	1.000 0	1.000 0	1.000 0	0.840 9
	山杏	1.000 0	1.000 0	0.237 0	1.000 0	0.697 7
	文冠果	0.045 5	0.533 4	1.000 0	1.000 0	0.394 6
	葡萄	1.000 0	0.250 0	0.341 0	0.420 0	0.435 0
	柠条	0.782 1	0.178 6	1.000 0	1.000 0	0.611 3
	红柳	1.000 0	1.000 0	1.000 0	1.000 0	1.000 0
	山桃	0.982 4	1.000 0	1.000 0	1.000 0	0.995 6
	紫花苜蓿	0.487 0	0.041 7	0.570 9	1.000 0	0.328 1
	红豆草	1.000 0	1.000 0	0.470 7	1.000 0	0.828 3
	沙打旺	0.735 3	0.450 0	0.595 9	0.208 3	0.450 2
	无芒雀麦	0.724 1	0.357 1	0.573 0	0.500 0	0.521 7
	披碱草	1.000 0	0.576 9	0.372 9	0.546 9	0.585 7
X	侧柏	0.611 1	1.000 0	1.000 0	1.000 0	0.884 2
	柠条	0.782 1	0.178 6	1.000 0	1.000 0	0.611 3
	红柳	1.000 0	1.000 0	1.000 0	1.000 0	1.000 0
	紫花苜蓿	0.487 0	0.041 7	0.570 9	1.000 0	0.328 1
	红豆草	1.000 0	1.000 0	0.470 7	1.000 0	0.828 3
	沙打旺	0.735 3	0.450 0	0.595 9	0.208 3	0.450 2
	无芒雀麦	0.724 1	0.357 1	0.573 0	0.500 0	0.521 7
	披碱草	1.000 0	0.576 9	0.372 9	0.546 9	0.585 7

表6-30　高塬沟壑区树种生态适宜度指数计算表

立地类型	树种	生态适宜度				生态适宜度指数
		海拔（m）	年降雨量（mm）	≥10℃有效积温（℃）	全年日照时数（h）	
I	油松	1.000 0	1.000 0	0.003 3	1.000 0	0.240 3
	白皮松	1.000 0	1.000 0	0.003 3	1.000 0	0.240 3
	华山松	1.000 0	0.616 7	1.000 0	1.000 0	0.886 2
	侧柏	0.814 8	1.000 0	1.000 0	1.000 0	0.950 1
	山杨	1.000 0	0.722 2	1.000 0	1.000 0	0.921 9
	毛白杨	0.400 0	1.000 0	0.618 2	1.000 0	0.705 2
	青杨	1.000 0	1.000 0	0.663 3	1.000 0	0.902 5
	旱柳	1.000 0	0.915 1	0.190 9	1.000 0	0.646 5
	刺槐	0.538 5	1.000 0	1.000 0	1.000 0	0.856 6
	国槐	1.000 0	1.000 0	1.000 0	1.000 0	1.000 0
	白榆	1.000 0	0.312 5	1.000 0	1.000 0	0.747 7
	臭椿	1.000 0	1.000 0	1.000 0	1.000 0	1.000 0
	泡桐	1.000 0	1.000 0	1.000 0	1.000 0	1.000 0
	楸树	1.000 0	1.000 0	1.000 0	1.000 0	1.000 0
	山杏	1.000 0	1.000 0	1.000 0	1.000 0	1.000 0
	苹果	1.000 0	1.000 0	0.409 8	0.201 5	0.536 1
	梨	0.843 8	1.000 0	0.283 3	0.413 5	0.560 7
	核桃	0.363 6	0.150 0	1.000 0	1.000 0	0.483 3
	文冠果	1.000 0	1.000 0	1.000 0	1.000 0	1.000 0
	葡萄	1.000 0	0.900 0	0.985 7	0.038 8	0.430 7
	柠条	0.923 1	0.642 9	1.000 0	1.000 0	0.877 7
	红柳	0.294 7	1.000 0	1.000 0	1.000 0	0.736 8
	中国沙棘	1.000 0	1.000 0	1.000 0	0.038 8	0.443 8
	紫穗槐	1.000 0	0.503 7	1.000 0	0.011 1	0.273 5
	山桃	1.000 0	1.000 0	1.000 0	1.000 0	1.000 0
II	油松	1.000 0	1.000 0	0.003 3	1.000 0	0.240 3
	侧柏	0.814 8	1.000 0	1.000 0	1.000 0	0.950 1
	毛白杨	0.400 0	1.000 0	0.618 2	0.509 7	0.595 8
	旱柳	1.000 0	0.915 1	0.190 9	1.000 0	0.646 5
	白榆	1.000 0	0.312 5	1.000 0	1.000 0	0.747 7
	臭椿	1.000 0	1.000 0	1.000 0	1.000 0	1.000 0
	山杏	1.000 0	1.000 0	1.000 0	1.000 0	1.000 0
	文冠果	1.000 0	1.000 0	1.000 0	1.000 0	1.000 0
	葡萄	1.000 0	0.900 0	0.985 7	0.038 8	0.430 7
	柠条	0.923 1	0.642 9	1.000 0	1.000 0	0.877 7
	红柳	0.294 7	1.000 0	1.000 0	1.000 0	0.736 8
	山桃	1.000 0	1.000 0	1.000 0	1.000 0	1.000 0

续表 6-30

立地类型	树种	生态适宜度				生态适宜度指数
		海拔（m）	年降雨量（mm）	≥10 ℃有效积温（℃）	全年日照时数（h）	
Ⅲ	油松	1.000 0	1.000 0	0.111 2	1.000 0	0.577 4
	白皮松	1.000 0	1.000 0	0.111 2	0.220 8	0.395 8
	华山松	1.000 0	0.616 7	1.000 0	1.000 0	0.886 2
	侧柏	0.814 8	1.000 0	1.000 0	1.000 0	0.950 1
	山杨	1.000 0	0.722 2	1.000 0	1.000 0	0.921 9
	毛白杨	0.400 0	1.000 0	0.522 1	1.000 0	0.676 0
	青杨	1.000 0	1.000 0	0.777 8	0.689 7	0.855 8
	旱柳	1.000 0	0.915 1	0.283 2	1.000 0	0.713 5
	刺槐	0.538 5	1.000 0	1.000 0	1.000 0	0.856 6
	国槐	1.000 0	1.000 0	1.000 0	1.000 0	1.000 0
	白榆	1.000 0	0.312 5	1.000 0	1.000 0	0.747 7
	臭椿	1.000 0	1.000 0	1.000 0	1.000 0	1.000 0
	泡桐	1.000 0	1.000 0	1.000 0	1.000 0	1.000 0
	楸树	1.000 0	1.000 0	1.000 0	1.000 0	1.000 0
	山杏	1.000 0	1.000 0	1.000 0	1.000 0	1.000 0
	苹果	1.000 0	1.000 0	0.477 2	0.878 9	0.804 7
	梨	0.843 8	1.000 0	0.365 1	0.044 7	0.342 6
	核桃	0.363 6	0.150 0	1.000 0	1.000 0	0.483 3
	文冠果	1.000 0	1.000 0	1.000 0	1.000 0	1.000 0
	葡萄	1.000 0	0.900 0	0.333 0	0.289 6	0.542 8
	柠条	0.923 1	0.642 9	1.000 0	1.000 0	0.877 7
	红柳	0.433 2	1.000 0	1.000 0	1.000 0	0.811 3
	中国沙棘	1.000 0	1.000 0	1.000 0	0.289 6	0.733 6
	紫穗槐	1.000 0	0.503 7	1.000 0	0.269 1	0.606 8
	山桃	1.000 0	1.000 0	1.000 0	1.000 0	1.000 0
Ⅳ	侧柏	0.814 8	1.000 0	1.000 0	1.000 0	0.950 1
	柠条	0.923 1	0.642 9	1.000 0	1.000 0	0.877 7
	红柳	0.433 2	1.000 0	1.000 0	1.000 0	0.811 3
Ⅴ	油松	1.000 0	1.000 0	0.356 0	1.000 0	0.772 4
	华山松	1.000 0	0.616 7	1.000 0	1.000 0	0.886 2
	侧柏	0.814 8	1.000 0	1.000 0	1.000 0	0.950 1
	山杨	1.000 0	0.722 2	1.000 0	1.000 0	0.921 9
	毛白杨	0.400 0	1.000 0	0.316 6	0.487 0	0.498 4
	青杨	1.000 0	1.000 0	1.022 7	0.325 9	0.759 8
	旱柳	1.000 0	0.915 1	0.480 6	1.000 0	0.814 4
	刺槐	0.538 5	1.000 0	1.000 0	1.000 0	0.856 6
	国槐	1.000 0	1.000 0	1.000 0	1.000 0	1.000 0

续表 6-30

立地类型	树种	生态适宜度				生态适宜度指数
		海拔（m）	年降雨量（mm）	≥10℃有效积温（℃）	全年日照时数（h）	
V	白榆	1.000 0	0.312 5	1.000 0	1.000 0	0.747 7
	臭椿	1.000 0	1.000 0	1.000 0	1.000 0	1.000 0
	泡桐	1.000 0	1.000 0	1.000 0	1.000 0	1.000 0
	楸树	1.000 0	1.000 0	1.000 0	1.000 0	1.000 0
	山杏	1.000 0	1.000 0	1.000 0	1.000 0	1.000 0
	苹果	1.000 0	1.000 0	0.621 2	0.515 1	0.752 1
	梨	1.000 0	1.000 0	0.540 0	0.376 8	0.671 6
	核桃	0.363 6	0.150 0	1.000 0	1.000 0	0.483 3
	文冠果	1.000 0	1.000 0	1.000 0	1.000 0	1.000 0
	柠条	0.923 1	0.642 9	1.000 0	1.000 0	0.877 7
	红柳	0.433 2	1.000 0	1.000 0	1.000 0	0.811 3
	中国沙棘	1.000 0	1.000 0	1.000 0	1.000 0	1.000 0
	紫穗槐	1.000 0	0.503 7	1.000 0	0.546 1	0.724 2
	山桃	1.000 0	1.000 0	1.000 0	1.000 0	1.000 0
	紫花苜蓿	1.000 0	0.583 3	0.136 5	0.264 7	0.381 0
	红豆草	0.421 1	0.361 7	0.792 1	1.000 0	0.589 3
	沙打旺	0.411 8	0.954 5	0.274 8	1.000 0	0.573 3
	三叶草	0.457 1	0.184 2	0.392 7	0.257 5	0.303 8
VI	侧柏	0.814 8	1.000 0	1.000 0	1.000 0	0.950 1
	柠条	0.923 1	0.916 7	1.000 0	1.000 0	0.959 1
	红柳	0.433 2	1.000 0	1.000 0	1.000 0	0.811 3
	紫花苜蓿	1.000 0	0.583 3	0.136 5	0.264 7	0.381 0
	红豆草	0.421 1	0.361 7	0.792 1	1.000 0	0.589 3
	沙打旺	0.411 8	0.954 5	0.274 8	1.000 0	0.573 3
	三叶草	0.457 1	0.184 2	0.392 7	0.257 5	0.303 8
VII	油松	1.000 0	1.000 0	0.049 3	1.000 0	0.471 3
	侧柏	0.814 8	1.000 0	1.000 0	1.000 0	0.950 1
	毛白杨	0.400 0	1.000 0	0.573 2	1.000 0	0.692 0
	旱柳	1.000 0	0.915 1	0.153 8	1.000 0	0.612 5
	白榆	1.000 0	0.312 5	1.000 0	1.000 0	0.747 7
	臭椿	1.000 0	1.000 0	1.000 0	1.000 0	1.000 0
	山杏	1.000 0	1.000 0	1.000 0	1.000 0	1.000 0
	文冠果	1.000 0	1.000 0	1.000 0	1.000 0	1.000 0
	葡萄	1.000 0	0.900 0	0.788 6	0.194 0	0.609 1
	柠条	0.923 1	0.642 9	1.000 0	1.000 0	0.877 7
	红柳	0.433 2	1.000 0	1.000 0	1.000 0	0.811 3
	山桃	1.000 0	1.000 0	1.000 0	1.000 0	1.000 0

续表 6-30

立地类型	树种	生态适宜度				生态适宜度指数
		海拔（m）	年降雨量（mm）	≥10 ℃有效积温（℃）	全年日照时数（h）	
VIII	侧柏	0.814 8	1.000 0	1.000 0	1.000 0	0.950 1
	柠条	0.923 1	0.642 9	1.000 0	1.000 0	0.877 7
	红柳	0.433 2	1.000 0	1.000 0	1.000 0	0.811 3
IX	油松	1.000 0	1.000 0	0.201 5	1.000 0	0.670 0
	侧柏	0.814 8	1.000 0	1.000 0	1.000 0	0.950 1
	毛白杨	0.400 0	1.000 0	0.784 5	0.345 1	0.573 7
	旱柳	1.000 0	0.915 1	1.000 0	1.000 0	0.978 1
	白榆	1.000 0	0.312 5	1.000 0	1.000 0	0.747 7
	臭椿	1.000 0	1.000 0	1.000 0	1.000 0	1.000 0
	山杏	1.000 0	1.000 0	0.029 9	1.000 0	0.415 7
	文冠果	1.000 0	1.000 0	1.000 0	1.000 0	1.000 0
	葡萄	1.000 0	0.900 0	0.136 4	0.436 8	0.481 2
	柠条	0.923 1	0.642 9	1.000 0	1.000 0	0.877 7
	红柳	0.433 2	1.000 0	1.000 0	1.000 0	0.811 3
	山桃	1.000 0	1.000 0	1.000 0	1.000 0	1.000 0
	紫花苜蓿	1.000 0	0.583 3	0.318 3	1.000 0	0.656 4
	沙打旺	0.411 8	0.954 5	1.000 0	0.173 3	0.510 9
	三叶草	0.457 1	0.184 2	0.628 0	0.992 7	0.478 7
X	侧柏	0.814 8	1.000 0	1.000 0	1.000 0	0.950 1
	柠条	0.923 1	0.642 9	1.000 0	1.000 0	0.877 7
	红柳	0.433 2	1.000 0	1.000 0	1.000 0	0.811 3
	紫花苜蓿	1.000 0	0.583 3	0.318 3	0.061 1	0.326 7
	沙打旺	0.411 8	0.954 5	0.995 5	0.173 3	0.510 3
	三叶草	0.457 1	0.184 2	0.628 0	0.992 7	0.478 7

五、不同类型区沟道立地类型对位配置模式

对不同类型区不同立地条件下的整地工程进行分析以及对树种进行适宜度计算，筛选出其适宜的树种，详见表6-31～表6-33。

表 6-31　丘二区、丘三区小流域沟道立地条件类型适宜树种及整地工程

立地类型	整地工程	适宜树种
I		油松、白皮松、华山松、侧柏；大青杨、山杨、毛白杨、青杨、旱柳、刺槐、国槐、白榆、臭椿、泡桐、楸树、山杏、苹果、梨；文冠果、葡萄、柠条、红柳、中国沙棘、紫穗槐、山桃
II		油松、侧柏；毛白杨、旱柳、白榆、臭椿、山杏；文冠果、白刺、葡萄、柠条、红柳、山桃

续表 6-31

立地类型	整地工程	适宜树种
Ⅲ	水平阶、反坡台	油松、粗枝云杉、白皮松、华山松、侧柏;新疆杨、大青杨、山杨、毛白杨、青杨、旱柳、刺槐、国槐、白榆、臭椿、泡桐、楸树、山杏、苹果、梨;葡萄、柠条、红柳、中国沙棘、紫穗槐、山桃
Ⅳ	水平阶、反坡台	侧柏;柠条、红柳
Ⅴ	鱼鳞坑、穴状整地	油松、侧柏;大青杨、山杨、毛白杨、青杨、旱柳、刺槐、国槐、白榆、臭椿、泡桐、楸树、山杏、苹果、梨、核桃;文冠果、葡萄、柠条、红柳、中国沙棘、紫穗槐、山桃;紫花苜蓿、红豆草、沙打旺、三叶草
Ⅵ	鱼鳞坑、穴状整地	侧柏;柠条、红柳;紫花苜蓿、红豆草、沙打旺、三叶草
Ⅶ	水平阶、反坡台	油松、侧柏;毛白杨、旱柳、白榆、臭椿、山杏;文冠果、葡萄、柠条、红柳、山桃
Ⅷ	水平阶、反坡台	侧柏;柠条、红柳
Ⅸ	鱼鳞坑、穴状整地	油松、侧柏;毛白杨、旱柳、白榆、臭椿、山杏;文冠果、葡萄、柠条、红柳、山桃;紫花苜蓿、沙打旺、三叶草
Ⅹ	鱼鳞坑、穴状整地	侧柏;柠条、红柳;紫花苜蓿、沙打旺、三叶草

注:1.鱼鳞坑整地适宜于25°~45°的沟坡;穴状整地适宜于45°~75°的沟坡。丘二区的降雨为450~530 mm;丘三区的降雨量为404~607 mm。

2.播种方式:在25°~45°,宜采用穴播的方式;在45°~75°,宜采用撒播的方式。

表 6-32 丘四区、丘五区小流域沟道立地条件类型适宜树种及整地工程

立地类型	整地工程	适宜树种
Ⅰ		油松、粗枝云杉、侧柏;大青杨、山杨、毛白杨、青杨、旱柳、白榆、臭椿、山杏;文冠果、柠条、红柳、中国沙棘、紫穗槐、山桃
Ⅱ		油松、粗枝云杉、侧柏;大青杨、山杨、毛白杨、青杨、旱柳、白榆、臭椿、山杏;白刺、柠条、红柳
Ⅲ	水平阶、反坡台	油松、粗枝云杉、侧柏;大青杨、山杨、毛白杨、青杨、旱柳、白榆、臭椿、山杏;文冠果、柠条、红柳、中国沙棘、紫穗槐、山桃
Ⅳ	水平阶、反坡台	侧柏;柠条、红柳
Ⅴ	鱼鳞坑、穴状整地	油松、粗枝云杉、侧柏;大青杨、山杨、毛白杨、青杨、旱柳、白榆、臭椿、山杏;文冠果、柠条、红柳、中国沙棘、紫穗槐、山桃;紫花苜蓿、红豆草、沙打旺、披碱草

续表 6-32

立地类型	整地工程	适宜树种
VI	鱼鳞坑、穴状整地	侧柏;柠条、红柳;红豆草、沙打旺、老芒麦、无芒雀麦、披碱草
VII	水平阶、反坡台	油松、粗枝云杉、侧柏;大青杨、山杨、毛白杨、青杨、旱柳、白榆、臭椿、山杏;柠条、红柳
VIII	水平阶、反坡台	侧柏;柠条、红柳
IX	鱼鳞坑、穴状整地	油松、侧柏;毛白杨、旱柳、白榆、臭椿、山杏;文冠果、葡萄、柠条、红柳、山桃;紫花苜蓿、红豆草、沙打旺、无芒雀麦、披碱草
X	鱼鳞坑、穴状整地	侧柏;柠条、红柳;紫花苜蓿、红豆草、沙打旺、无芒雀麦、披碱草

注:1.鱼鳞坑整地适宜于 25°~45° 的沟坡;穴状整地适宜于 45°~75° 的沟坡。　丘四区降雨量 500~600 mm;丘五区降雨量 350~475 mm。

2.播种方式:在 25°~45°,宜采用穴播的方式;在 45°~75°,宜采用撒播的方式。

表 6-33　高塬沟壑区小流域沟道立地条件类型适宜树种及整地工程

立地类型	整地工程	适宜树种
I		油松、白皮松、华山松、侧柏;大青杨、山杨、毛白杨、青杨、旱柳、刺槐、国槐、白榆、臭椿、泡桐、楸树、山杏、苹果、梨、核桃;文冠果、葡萄、柠条、红柳、中国沙棘、紫穗槐、山桃
II		油松、侧柏;毛白杨、旱柳、白榆、臭椿、山杏;文冠果、白刺、葡萄、柠条、红柳、山桃
III	水平阶、反坡台	油松、粗枝云杉、白皮松、华山松、侧柏;大青杨、山杨、毛白杨、青杨、旱柳、刺槐、国槐、白榆、臭椿、泡桐、楸树、山杏、苹果、梨、核桃;文冠果、葡萄、柠条、红柳、中国沙棘、紫穗槐、山桃
IV	水平阶、反坡台	侧柏;柠条、红柳
V	鱼鳞坑、穴状整地	油松、白皮松、华山松、侧柏;大青杨、山杨、毛白杨、青杨、旱柳、刺槐、国槐、白榆、臭椿、泡桐、楸树、山杏、苹果、梨、核桃;文冠果、柠条、红柳、中国沙棘、紫穗槐、山桃;紫花苜蓿、红豆草、沙打旺、三叶草
VI	鱼鳞坑、穴状整地	侧柏;柠条、红柳;紫花苜蓿、红豆草、沙打旺、三叶草
VII	水平阶、反坡台	油松、侧柏;毛白杨、旱柳、白榆、臭椿、山杏;文冠果、葡萄、柠条、红柳、山桃

续表 6-33

立地类型	整地工程	适宜树种
Ⅷ	水平阶、反坡台	侧柏;柠条、红柳
Ⅸ	鱼鳞坑、穴状整地	油松、侧柏;毛白杨、旱柳、白榆、臭椿、山杏;文冠果、葡萄、柠条、红柳、山桃;紫花苜蓿、沙打旺、三叶草
Ⅹ	鱼鳞坑、穴状整地	侧柏;柠条、红柳;紫花苜蓿、沙打旺、三叶草

注:1.鱼鳞坑整地适宜于 25°~45° 的沟坡;穴状整地适宜于 45°~75° 的沟坡。降雨量 500~650 mm。

　　2.播种方式:在 25°~45°,宜采用穴播的方式;在 45°~75°,宜采用撒播的方式。

第七章　不同类型区侵蚀沟道利用现状模式调查

对不同类型区侵蚀沟道利用现状调查及效益进行分析,总结出一套科学、合理、有效的不同类型沟道治理开发模式及综合管理模式,为今后沟道治理工作提供实体范例,对促进甘肃省黄土高原小流域生态经济建设具有重要的指导意义。

第一节　沟道土地利用现状调查

一、丘三区沟道土地利用现状调查

按照不同级别支沟及不同沟道分类情况,本书选择Ⅲ级支沟藉河及其支流罗玉沟、吕二沟Ⅱ级沟道典型小流域、中山沟流域作为调查对象,选取罗玉沟、吕二沟流域内21条Ⅰ级支沟进行沟道利用类型及效益调查。其中,罗玉沟12条,吕二沟支沟10条,中山沟流域1条,调查沟道面积10 329.1 hm^2,利用面积10 089.66 hm^2,林草覆盖率平均为44.38%。调查沟道土地利用情况简要情况见表7-1。

表7-1　藉河流域沟道土地利用现状分析表

沟道名称	级别	沟道类型 （K、G、R）	沟道土地利用现状			林草覆盖率（%）
			沟道总面积（hm^2）	利用面积（hm^2）	利用率（%）	
罗玉沟	4	半开析 + 中度割裂 + 主沟型	7279	7143.81	98.14	21.76
刘家河 1#	3	半开析 + 中度割裂 + 半主沟	42	39.50	94.05	61.9
刘家河 2#	3	半开析 + 中度割裂 + 半主沟	22	21.33	96.95	44
刘家河 3#	2	深切型 + 中度割裂 + 半支沟型	42	41.38	98.52	26.8
刘家河 4#	3	半开析 + 中度割裂 + 半主沟	34	31.83	93.62	32.1
李家村 1#	3	半开析 + 中度割裂 + 半主沟	139	133.08	95.74	25.3
李家村 2#	2	深切型 + 中度割裂 + 半主沟型	210	198.50	94.52	38.57
茹家沟	3	半开析 + 中度割裂 + 半主沟	18	16.50	91.67	20.58
马家窑	2	半开析 + 中度割裂 + 支沟型	50	46.33	92.66	20
席家寨 1#	2	半开析 + 中度割裂 + 半主沟	38	35.32	92.95	18.5

沟道名称	级别	沟道类型 （K、G、R）	沟道土地利用现状			林草覆 盖率(%)
			沟道总面积 （hm²）	利用面积 （hm²）	利用率 （%）	
席家寨 2#	1	深切型＋轻度割裂＋支沟型	50	48.55	97.10	32.20
桥子东沟	3	深切型＋轻度割裂＋半主沟型	136	130.30	95.81	91.49
桥子西沟	3	深切型＋轻度割裂＋半主沟型	109	98.98	90.81	65.50
吕二沟	4	开析型＋深度割裂＋主沟型	1201	1164.52	96.96	55.12
吕二沟 1#	3	半开析＋中度割裂＋半主沟	107	102.20	95.51	65.31
吕二沟 2#	2	半开析＋中度割裂＋支沟型	59	57.12	96.81	71.20
吕二沟 3#	3	半开析＋中度割裂＋半主沟	64	62.65	97.89	45.80
吕二沟 4#	3	半开析＋中度割裂＋支沟型	35	33.43	95.51	51.68
吕二沟 5#	2	深切型＋中度割裂＋支沟型	14	13.80	98.57	53.83
吕二沟 6#	2	半开析＋中度割裂＋支沟型	39	38.51	98.74	48.98
吕二沟 7#	3	半开析＋中度割裂＋半主沟	26	25.21	96.96	68.34
吕二沟 8#	3	半开析＋中度割裂＋支沟型	41	40.00	97.56	28.64
吕二沟 9#	3	半开析＋中度割裂＋半主沟	35.1	34.53	98.38	35.60
大柳树沟	3	半开析＋中度割裂＋主沟型	49	46.28	98.45	24.49
中山沟	4	开析型＋深度割裂＋主沟型	490	486.00	99.18	61.70

二、丘五区沟道土地利用现状调查

丘五区典型沟道土地利用情况见表 7-2。安家沟流域沟道总面积 172.35 hm²，沟道利用面积 134.32 hm²，平均土地利用率 70.71%。其中，坝地 44.05 hm²，水保林 80.73 hm²，草地 9.59 hm²。工程措施有淤地坝 5 座，谷坊 35 道，坡面水平沟、水平阶等 4.53 km。高泉流域沟道总面积 158.04 hm²，沟道利用面积 138.96 hm²，平均土地利用率 76.39%。其中，水保林 125.2 hm²，草地 13.77 hm²。工程措施有谷坊 101 道，沟头防护 1.7 km，坡面水平沟、水平阶等 6.49 km。

表7-2　安家沟及高泉沟不同分级分类土地利用现状分析表

流域 名称	沟道 分级	沟道 编号	沟道类型 （K、G、R）	沟道土地利用现状		
				沟道总面积 （hm²）	利用面积 （hm²）	利用率 （%）
安家沟	Ⅰ	1	半开析＋中度割裂＋支沟型	4.29	4.16	96.97
		2	深切型＋中度割裂＋支沟型	2.48	1.25	50.40
		3	半开析＋中度割裂＋支沟型	13.85	6.90	49.82
	Ⅱ	4	半开析＋强度割裂＋支沟型	10.86	10.20	93.92
		5	半开析＋中度割裂＋支沟型	8.71	4.05	46.50
		6	深切型＋中度割裂＋支沟型	4.12	2.20	53.40
	Ⅲ	7	半开析＋强度割裂＋支沟型	40.60	25.31	62.34
		8	半开析＋强度割裂＋支沟型	41.11	35.85	87.21
	Ⅳ	9	半开析＋强度割裂＋支沟型	46.33	44.40	95.83
	小计			172.35	134.32	70.71
高泉沟	Ⅰ	10	深切型＋中度割裂＋支沟型	3.21	1.50	46.73
	Ⅱ	11	半开析＋强度割裂＋支沟型	5.57	5.57	100
		12	半开析＋强度割裂＋支沟型	6.69	3.55	53.06
	Ⅲ	13	深切型＋强度割裂＋支沟型	34.33	20.10	58.55
		14	深切型＋强度割裂＋支沟型	48.14	48.14	100
	Ⅳ	15	深切型＋强度割裂＋支沟型	60.10	60.10	100
	小计			158.04	138.96	76.39

三、高塬沟壑区沟道土地利用现状调查

高塬沟壑区不同沟道类型土地利用现状调查详见表7-3、表7-4。土地利用率最高的是Ⅲ级沟道，最低的是Ⅱ级沟道，分析其原因主要是南小河沟的Ⅱ级沟道都在花果山水库上游，归地方政府管辖，造林面积小，天然草地面积大，流域平均土地利用率为86.34%。Ⅰ、Ⅱ、Ⅲ级沟道的林草覆盖率分别为75.22%、66.51%、78.80%。最高的是Ⅲ级沟道，最低的是Ⅱ级沟道，其原因和土地利用率是一致的，但总体来说差别不特别明显，原因是Ⅱ级沟道虽然造林面积小，但天然荒草地面积大，所以造成林草覆盖率差别不特别明显。流域平均林草覆盖率为75.56%。

表 7-3　南小河沟沟道土地利用现状调查表

（单位：hm²）

级别类型编码	沟道名称	农地	梯田	坝地	乔木林地	灌木林地	疏林地	未成林地	天然草地	水域	建设及居民用地	难利用地	荒坡	合计
I₁	范家沟	1.00	0.20		10.00	1.00	1.00		1.00		0.30	2.00		16.50
	周小沟	0.50			8.00				5.00		2.00	3.00	1.00	19.50
	三条沟		0.03		10.00			5.00				1.00		16.03
	小计	1.50	0.23	0.00	28.00	1.00	1.00	5.00	6.00	0.00	2.30	6.00	1.00	52.03
I₁₈	芊子沟	5.00			15.00		2.00		3.00		3.00	1.00	1.00	30.00
	路家拐沟	11.00			3.00		18.00	2.00	18.00		1.00	4.00	5.00	62.00
	赵小沟	5.00			6.00		3.00		6.00		0.01	1.00	1.00	22.01
	银仓寺沟	3.00		1.00	10.00		1.00	1.00	8.00		3.00	1.00	10.00	36.00
	小计	24.00	0.00	0.00	34.00	0.00	24.00	2.00	35.00	0.00	7.01	7.00	17.00	150.01
I₁₇	阳岩沟	2.00			2.00		2.00		2.00		0.20	1.00	1.00	10.20
	周嘴沟	2.00	0.03		9.00	3.00	1.00		10.00			2.00	1.00	25.03
	塔山沟	2.00	0.80	1.00	19.00	2.00	8.00	1.00	7.00		1.00	5.00	0.20	46.20
	岘子沟	0.30			1.00			8.00	1.00			3.00		13.30
	漱沟	0.01	0.10	1.70	8.00		2.00		20.00	0.40	7.00			39.21
	杨家沟	0.10	0.40		38.00	3.00	7.00	3.00	6.00	0.10	0.00	4.00		61.60
	水厂沟	0.10	0.80		8.00		3.00	17.00	14.00		0.00	4.00	1.00	47.90
	二条沟	1.00			4.00			24.00			0.10	2.00	1.00	32.10
	小计	7.51	1.33	2.70	89.00	5.00	23.00	53.00	60.00	0.50	8.30	21.00	4.20	275.54

续表 7-3

级别类型编码	沟道名称	农地	梯田	坝地	乔木林地	灌木林地	疏林地	未成林地	天然草地	水域	建设及居民用地	难利用地	荒坡	合计
I₈	董庄沟	1.00	3.00		7.00		9.00		41.00		0.20	12.00	6.00	79.20
	赵嘴沟	3.00	0.03		19.00		12.00		4.00		1.00	4.00	0.01	43.04
	郭拐沟	0.40	0.30		3.00		3.00		18.00			3.00	4.00	31.70
	小计	4.40	3.33	0.00	29.00	0.00	24.00	0.00	63.00	0.00	1.20	19.00	10.01	153.94
I₂₇	南佐沟	2.00			2.00				6.00		3.00	0.10	2.00	15.10
	小计	2.00	0.00		2.00		0.00	0.00	6.00	0.00	3.00	0.10	2.00	15.10
I₂₆	叶家沟	5.00			1.00		2.00		14.00			6.00	0.30	28.30
	小计	5.00	0.00	0.00	1.00	0.00	2.00	0.00	14.00	0.00	0.00	6.00	0.30	28.30
II₁₇	水沟	1.00	0.50		6.00		0.20	3.00	9.00	1.00	0.10	6.00	3.00	29.80
	小计	1.00	0.50	0.00	6.00	0.00	0.20	3.00	9.00	1.00	0.10	6.00	3.00	29.80
I₂₆	郭家沟	4.00	2.00		3.00		1.00		38.00	2.00	0.10	9.00	2.00	61.10
	小计	4.00	2.00	0.00	3.00	0.00	1.00	0.00	38.00	2.00	0.10	9.00	2.00	61.10
III₁	南小河沟	21.00	24.00	8.00	204.00	6.00	72.00	243.00	118.00	12.00	11.00	66.00	31.00	816.00
	合计	70.41	31.39	10.70	396.00	12.00	147.20	306.00	349.00	15.50	33.01	140.10	70.51	1 581.82

表 7-4　南小河沟流域沟道土地利用现状分析表

沟道级别	沟道类型 （K、G、R）	沟道土地利用现状		
		沟道总面积（hm²）	利用面积（hm²）	占总面积（%）
Ⅰ	1.86/43.3/0.03	672	572	85.15
Ⅱ	2.68/47.7/0.03	92	73	79.35
Ⅲ	2.76/74.5/0.29	816	719	88.11
		现状分析	土地利用率	84.19
			林草覆盖率	75.56

第二节　沟道水保措施现状

一、丘三区沟道水保措施现状

在丘三区选择 16 条不同级别，不同类型的沟道，按照水利普查分类，进行水土保持措施调查分析，包括基本农田、水土保持林、经济林、种草、封禁治理及其他治理措施、水土保持治沟工程数量和长度情况。共调查面积 9 811.80 hm²，其中农地 5 218.50 hm²；林地 2 663.60 hm²、种草 1 255.80 hm²、封禁治理 4.90 hm²、其他 669.00 hm²，分别占总面积的 53.19%、27.15%、12.80%、0.05%、6.82%。调查区域内有淤地坝 47 座，小型拦蓄工程 20 处，其中农地中梯田占总面积 19.46%、坝地 0.01%、坡耕地等其他农地 33.72%。由于近年来，吕二沟流域退耕还林实施面积较大，加之雨水情况良好，造成流域内Ⅰ级支沟普遍植被恢复较好，林地面积加大。结果表明，两典型小流域内不同类型的Ⅰ级支沟除开析型和半开析型农地面积较大外，其他各水保措施类型如林草措施在不同类型的沟道中比例差异不显著，具体各调查流域水保措施现状及沟道开发利用情况见表 7-5 ~ 表 7-7。

二、丘五区沟道水保措施现状

安家沟流域的水沙利用现状总体布局是：工程措施与植物措施对位配置，沟坡与沟底层层拦截、上下游立体拦蓄的水沙利用体系。安家沟流域的沟道利用体系的重点在于以沟坡整地造林分层拦截剩余坡面径流，以支毛沟谷坊群、淤地坝诸段拦蓄水沙，主沟道控制性的骨干工程拦泥蓄水，以工程措施为主达到了控制水土流失的利用效果，详见表 7-8 ~ 表 7-10。

（一）安家沟流域利用现状调查

安家沟流域现有的工程措施主要有骨干坝、淤地坝和谷坊，其中骨干坝 2 座，分别位于马家岔沟和安家沟流域出口，淤地坝 3 座，其中马家岔支沟 1 座，安家沟上游 2 座。5 座坝总控制面积 8.56 km²，总拦泥库容 81.65 万 m³，总滞洪库容 180.15 万 m³，可淤地面积 50.00 hm²。从现状调查情况看，谷坊已基本淤平，仅有残存的痕迹，根据历史资料，谷坊数量约为 35 座，分别位于流域上游的支毛沟内。

表 7-5　藉河流域不同沟道水保措施现状调查表

沟道名称	沟道级别	总面积 (hm²)	农田 梯田 (hm²)	农田 坝地 (hm²)	农田 其他 (hm²)	水保林 乔木林 (hm²)	水保林 灌木林 (hm²)	水保林 经济林 (hm²)	种草 (hm²)	封禁治理 (hm²)	其他 (hm²)	淤地坝 数量 (座)	淤地坝 已淤地面积 (hm²)	淤地坝 控制面积 (hm²)	小型蓄水保土工程 长度 (km)	小型蓄水保土工程 点状 (个)	小型蓄水保土工程 线状 (km)
罗王沟	II	7 279.8	1 466.7		2 849.8	432.2	340.7	745.8	902.0		542.6	23		5 300.0			
刘家河4#	I	34.0	18.0			14.0					2.0						
李家村1#	I	139.4	121.0			12.0		0.6			5.8						
茹家沟	I	18.0	4.0			12.0		1.0			1.0						
马家峪	I	50.0	38.0			10.0	1.0				1.0						
席家寨2#	II	52.0	19.0	0.5	1.2	31.0					1.5	2	0.5	10.0			
桥子东沟	I	135.6	1.3			82.4		42.0	4.1	1.6	3.0	21		1 550.0			
桥子西沟	I	109.1	1.1		22.0	18.4		53.0		3.3	11.3						
吕二沟	II	1 201.2	85.8		330.7	223.5	107.5	30.8	349.5		73.4						
吕二沟1#	I	107.0	17.0			89.0					1.0						
吕二沟2#	I	59.0	14.0				1.5	42.0			1.5						
吕二沟4#	I	35.0	10.0			25.0					0						
吕二沟7#	I	27.0				26.0					1.0						
吕二沟8#	I	41.0	8.0			32.0					1.0						
大柳树沟	II	49.9	27.5	0.2	9.6	6.2		3.3	0.2		2.9	1		0.2			
中山沟	II	473.8	77.5		95.6	54.8		225.9			20.0					20	1
合计		9 811.8	1 908.9	0.7	3 308.9	1 068.5	450.7	1 144.4	1 255.8	4.9	669	47	0.5	6 860.2		20	1

表7-6　藉河流域不同沟道水保措施调查分析表

沟道名称	沟道类型	沟道级别	总面积(hm²)	占总面积比例(%)								
				农田			水保林			种草	封禁治理	其他
				梯田	坝地	其他农地	乔木林	灌木林	经济林			
罗玉沟	半开析、中度割裂、主沟型	II	7 279.8	20.15		39.15	5.94	4.68	10.25	12.39	0	7.45
刘家河4#	半开析、中度割裂、支沟型	I	34.0	52.94			41.18					5.88
李家村1#	半开析、中度割裂、支沟型	I	139.4	86.80			8.61		0.43			4.16
茹家沟	半开析、中度割裂、半主沟型	I	18.0	22.22			66.67		5.56			5.56
马家窑	半开析、中度割裂、支沟型	I	50.0	76.00			20.00	2.00				2.00
席家寨2#	深切型、轻度割裂、支沟型	II	52.0	36.54	0.96	0	59.62					2.88
桥子东沟	深切型、轻度割裂、支沟型	I	135.6	0.96		0.88	60.77		30.97	3.02	1.18	2.21
桥子西沟	深切型、轻度割裂、支沟型	I	109.1	1.01		20.16	16.87		48.58		3.02	10.36
吕二沟	开析型、深度割裂、主沟型	II	1 201.2	7.14		27.53	18.61	8.95	2.56	29.10		6.11
吕二沟1#	半开析、中度割裂、半主沟型	I	107.0	15.89			83.18					0.93
吕二沟2#	半开析、中度割裂、支沟型	I	59.0	23.73			0	2.54	71.19			2.54
吕二沟4#	半开析、中度割裂、支沟型	I	35.0	28.57			71.43					
吕二沟7#	半开析、中度割裂、支沟型	I	27.0	0.00			96.30					3.70
吕二沟8#	半开析、中度割裂、支沟型	I	41.0	19.51			78.05					2.44
大柳树沟	半开析、中度割裂、支沟型	II	49.9	55.11	0.40	19.24	12.42		6.61	0.40		5.81
中山沟	开析型、深度割裂、半主沟型	II	473.8	16.36		20.18	11.57		47.68	0	0.05	4.22
合计			9 811.8	19.46	0.01	33.72	10.89	4.59	11.66	12.80	0.05	6.82

表 7-7 藉河流域沟道开发利用现状调查表

沟道名称	沟道级别	沟道面积(hm²)	土壤类型	坡度(°)	坡向	整地类型	植被覆盖度	植被类型	树种	林龄	胸(地)径(cm)	树高(m)	林木蓄积(m³/hm²)	备注
刘家河1#	I	42.0	褐土	10~15	东南	梯田	61.9	果园	苹果	6	11.5	2.5	67.5	
刘家河2#	I	25.0	褐土	5~10	南	梯田	44.0	果园	梨	8	16.1	2.6	90.60	
刘家河4#	I	34.0	褐土	20~25	东北		41.18	乔木林	刺槐	25	18.5	7.0	94.8	
李家村2#	I	139.4	黄绵土	10~15	西南		38.57	乔木林	刺槐	22	18.0	7.1	88.08	
茹家沟	I	18.0	褐土	10~15	东北		20.58	乔木林	刺槐	15	15.0	6.5	63.14	
马家窑	I	50.0	黄绵土	15~20	西南		20.00	乔木林	刺槐	22	18.0	7.0	88.08	
席家寨1#	II	38.0	黄绵土	15~20	南		18.50	乔木林	刺槐	25	17.7	7.5	84.18	
桥子东沟	I	135.6	黑垆土	10~15	西南	梯田	91.49	果园	樱桃	14	15.5	2.3	58.80	
桥子西沟	I	109.1	黑垆土	10~15	南	水平阶	65.50	果园	樱桃	5	10.0	2.0	31.70	
吕二沟1#	I	107.0	褐土	15~20	东		65.31	乔木林	刺槐	8	12.0	3.5	50.20	次生林
吕二沟2#	I	59.0	褐土	15~20	东北		71.2	乔木林	山杏	25	28	7.5	293.5	
吕二沟5#	I	14.0	褐土	15~20	东		53.83	乔木林	刺槐	8	12.4	3.5	54.80	次生林
吕二沟7#	I	27.0	黄绵土	15~20	北		68.34	乔木林	刺槐	22	18.5	7.5	94.8	
吕二沟8#	I	41.0	褐土	10~15	西北		28.64	乔木林	刺槐	8	12.0	3.5	50.20	次生林
大柳树沟	II	49.9	褐土	15~20	北		24.49	乔木林	刺槐	25	18.7	7.5	84.18	
中山沟	II	473.8	黄绵土	10~15	南	水平阶	61.7	果园	葡萄	5		1.2		

表 7-8 安家沟流域水土保持措施现状调查表

沟道分级	沟道编号	沟道类型	沟道面积(hm²)	基本农田		水土保持林		种草(hm²)	淤地坝		坡面水系工程		小型蓄水保土工程	
				梯田(hm²)	坝地(hm²)	乔木林(hm²)	灌木林(hm²)		数量(座)	已淤地面积(hm²)	控制面积(hm²)	长度(km)	点状(个)	线状(km)
Ⅰ	1	半开析、中度割裂、半主沟型	4.29			1.83	1.84	0.49			3.14	0.6		
	2	半开析、中度割裂、半主沟型	2.48			0.13	0.61	0.51						
	3	开析、中度割裂、半主沟型	13.85			2.36	3.91	0.63						
Ⅱ	4	半开析、中度割裂、半主沟型	10.86		2.17	3.45	4.00	0.58	1	2.17	6.56	1.01	19	
	5	半开析、中度割裂、半主沟型	8.71			2.18	1.38	0.49					16	
	6	半开析、中度割裂、半主沟型	4.12		1.56			0.64	1	1.24	3.90	0.33		
Ⅲ	7	半开析、强度割裂、主沟型	40.6		12.18	2.86	8.32	1.95	1	12.18				
	8	半开析、强度割裂、主沟型	41.11		12.33	10.72	10.97	1.83	1	12.33	20.48	2.59		
Ⅳ	9	半开析、强度割裂、主沟型	46.33		15.80	26.17		2.47	1	15.80				
合计			172.35		44.05	49.70	31.03	9.59	5	43.72	34.08	4.53	35	

表7-9 高泉沟流域水土保持措施现状调查表

沟道分级	沟道编号	沟道类型	沟道面积（hm²）	土地利用方式							
				水土保持林		种草（hm²）	坡面水系工程		小型蓄水保土工程	
				乔木林（hm²）	灌木林（hm²）		控制面积（hm²）	长度（km）	点状（个）	线状（km）
I	10	半开析型、中度割裂型、半主沟型	3.21	0.68	0.63	0.19	3.14	0.9	17	0.2
II	11	半开析型、中度割裂型、半主沟型	5.57	1.05	4.41	0.11			19	0.3
	12	开析型、中度割裂型、半主沟型	6.69	1.88	1.31	0.36			16	0.4
III	13	半开析型、中度割裂型、半主沟型	34.33	14.37	3.15	2.58	16.56	1.25	18	0.3
	14	深切型、强度割裂、主沟型	48.14	25.01	19.73	3.4	35.14	2.04	17	0.2
IV	15	半开析型、强度割裂型、主沟型	60.1	40.42	12.55	7.13	50.1	2.3	14	0.3
合计			158.04	83.41	41.78	13.77	104.94	6.49	101	1.7

表 7-10　安家沟及高泉沟流域沟道开发利用现状调查表

沟道编号	沟道面积(hm²)	水保措施	土壤类型	坡度(°)	坡向	整地类型	树种	林龄(年)	冠幅(cm²)	胸(地)径(cm)	树高(m)	覆盖度(%)	密度(株/hm²)	郁闭度(%)
I₂₀	4.29	植物措施	黄绵土	22	阳	水平阶 水平沟	榆树、山杏	22		山杏10.4 榆树20.1	山杏4.0 榆树5.4	92	疏林	20
I₁₇	2.48	植物措施	黄绵土	23		水平阶	沟脑零星杨树、沟坡柠条					35	疏林	
I₁₄	13.85	植物措施	黄绵土	24		水平阶	沟脑零星杨树、沟坡柠条					35	疏林	
I₁₄	10.86	工程措施(谷坊) 植物措施	黄绵土	35	阴	水平台	杨树	25		6.4	4.9	78	2 000	46
I₁₄	11.86	工程措施(淤地坝) 植物措施	黄绵土	38.5		水平阶	沟脑零星杨树、沟坡柠条					35	疏林	
I₂	12.86	植物措施	黄绵土	29		水平阶	沟脑零星杨树、沟坡柠条					35	疏林	
I₁₄	13.86	工程措施(淤地坝) 植物措施	黄绵土	30		水平阶	沟脑零星杨树、沟坡柠条					35	疏林	

续表 7-10

沟道编号	沟道面积(hm²)	水保措施	土壤类型	坡度(°)	坡向	整地类型	树种	林龄(年)	冠幅(cm²)	胸(地)径(cm)	树高(m)	覆盖度(%)	密度(株/hm²)	郁闭度(%)
I_{11}	41.11	工程措施(淤地坝)植物措施	黄绵土	28	阴	水平台	沙棘	29	2.8×2.5	9.6	3.5	85	1 060	31
I_{11}		工程措施(淤地坝)植物措施	沟道盐渍土		半阴(沟底)	无	红柳	32	1.6×2.1	6.05	4.6	70	9 600	80
I_{11}		工程措施(沟台地)植物措施	黄绵土	48	阳	穴状整地沟台地造林	红柳	32	2.75×1.0	6.89	2.9	92	3 500	35
				35	沟底	穴状整地	柳树	25	3.1×2.2	11.8	11.5		2 000	40
I_{11}	3.21	工程措施(土柳谷坊)、植物措施	灰褐土黄麻土	22	阴坡下部	穴状整地	沙棘	25		12.3	5.5		2 000	50
					阴坡上部	无	落叶松、沙棘、杨树	23		20.2	16	90		

续表 7-10

沟道编号	沟道面积(hm²)	水保措施	土壤类型	坡度(°)	坡向	整地类型	树种	林龄(年)	冠幅(cm²)	胸径(地)(cm)	树高(m)	覆盖度(%)	密度(株/hm²)	郁闭度(%)
I₁₄	34.33	工程措施(沟头防护)植物措施	灰褐土黄麻土		沟底	穴状整地	杨树	25		15.9	14		1 600	55
I₁₄	48.14	植物措施	灰褐土黄麻土	20	半阴沟脑	水平阶穴状整地	落叶松	25		13	17		3 300	65
				20	半阴沟脑	水平阶穴状整地	油松	25		13.4	13		3 300	73
				20	半阴沟脑	水平阶穴状整地	云杉、沙棘	25		10	11		3 300	70
I₁₁	60.1	植物措施	灰褐土黄麻土		沟底	穴状整地	杨树、沙棘	25		9.6	11		3 300	62
				10	阴坡	水平台	杨树	25		11.2	16.6		3 300	65
				8	阴坡	退耕还林地	杨树	25		12.9	15.1	90	3 400	72

注:沟道编号详见表4-7。

侵蚀沟道内的植物措施主要有沙棘、柠条、杨、柳、榆等乔灌木树种,沟道盐碱坝地营造红柳林。在阴坡主要以沙棘为主,阳坡以柠条为主,沟道底部以红柳、杨树、柳树为主。沟坡整地方式为水平阶、水平沟,沟底以穴状整地为主。目前,流域侵蚀沟共营造水保林 80.73 hm²,种草 9.59 hm²,水平阶及水平沟整地 4.53 km,详见表 7-8。

（二）高泉沟流域利用现状调查

根据调查、实测沟道、查阅相关的数据资料,归纳出高泉沟流域的水沙利用现状总体布局是:以植物措施为主,配套相应的工程措施,上下游层层拦蓄的水沙利用体系。

高泉沟流域在植物措施配置上采取了沟坡以灌木林为主,树种阳坡主要为柠条,阴坡为沙棘;沟底以乔木林为主,乔木树种有杨树、云杉等;工程上配套了谷坊和沟头防护措施,以防止沟底下切、遏制沟头前进。上游以灌草为主,下游以乔木林为主,取得了良好的应用效果。目前,流域侵蚀沟共营造水保林 125.19 hm²,种草 13.77 hm²,水平阶及水平沟等坡面水系工程整地 6.49 km,各类谷坊数量约为 101 座,沟头防护 1.7 km,沟道的林草覆盖度在 75% 以上,详见表 7-9。

高泉沟流域的水沙利用重点在沟头区域。在沟沿线附近修筑环形沟头防护工程,在阳坡比降大、沟道狭窄的支毛沟内修筑土谷坊,阴坡修筑柳谷坊。从上游至下游,从沟坡到沟底,从支毛沟到主沟道进行系统有序的治理。

三、高塬沟壑区沟道水保措施现状

在南小河沟流域选择 23 条不同级别、不同类型的沟道进行调查,得到南小河沟Ⅰ、Ⅱ、Ⅲ级和各类型水土保持措施数量及沟道植物措施分布情况。

（一）全流域水土保持措施及土地利用面积

南小河沟流域内总土地面积 3 630.00 hm²。其中,沟间地塬面基本农田 1 814.80 hm²,占流域总面积的 49.99%,是主要的生产基地。作物主要以小麦、玉米、糜谷、豆类、油菜为主。林地以四旁林为主(主要树种为杨树、国槐、楸树),经济林以核桃、大枣为主,果园以苹果为主。沟谷地 1 580 hm²,林地以乔木林为主(主要树种为刺槐、油松、侧柏),截至 2012 年,各项土地利用情况见表 7-11。

表 7-11　南小河沟全流域土地利用统计表

地类	土地面积（hm²）	措施占流域总面积比例（%）
农地	1 814.80	49.99
林地	948.81	26.14
牧地	125.00	3.44
未利用地	214.24	5.90
其他用地	326.37	8.99
难利用地	200.78	5.53
合计	3 630.00	100.00

南小河沟流域Ⅰ级沟道上由塔山沟、银仓寺、范家沟、竹儿沟、湫沟等处的淤地坝控制,控制率为31.2%;Ⅱ级沟道上由花果山水库控制,控制率达到100%;Ⅲ级沟道上面积为8.16 km²,由花果山水库控制一部分,十八亩台大型淤地坝控制一部分,剩余的面积由最下游的南小河沟水库控制,控制率达到100%。根据实际调查得知,高塬沟壑区由于最下游地形和地质条件的限制,Ⅲ级沟道工程控制率往往达不到100%,也就是80%左右,见表7-12。

表7-12　南小河沟流域水土保持措施现状调查表

土地利用方式		沟道类型								
		I₁₆	I₁₈	I₁₇	I₈	I₂₇	I₂₆	II₁₇	II₈	III₁
基本农田	梯田(hm²)	0.24		1.30	3.31				1.97	24.04
	坝地(hm²)			2.48						7.69
	其他(hm²)	1.72	24.07	7.61	4.69	1.58	4.87	1.07	4.50	0.21
水土保持林	乔木林(hm²)	28.33	33.24	3.92	29.83	1.73	0.99	6.42	2.94	203.72
	灌木林(hm²)	1.13		5.25						6.35
	经济林(hm²)									
种草(hm²)										
封禁治理(hm²)			5.69	25.30	74.34	3.35		1.98	2.91	1.03
其他(hm²)										
淤地坝	数量(座)	1	1	2						1.00
	已淤地面积(hm²)									7.69
淤地坝	控制面积(hm²)	19.00	314.00	160.00						3 060.00
	长度(km)	0.24		1.30	3.31				1.97	24.04
小型蓄水保土工程	点状(个)									
	线状(km)									

(二)沟道分级与植物措施分布

南小河沟流域内无天然林分布。流域从20世纪50年代开始进行水土保持综合治理,并根据试验研究、生产与示范的需要,陆续修建了高标准梯田果园、现代化梯田苗圃。截至2012年,南小河沟流域(含塬面)有林地954.45 hm²,草地354.53 hm²,林草覆盖率达36.06%,具体见表7-13。

表 7-13　南小河沟流域沟道植物措施开发利用现状调查表

沟道名称	沟道级别	沟道类型	沟道面积 (hm²)	土壤类型	坡度 (°)	坡向	整地类型	植被覆盖度 (%)	植被类型	树种	林龄 (年)	胸(地)径 (cm)	树高 (m)	林木蓄积 (m³/hm²)	其他	备注
杨家沟	I	支	61.65	黄墡土	33	阳坡	鱼鳞坑	85	乔、灌、草	刺槐	34	12.1	13.5	5.38		
水沟	II	支	30.36	红黏土	40	半阴坡（西）	鱼鳞坑	80	乔、灌、草	杏树	45	12.7	5.3	1.07		
水沟	II	支	30.36	红黏土	40	半阴坡（西）	鱼鳞坑	80	乔、灌、草	刺槐	16	9.8	8.2	7.82		
南小河沟	III	主	816.05	新积土	0	东西	沟滩地	90	乔、灌、草	柳树	20	18.8	19	9.40	主沟道	
南小河沟	III	主	816.05	黄墡土	30	半阴坡（西）	鱼鳞坑	90	乔木、草	油松	29	15.9	14.8	5.62	魏家台	
南小河沟	III	主	816.05	黄绵土	5	阴坡（北）	水平阶	85	乔木、草	侧柏	26	8.5	6.2	4.27	长青山	
南小河沟	III	主	816.05	红黏土	0	南北	沟滩地	80	乔、灌、草	杨树	28	15.3	19.5	6.00	杨家沟口	

注：按现场调查记录填写，具体到不同树种及其立地条件。

第三节　不同类型沟道水沙资源现有利用模式

　　水土保持小流域综合治理始于 20 世纪 50 年代,由于受当时社会、经济、技术等方面因素的影响,治理进度缓慢,治理措施的配置因时而变,缺乏科学合理的结构及对应的配套措施,其措施的单一性、实施的盲目性造成了群体功能效益较低。1980 年,水利部提出以小流域为单元的综合治理模式,水土保持工作进入了一个新的发展阶段,甘肃省列入重点治理的小流域约 700 条。1982 年,黄河上中游管理局在甘肃省选择了九条小流域作为黄河中游地区的试点小流域,经过多年的试验、示范和推广,先后在甘肃黄土高原不同类型区形成了不同的治理模式,如黄土高塬沟壑区的茜家沟模式、丘五区的官兴岔模式等,这些小流域达到了较高的治理程度,形成了比较完整的防护体系,改善了生产条件和生态环境,调整和优化了当地的土地利用结构、产业结构和经济结构,提高了土地利用率,提高了综合经济效益和农民的生活水平,为黄土高原小流域综合治理树立了典型和样板。

一、丘三区的沟道利用模式

　　1998～2010 年,黄委在天水市藉河流域实施了"黄河流域水土保持藉河示范区生态建设工程",其建设目的旨在为黄河上中游提供一个可在市场经济条件下实现大规模、高投资进行水土保持综合治理的示范样板,深入探索市场经济条件下水土保持工作的管理体制和运行机制。项目经过一期、二期建设,逐步形成了包括水土保持生态旅游模式、水土保持林果业模式及水土保持综合治理模式,为丘三区不同沟道类型利用提供了技术支持。本书在上述研究和实践的基础上,通过对丘三区的典型小流域侵蚀沟道的重新分级分类和典型小流域坡沟系统水沙来源与水沙变化的分析,结合不同级别的支沟及不同沟道类型土地利用和水土保持措施现状调查,总结出开析型 + 强烈割裂型沟道利用模式(Ⅰ)、半开析型 + 中度割裂型沟道利用模式(Ⅱ)、深切型 + 弱度割裂型沟道利用模式(Ⅲ)三种不同的沟道利用模式。

(一)开析型 + 强烈割裂型沟道利用模式(Ⅰ)

　　典型小流域调查结果表明,开析型 + 强烈割裂型沟道由于地形较开阔、沟坡较缓和、沟底宽浅、土地利用类型多样化,主要以开发利用为主,治理防护为辅,形成多元化的治理与开发体系。从沟道分级上来说,此类型沟道既包括藉河一级支流吕二沟、中山沟Ⅳ级沟道,也包括吕二沟 1#、5#沟道等Ⅲ级支沟及罗玉沟 12#沟道Ⅲ级支沟。由于此类型沟道沟坡部位面积较大,治理中多采用坡面修筑梯田、水平阶及鱼鳞坑整地,林草措施和工程措施相结合;沟底部位在综合治理的同时实施小型蓄水拦截工程,加强人畜用水调节和节水灌溉措施的应用,改善当地干旱缺水状况。这一类沟道治理模式可概括为"沟边林带锁边,沟坡林草护坡,沟底川台林果"。

(二)半开析型 + 中度割裂型沟道利用模式(Ⅱ)

　　根据调查结果,半开析型 + 中度割裂型沟道包括藉河一级支流罗玉沟Ⅳ级沟道及罗玉沟、吕二沟流域大部分Ⅲ级沟道的主要类型,由于其地势和沟道侵蚀情况介于开析型 + 强烈割裂型和深切型 + 弱度割裂型沟道之间,故其沟道利用体现为治理与利用相结合,提高土地利用率和生产效率。其治理模式可以概括为"沟边林带锁边，沟坡林草护坡，沟底刺槐封沟"。

（三）深切型＋弱度割裂型沟道利用模式（Ⅲ）

深切型＋弱度割裂型沟道由于地势相对狭窄，沟道侵蚀较为严重，主要开发利用以治理防护为主，开发利用为辅，以前进型发育性沟头防护和沟底淤地坝工程为治理防护工作重点。其治理模式可以概括为"沟边林带锁边，沟坡林草护坡，沟底坝系拦蓄"。从沟道分级上来说，此类型沟道包括罗玉沟 4# 沟道、桥子东沟、桥子西沟及席家沟 2# 沟道等Ⅰ～Ⅲ级沟道。

二、丘五区的沟道利用模式

（一）安家沟流域利用模式

根据分级分类研究结果，安家沟大于 500 m 侵蚀沟道共 9 条，沟道编号为 1、2、3、4、5、6、7、8、9 号沟。其中，Ⅰ级沟道 3 条，Ⅱ级沟道 3 条，Ⅲ级沟道 2 条，Ⅳ级沟道 1 条。安家沟流域侵蚀沟道的利用模式主要有以下两种类型（见表 7-14）：①安家沟：生物（水保纯林、混交林）＋工程固沟（谷坊、淤地坝、骨干工程）＋沟坡拦蓄；②马家岔：生物固沟（柠条、杨树）＋沟坡拦蓄。

该流域的侵蚀沟道主要分为安家沟和马家岔沟。虽然地处同一小流域，但利用模式完全不同，安家沟是水土保持试验研究基地，曾进行过多项试验研究课题，治理程度高，措施种类多样，工程措施有骨干坝、淤地坝、谷坊等，生物措施有纯林（红柳、沙棘、杨树、柠条），混交林（山杏、榆树），乔灌草混交、乔灌混交、乔草混交、灌草混交等多种模式结构；马家岔生物措施单一，工程措施为上游淤地坝，出口骨干坝。

安家沟流域沟道利用包括沟坡和沟底。沟坡面积包括沟坡线以下至沟底区域，是流域内拦蓄坡面水下沟的最后一道"防线"。治理中主要是通过实施坡面整地进行造林种草工程，发展径流林草，遏制产流，拦截上部防护体系的剩余径流，固土护坡；沟底是从沟头开始至流域出口为界，比降较大的Ⅰ级支沟治理以谷坊、沟头防护措施为主控制沟底下切、沟头前进，遏制朔源侵蚀；Ⅱ级支沟主要以中小型淤地坝为主拦泥淤地；Ⅲ级支沟即主沟道修建以治沟骨干工程为主，拦截沟道自产径流泥沙和流域上游防护系统没有拦截完的径流泥沙，沟口配套红柳林等植物措施。抬高了侵蚀基准面，控制整个流域的水土流失。安家沟谷坊及沟坡整地情况见图 7-1。

（二）高泉沟流域利用模式

根据分级分类研究结果，高泉沟流域大于 500 m 侵蚀沟道共 6 条，沟道编号为 10、11、12、13、14、15 号。其中，Ⅰ级沟道 2 条，Ⅱ级沟道 3 条，Ⅲ级沟道 2 条，Ⅳ级沟道 1 条。高泉沟流域侵蚀沟道的利用模式分为苟家蕈和坡儿下两种（见表 7-14）：①苟家蕈：沟头防护＋谷坊＋生物措施（水保纯林、混交林）；②坡儿下：生物措施（水保纯林、混交林）。

高泉沟流域的水沙利用方式以植物措施为主，配置谷坊和沟头防护，沟头朔源侵蚀得到了遏制，林草覆盖度达到或超过了 75%。

苟家蕈和坡儿下两条沟道的生物措施在上游沟头部位及下游相似，坡儿下在中游部位植被基本呈自然状态。高泉沟流域的沟道利用工程措施包括沟头防护、谷坊（土谷坊、

表7-14　安家沟及高泉沟侵蚀沟道利用现状模式汇总表

沟道名称（编号）	不同级别	不同类型			沟道条数（条）	沟道面积（km²）	现状利用模式	模式组成
		主支沟状况	开析度	割裂度				
1、2、10	Ⅰ	半主沟型	半开析型	中度割裂	3	9.98	生物固沟+沟坡拦蓄	1号沟沟底人工沟台地造林（山杏、榆树），沟坡水平阶整地造林（阴坡沙棘，阳坡为柠条；2、3号沟阴坡沙棘，阳坡为柠条，麦皮草；10号沟阴坡沙棘，阳坡柠条，杨树
3			开析型	中度割裂	1	9.04		
5、6、11	Ⅱ	半主沟型	半开析型	中度割裂	3	18.4	淤地坝+合坊+生物+沟坡拦蓄	4号沟沟底土合坊，沟坡水平阶整地造林（阴坡整地，阳坡沙棘，阳坡为柠条；5、6、12号沟阴坡沙棘，杨树，麦皮草，5号沟淤地坝控制出口；11号沟沟底杨树，沟坡杨树，沙棘，云杉，落叶松、油松
4、12			开析型	中度割裂	2	15.55		
8	Ⅲ	主沟型	半开析型	强度割裂	1	41.11	骨干坝+淤地坝+合坊+生物+沟坡拦蓄	7号沟阴坡沙棘，阳坡为柠条，沟底为红柳，骨干坝水平阶整地造林（红柳），淤地坝控制出口；8号沟沟底造林（阴坡沙棘，阳坡柠条），沟坡水平阶整地造林（阴坡沙棘，阳坡柠条），淤地坝控制出口；13号沟阴坡沙棘，阳坡杨树，沙棘，云杉，落叶松，油松；14号沟沟底杨树，油松
7、13				中度割裂	2	74.93		
14			深切型	中度割裂	1	48.14		
9	Ⅳ	主沟型	半开析型	强度割裂	1	46.33	骨干坝+沟头防护+合坊+生物+沟坡拦蓄	9号沟沟底造林（红柳），沟坡水平阶整地造林（阴坡沙棘，阳坡柠条），骨干坝控制出口；15号沟沟底合坊，杨树，沟坡杨树，沙棘，云杉，落叶松、油松
15			深切型	强度割裂	1	60.1		

图7-1　安家沟谷坊及沟坡整地情况

柳谷坊),见图7-2;生物措施有纯林(云杉、落叶松、油松、杨树、柳树、沙棘等),乔灌混交林、乔草混交、灌草混交等模式结构。高泉沟柳谷坊及乔木纯林如图7-2所示。

图7-2　高泉沟柳谷坊及乔木纯林

可见,在丘五区典型流域中,安家沟及高泉沟流域现有的治理模式(见表7-14)主要有:Ⅰ级半主沟 + 中度割裂 + 半开析及开析型的沟道主要以生物固沟 + 沟坡拦蓄的模式为主,主要的植物树种有沟底人工沟台地山杏、榆树造林,沟坡水平阶整地阴坡沙棘,阳坡柠条造林;Ⅱ级半主沟 + 中度割裂 + 半开析及开析型的沟道主要模式为淤地坝 + 谷坊 + 生物 + 沟坡拦蓄,主要的植物树种有沟坡水平阶整地造林沟坡杨树、沙棘、云杉、落叶松、油松为主,其中阴坡以杨树、沙棘为主,阳坡以柠条、芨芨草为主,淤地坝控制出口;Ⅲ级主沟型+半开析型+强度割裂、主沟型+半开析型+中度割裂、主沟型+深切型+中度割裂的沟道主要模式为骨干坝+淤地坝+谷坊+生物+沟坡拦蓄;Ⅳ级主沟型+强度割裂+半开析型及深切型以骨干坝+沟头防护+谷坊+生物+沟坡拦蓄的模式为主。

(三)称钩河流域利用模式

称钩河流域的沟道利用以坝系拦蓄水沙资源,控制水土流失为主,利用模式为骨干坝+淤地坝的立体拦蓄模式,称钩河流域坝系分布见图7-3、表7-15。

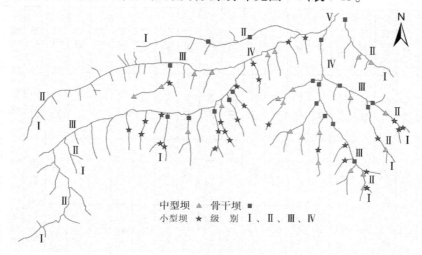

图 7-3　称钩河流域坝系分布图

1. 模式组成

骨干坝是指在干、支沟中兴建的控制性缓洪、拦泥淤地坝。在坝址选择时,按照设计要求,骨干坝的控制面积应为 3 km² 以上,库容 50 万 m³ 以上;中型坝的控制面积为 1~3 km²,库容 10 万~50 万 m³;小型坝的控制面积则应小于 1 km²,库容 1 万~10 万 m³。在称钩河流域,骨干坝一般都建在Ⅱ级以上的半开析+中度割裂+半主沟和支沟型的沟道中。中型和小型坝基本都建在Ⅰ级沟道的半开析+中度割裂+半主沟型的沟道中。自1995 年至 2008 年末,共建成各类淤地坝 74 座,其中骨干坝 22 座,中型坝 20 座,小型坝32 座,形成了立体配置、综合防控的流域坝系工程。骨干坝总控制面积 109.23 km²,淤地面积 118.23 hm²,总库容 1 659.88 万 m³;中小型淤地坝可淤地 42.75 hm²。

2. 措施结构

该模式措施结构以工程措施为主,配套生物措施。工程措施以骨干坝总控制干、支沟出口,在流域面积较大的同一支沟内,有建坝条件的已建设连环骨干坝,分控一条沟道内的中游和下游;支毛沟中建设中小型淤地坝,与骨干坝形成了小、中、大的立体配置模式,上游盐碱少、水质清,主要作为淤地种植为主的坝地;生物措施主要为坝体两侧绿化,其增强了坝体稳定性,提升了流域的载畜量,减轻了坝坡土壤侵蚀。

表 7-15 称沟河流域不同类型沟道坝系分布表

级别	分类		沟道面积（hm²）	类型	坝名	坝高（m）	库容（万 m³）			控制面积（hm²）
							总库容	拦泥	滞洪	
II	开析型	中割裂度型	25	骨干坝	红土庄	24	51.45	28.34	23.12	115.46
II	开析型	中割裂度型	26		秦家岔	25	55.31	30.46	24.85	43.24
II	半开析型	中割裂度型	36		高家岔	24.5	54.57	28.43	26.14	63.22
I	半开析型	中割裂度型	45		花郎岔	21.5	50.16	27.05	23.11	49.22
I	半开析型	中割裂度型	32		旧庄嘴	19	50.4	28.6	21.8	75.51
I	半开析型	中割裂度型	39		寇家川	19	49.73	28.25	21.48	58.95
II	半开析型	中割裂度型	13		丁家岔	28	75.84	28	47.84	108.5
I	半开析型	中割裂度型	118		张家沟	23	50.89	22.92	27.97	381.15
II	半开析型	中割裂度型	118		阳山嘴	26	50.31	23.52	26.79	306.7
III	半开析型	中割裂度型	101		崖头湾	25.45	50.54	21.84	28.7	105.81
III	半开析型	中割裂度型	101		别杜川	27	90.68	46.52	44.16	289.47
I	半开析型	中割裂度型	71		姚门坪	23	50.93	26.13	24.8	71.58
III	半开析型	中割裂度型	39		女子坪	28	56.94	21.02	35.92	267.85
III	半开析型	中割裂度型	101		崖湾里	19	50.18	23.46	26.72	191.89
IV	半开析型	中割裂度型	53		前川	28.57	77.99	40.01	37.98	48.4
II	半开析型	中割裂度型	33		寨子川	23.6	71.34	36.6	34.74	152.37
III	半开析型	中割裂度型	47		新厨房川	16	75.84	28	47.84	273.08
II	开析型	中割裂度型	43		南湾	25.83	62.72	32.18	30.54	189.54
IV	半开析型	中割裂度型	53		前庄里	21.5	81	43.68	37.32	396.35
II	半开析型	中割裂度型	52		孟家岔	26	131.63	67.2	64.43	405.23

续表 7-15

级别	分类			沟道面积 (hm²)	类型	坝名	坝高 (m)	库容 (万 m³) 总库容	拦泥	滞洪	控制面积 (hm²)
II	开析型	中割裂度型	半主沟	26	中型坝	西山上	14	10.48	4.52	5.96	240.49
I	半开析型	中割裂度型	半主沟型	32		阳山嘴	20	11.69	5.04	6.65	56.45
I	半开析型	中割裂度型	半主沟型	32		固窑湾	17	10.59	4.57	6.02	172.51
I	半开析型	中割裂度型	半主沟型	16		梁家湾	19	10.07	4.61	5.46	107.49
I	半开析型	中割裂度型	半主沟型	16		菜子沟	16	10.07	4.61	5.46	106.11
I	半开析型	中割裂度型	半主沟型	12		刘家坪	12	10.07	4.61	5.46	92.01
I	半开析型	中割裂度型	半主沟型	21		五方川	15	11.01	5.04	5.97	131.7
I	半开析型	中割裂度型	半主沟型	28		谢家坪	18	10.48	4.52	5.96	90.38
II	半开析型	中割裂度型	半主沟型	19		碱滩里	15	10.72	4.91	5.81	66.16
II	半开析型	中割裂度型	半主沟型	15		庙川里	15	14.87	6.81	8.06	160.15
I	半开析型	中割裂度型	半主沟型	71		新庄里	18.5	11.18	4.82	6.36	95.19
I	半开析型	中割裂度型	半主沟型	71		下朱家湾	16	10.59	4.57	6.02	97.27
II	半开析型	中割裂度型	半主沟型	32		王家嘴	18.5	11.29	4.87	6.42	95.37
I	半开析型	中割裂度型	半主沟型	39		丁家门	15	14.49	6.25	8.24	147.6
I	开析型	中割裂度型	半主沟型	50		菜子川	16.77	11.29	4.87	6.42	119.8
II	半开析型	中割裂度型	半主沟型	33		瓦窑沟	15	10.92	5	5.92	94.61
I	半开析型	中割裂度型	半主沟型	25		安家川	15	10.82	4.95	5.87	107.29
I	半开析型	中割裂度型	半主沟型	50		菜科里	16.5	11.39	4.91	6.48	148.84
I	半开析型	中割裂度型	半主沟型	25		曲下湾	17	11.39	4.91	6.48	104.32
II	开析型	中割裂度型	半主沟型	43		大沟	12	10.18	4.39	5.79	113.03
I	半开析型	中割裂度型	半主沟型	57		水岔沟	21	28.66	12.36	16.3	290.13
I	半开析型	中割裂度型	半主沟型	17		刘家岔	11.5	10.69	4.61	6.08	77.02

续表 7-15

级别	分类		沟道面积 (hm²)	类型	坝名	坝高 (m)	库容 (万 m³)			控制面积 (hm²)
							总库容	拦泥	滞洪	
I	半开析型	中割裂度型	22	半主沟型	林家岔下	18	5.07	1.53	3.54	65.16
I	半开析型	中割裂度型	12	半主沟型	东山上	14	4.93	1.49	3.44	67.99
II	半开析型	中割裂度型	36	半主沟型	张家庄	10	4.45	1.49	2.96	154.06
I	半开析型	中割裂度型	45	半主沟型	柳家坪	11.5	2.64	0.88	1.76	34.59
I	半开析型	中割裂度型	29	半主沟型	桥下川	9.5	3.74	2.49	1.25	51.71
I	半开析型	中割裂度型	27	半主沟型	阳山上	10	3.8	1.27	2.53	95.36
I	半开析型	中割裂度型	17	半主沟型	韩家坪	17	5	1.51	3.29	68.39
I	半开析型	中割裂度型	71	半主沟型	上宋家湾	10.5	5.67	1.9	3.77	83.4
I	半开析型	中割裂度型	15	主沟型	山窑湾	13	5.14	1.55	3.59	71.34
I	半开析型	中割裂度型	50	半主沟型	堂窑岭	15	7.92	2.39	5.53	70.64

（类型栏：小型坝）

3. 系统功能

坝系建设对流域内的径流泥沙形成分段拦截,层层控制。骨干坝拦截泥沙淤成平缓的坝地,并拦蓄了径流,坝顶道路以坝带桥连通沟道两岸;中小型淤地坝淤满后,通过改良土壤,变废为宝。坝坡撒播紫花苜蓿等优质牧草,形成了骨干坝＋淤地坝的流域立体拦蓄模式。

称钩河坝系利用现状如图7-4所示。

可见,在丘五区称钩河流域中,骨干坝一般都建在Ⅱ级以上半开析＋中度割裂＋半主沟和支沟型的沟道中。中型和小型坝基本都建在Ⅰ级沟道的半开析＋中度割裂＋半主沟型的沟道中。以骨干坝总控制干、支沟出口,流域面积较大的同一支沟内,有建坝条件的已建设连环骨干坝,分控一条沟道内的中游和下游;支毛沟中建设中小型淤地坝,与骨干坝形成了小、中、大的立体配置模式。

(四)峪岭沟流域利用模式

峪岭沟流域沟道面积0.56 km²,占流域总面积的9.26%。由于地势低,光、热、水肥条件优越,水源充足,诱发了沟岸滑塌,沟底下切的严重发生。对通往陇西、渭源两县四乡八村的主要道路产生了直接威胁。该区通过工程措施和生物措施的有机结合,利用模式为淤地坝＋小型拦蓄工程＋生物措施。这种模式的组成和功能解释为在沟道布设了四道防线,并加以开发利用。

1. 沟底乔木林防线

较平缓的沟头及沟坡地带种植速生沟道防冲乔木林,主要树种有杨树、柳树、落叶松等。

2. 小型拦蓄工程防线

狭窄的支毛沟和正在发育的侵蚀沟,布设小型拦蓄工程,修筑沟头防护、土柳坊、石柳坊及土谷坊群,在沟坡修筑水平阶植树、种草,谷坊淤平后,在谷坊内栽树育苗,林草措施与工程措施相辅相成。流域沟道内共修筑谷坊436道,沟头防护0.9 km。

3. 蓄水调洪防线

在支沟修建了4座淤地坝,总库容75万m³,调洪拦泥,有效利用坝内水资源,发展养鱼,配置灌溉设施,提灌面积180亩,自流灌溉面积90亩。

4. 固沟护路防线

利用当地资源在主沟道现有沿沟床修建柳编篱生物固沟护岸(见图7-5),工程长3 246.4 m,在有效防护沟道两侧沟坡滑塌的同时,保证了两县四乡八村公路干道的畅通,保护耕地20亩,由于生长条件好,柳枝成活率高,柳条可编制农具,还具有一定的经济价值。

三、高塬沟壑区

(一)Ⅰ级支沟的两种现状模式

(1)沟谷造林＋沟底修筑谷坊＋谷坊中间营造防冲林模式。

(2)个别塬面面积较大,超过5 km²时,Ⅰ级支沟位于流域的上游或中游,其现状模式为沟谷造林＋沟底修筑淤地坝(银仓寺、范家沟、竹儿沟),淤地坝前期水资源利用(水面

图 7-4　称钩河坝系利用现状

养殖、小高抽供塬面用水）+ 后期坝地栽植耐水树木或综合利用模式。（注：小高抽即小流量高扬程抽水泵。下同）

（二）Ⅱ级支沟的两种现状模式

（1）沟坡小型蓄排工程 + 沟坡造林 + 沟坡种草 + 沟底淤地坝 + 前期小高抽提水节水灌溉 + 后期坝地利用。

（2）塬坡山地窄梯田 + 塬坡果园（包含果园节水灌溉）+ 沟底淤地坝 + 前期小高抽提水节水灌溉 + 坝地利用。

（三）Ⅰ、Ⅱ级支沟坡面径流泥沙调控利用的主要模式

（1）坡面集雨 + 鱼鳞坑或水平阶整地 + 喜湿乔木纯林（如油松），该模式主要适宜阴坡。

图 7-5　峪岭沟流域柳篱护岸

（2）坡面集雨＋鱼鳞坑或水平阶整地＋喜湿乔灌混交林（如油松和沙棘混交），该模式主要适宜半阴坡。

（3）坡面集雨＋鱼鳞坑整地＋抗旱灌木林（如狼牙刺），该模式主要适宜阳坡。

（4）坡面集雨＋鱼鳞坑或集蓄槽整地＋抗旱乔灌混交林（侧柏和狼牙刺混交），该模式主要适宜半阳坡。

（5）坡面集雨＋水平阶整地＋种植禾本科牧草，该模式主要适宜立地条件比较差的天然草地改良。

（6）Ⅰ级支沟沟道泉水收集＋小高抽提水＋塬面水塔调蓄＋管道输水＋人畜饮水，该模式主要适宜流域中下游无机井地区解决人畜饮水难题。

（7）Ⅰ级支沟沟道泉水和坝库水＋小高抽提水＋塬面水塔调蓄＋管道输水＋塬面果园或山地经济作物的节水灌溉系统，该模式主要适宜流域上中游果园补充灌溉问题。

（8）Ⅰ级支沟沟道柳谷坊＋小型淤地坝＋塘坝＋养鱼或提水上塬补充灌溉菜园或果园，该模式主要适宜城市（含县城）郊区的小流域。

（9）Ⅰ级支沟沟道柳谷坊＋小型淤地坝＋治沟骨干工程＋沟坡防护林＋沟床防冲林，该模式是该区域适宜的主要拦沙排清措施。

（10）Ⅰ级支沟沟道红土泻溜面＋鱼鳞坑整地＋灌木林（如沙棘），该模式主要针对现代侵蚀沟谷最大产沙区红土泻溜面的治理措施。

（四）Ⅲ级支沟的现状模式

目前，南小河沟的Ⅲ级支沟也就是高级支沟。水库、大型淤地坝布设在这一级支沟上，拦泥淤地效益显著，水沙资源利用率高，目前有以下两种现状模式：

（1）上游淤地坝＋上中游骨干坝蓄水拦泥＋下游骨干坝蓄水拦泥＋骨干坝水面养殖或垂钓等开发利用＋骨干坝蓄水小高抽后用于各种用途。

（2）上游淤地坝淤地造林＋上中游小型水库或骨干坝蓄水拦泥＋下游骨干坝＋骨干坝之间或沟道中下游水产养殖＋苗木繁育＋沿途坡面生态用水小高抽＋荷塘苇塘等观赏用地＋坝地以林木良种或农作物种植。

（五）Ⅲ级支沟（川道）径流泥沙调控利用模式

（1）川台地＋水平梯田＋移动管灌或喷灌设备＋瓜菜大棚或地膜覆盖等高种植瓜菜，这是川道经济效益比较高的一种模式。

（2）泉水或河川径流＋小高抽＋高位蓄水池（位置依据种植实际确定）＋管道输水＋人畜饮水，该模式主要解决该区人畜用水需要。

（3）冲沟＋修建中小型淤地坝＋以坝代路＋村庄道路砂石化＋河道修建过水桥＋道路边修建硬化排水沟，该模式主要解决该区冲沟侵蚀、道路侵蚀和交通困难。

综上所述：在丘三区典型流域中，调查沟道面积为 10 329.1 hm²，利用面积为 10 089.66 hm²，沟道利用率为 97.6%，林草覆盖率平均为 44.38%，现有的治理模式主要有：Ⅰ级沟道（开析型＋中度割裂型）治理模式"沟边林带锁边，沟坡林草护坡，沟底川台林果"；Ⅱ级沟道（半开析型＋中度割裂型）治理模式"沟边林带锁边，沟坡林草护坡，沟底刺槐封沟"；Ⅲ级沟道（深切型＋弱度割裂型）治理模式"沟边林带锁边，沟坡林草护坡，沟底坝系拦蓄"的系统治理模式。

在丘五区典型流域中，安家沟流域沟道总面积 1.72 km²，沟道利用面积 1.34 km²，利用率 60.06%。其中，坝地 44.05 hm²，水保林 80.73 hm²，草地 9.59 hm²。工程措施有淤地坝 5 座，谷坊 35 道，坡面水平沟、水平阶等 4.53 km。高泉流域沟道总面积 1.58 km²，沟道利用面积 1.39 km²，利用率 76.39%。其中，水保林 125.2 hm²，草地 13.77 hm²。工程措施有谷坊 101 道，沟头防护 1.7 km，坡面水平沟、水平阶等 6.49 km。现有的治理模式主要有：Ⅰ级半主沟＋中度割裂＋半开析及开析型的沟道主要以"沟头土柳谷坊固沟，沟道中型和小型淤地坝配套，沟坡林草拦蓄"的模式为主，主要的植物树种有沟底人工沟台地山杏、榆树造林，沟坡水平阶整地阴坡沙棘，阳坡柠条造林；Ⅱ级半主沟＋中度割裂＋半开析及开析型的沟道主要模式"沟道中、大型淤地坝配套，沟坡林草拦蓄"为主，主要的植物树种有沟坡水平阶整地造林沟坡杨树、沙棘、云杉、落叶松、油松为主，其中阴坡以杨树、沙棘为主，阳坡为柠条、苜蓿草，淤地坝控制出口；Ⅲ级主沟型＋半开析＋强度割裂及深切型＋中度割裂的沟道主要模式以"大、中型淤地坝配套，沟坡林草拦蓄"为模式；Ⅳ级以上主沟型＋强度割裂＋半开析型的沟道及深切型以"大型淤地坝为主，沟坡林草拦蓄"的模式为主。

在高塬沟壑区中总结出，Ⅰ级沟道治理的两种模式：①沟谷造林，沟底修筑谷坊，谷坊中间营造防冲林。②沟谷造林，沟底修筑淤地坝，淤地坝前期水资源利用，后期坝地栽植耐水树木或综合利用（塬面面积较大，超过 5 km²时）。Ⅱ级沟道治理的两种模式：①沟坡小型蓄排工程，沟坡造林，沟坡种草，沟底淤地坝，前期小高抽提水节水灌溉，后期坝地利用。②塬坡山地窄梯田，塬坡果园，沟底淤地坝，前期小高抽提水节水灌溉，坝地利用。Ⅲ级沟道的两种模式：①上游淤地坝，上中游骨干坝蓄水拦泥，下游骨干坝蓄水拦泥，骨干坝水面开发利用，骨干坝蓄水小高抽后用于各种用途。②上游淤地坝淤地造林，上中游小型水库或骨干坝蓄水拦泥，下游骨干坝，骨干坝之间或沟道中下游水产养殖，苗木繁育，沿途坡面生态用水小高抽，荷塘苇塘等观赏用地，坝地以林木良种或农作物种植。

第八章　沟道综合管理技术模式

甘肃黄土高原地区气候多变,地形地貌复杂多样,沟道纵横,水土流失严重,自然灾害频发。多年来,我国在甘肃黄土高原沟道内因地制宜地开展了形式多样、功能比较齐全的一套治沟措施,包括生物(植被)措施和工程措施,这些措施对沟道的排洪减灾和生态环境的改善都起到很大的作用,长期以来尽管对这些治沟措施采取了一些管理措施,对工程的安全、持久运行起到了一定的作用。在甘肃黄土高原沟道治理上形成一套高效、持久、科学的建管模式,有效地保证治沟工程发挥更大的作用,将是研究的目的所在。

第一节　建设投资模式

建设投资模式如下:

(1)国家财政拨款与受益者投劳相结合,以工代赈与群众投劳相结合。

(2)联合国粮农组织赠款,世界银行贷款和国家统贷,谁用谁还。

(3)股份合作制集资为主,国家给予少量补贴。

(4)拍卖土地使用权,谁购买,谁治理,谁受益。

第二节　管理模式

根据《中华人民共和国水法》《中华人民共和国水土保持法》《中华人民共和国土地管理法》及《黄河流域水土保持治沟骨干工程建设和管理规定》,沟道工程由县(市、区)水土保持局统一管理。在此基础上形成了如下三种模式。

一、建立健全县、乡、村三级沟道工程管理体系

受益或影响范围在一乡之内的工程由工程所在乡委派专人管理,受益或影响范围在两乡以上的工程由工程主体所在乡委派专人管理。修建永久性管理所,管理费用由主管单位,工程所在乡、村按一定比例共同承担。每年少的维修费用、防汛物资由村委会负责筹集,如出现大的水毁情况,工程维修及林草修复由村委会及时向当地乡(镇)水土保持站汇报,乡(镇)水土保持站经实地调查后提交维修方案,统一上报县水土保持部门。县水土保持部门经核实后列入当年的投资计划,进行维修。

二、经济实体管理模式

对部分水资源利用和水产业开发潜力较大、经济效益较好的骨干坝,可采取承包租赁或移交给有关专业公司、个体经营老板签订全权经营管理合同来经营管理。这种形式把工程的管护维修与其经济利益紧密结合起来,经营管理者实力强,管护维修和防汛能得到

有效保障,达到责、权、利的有机结合,形成"以坝养坝、自我维持"的良好运行机制。

三、承包型管理模式

对于偏远荒沟以生态和社会效益为主、经济效益滞后的淤地坝或骨干坝,管护提倡以承包为主要形式,由水利部门或集体(村委会)支付管护责任人报酬或划拨部分土地补偿给管护人,较大的维修和除险加固应纳入基建计划。县、乡、村监督指导防汛,协助解决技术等问题。

沟道的植物措施管护则由村委会负责,保证林草不被破坏和制止乱砍滥伐,建设单位督查林草管护状况。

综上所述,沟道综合管理是沟道治理成败的关键,良好的沟道综合管理技术不仅体现出当今时代人民的治沟水平,而且还是保证治沟工程安全运行、充分发挥其效能的重要举措,现行的综合管理模式责任明确,管理基本到位,但缺乏对专管人员的奖罚制度和一套完善的法制性的沟道管理制度,对保护林草、保护生态的法律、法规宣传力度不够。

参 考 文 献

[1] 盛海洋.黄土高原的黄土成因、自然环境与水土保持[J].黄河水利职业技术学院学报,2003,15(3):34-36.

[2] 付明胜,任兆选,白平良.地貌几何数学模型在黄土高原沟道分级和坝系规划中的应用[J].中国水土保持科学,2003(04):25-27,55.

[3] 付强,杨红新,史学建.基于GIS的黄土高原多沙粗沙区沟道分级阈值选取——以岔巴沟流域为例[J].山西水土保持科技,2008(04):19-22.

[4] 付强,彭红,杨红新,等.基于ArcGIS Hydrology工具的沟道分级特征值选取[J].中国水土保持,2009(03):55-57.

[5] 徐向舟.黄土高原沟道坝系拦沙效应模型试验研究[D].北京:清华大学,2005.

[6] 刘瑞连.泰山山地北沙河流域水系及流域地貌基本特征研究[D].济南:山东师范大学,2011.

[7] 王晓朋,潘懋,任群智.基于流域系统地貌信息熵的泥石流危险性定量评价[J].北京大学学报(自然科学版)网络版(预印本),2006(03):62-66.

[8] 王礼先.流域管理学[M].北京:中国林业出版社,1999.

[9] 王礼先.关于荒溪分类[J].北京林业学院学报,1982(3):94-107.

[10] 文科军,巴力克,王礼先,等.荒溪分类技术的研究[J].新疆农业大学学报,2000(1):49-53.

[11] 关君蔚.水土保持原理[M].北京:中国林业出版社,1996.

[12] 刘增文,李雅素.黄土残塬区侵蚀沟道分类研究[J].中国水土保持,2003(9):28-30.

[13] 雷阿林.坡沟系统土壤侵蚀动力机制模拟试验研究[D].杨凌:中科院西北水土保持研究所,1996.

[14] 魏霞,李占斌,李勋贵.黄土高原坡沟系统土壤侵蚀研究进展[J].中国水土保持科学,2012(01):108-113.

[15] 王光谦,李铁键,薛海,等.流域泥沙过程机理分析[J].应用基础与工程科学学报,2006,14(4):455-462.

[16] 陈浩.黄河中游小流域的泥沙来源研究[J].土壤侵蚀与水土保持学报,1999,5(1):19-26.

[17] 蒋德麒,赵诚信,陈章霖.黄河中游小流域径流泥沙来源初步分析[J].地理学报,1966,32(1):20-35.

[18] 陈浩,王开章.黄河中游小流域坡沟侵蚀关系研究[J].地理研究,1999,18(4):363-372.

[19] 王晓."粒度分析法"在小流域泥沙来源研究中的应用[J].水土保持研究,2002,9(3):42-43.

[20] 冉大川,高健翎,赵安成,等.皇甫川流域水沙特性分析及其治理对策[J].水利学报,2003,34(2):122-128.

[21] 马宁,赵帮元,王富贵,等.水土流失治理背景下小流域泥沙来源初探——以皇甫川流域西五色浪沟小流域为例[J].中国水土保持科学,2011,9(5):15-19.

[22] 姚文艺,肖培青.黄土高原土壤侵蚀规律研究方向与途径[J].水利水电科技进展,2012(02):73-78.

[23] 陈浩.流域系统水沙过程变异规律研究进展[J].水土保持学报,2001(S1):102-107.

[24] 陆中臣.流域侵蚀产沙和物质转移[J].地理研究,1989,8(2):101-111.

[25] 景可,陈永宗.我国土壤侵蚀与地理环境的关系[J].地理研究,1990,9(2):29-38.

[26] 陈浩.降雨特征和上坡来水对产沙的综合影响[J].水土保持学报,1992,6(2):17-23.

[27] 曾伯庆. 晋西黄土丘陵沟壑区水土流失规律及治理效益[J]. 人民黄河, 1980, 2(2): 20-25.

[28] 西峰水土保持科学试验站. 南小河沟流域综合治理增产减沙效益分析[J]. 山西水土保持科技, 1976(2): 29-45.

[29] 焦菊英, 刘元宝, 唐克丽. 小流域沟间与沟谷地径流泥沙来量的探讨[J]. 水土保持学报, 1992, 6 (2): 24-28.

[30] 吴淑芳, 吴普特, 宋维秀, 等. 坡面调控措施下的水沙输出过程及减流减沙效应研究[J]. 水利学报, 2010, 41(7): 870-875.

[31] 张学雷, 陈杰. 德国土壤科学的研究进展[J]. 土壤通报, 2003(06): 558-561.

[32] 郑粉莉, 王占礼, 杨勤科. 土壤侵蚀学科发展战略[J]. 水土保持研究, 2004(04): 1-10.

[33] Horton R E, Leach H R, Van Vliet R. Laminar sheet-flow[J]. Transactions, American Geophysical Union, 1934, 15: 393-404.

[34] Horton R E. Erosional development of streams and their drainage basins: hydrophysical approach to quantitative morphology[J]. Geological Society of America Bulletin, 1945, 56(3): 275-370.

[35] 张松柏. 庆阳市董志塬水土保持对策研究[J]. 西北农林科技大学学报 (社会科学版), 2012, 12 (2): 67-72.

[36] 程焕玲. 山丘区沟道水资源水土保持开发模式浅谈[J]. 河南水利, 2005, (5): 18-19.

[37] 刘会源, 宋锦霞, 牛萍. 黄土高原地区沟道工程的水保作用与防洪功效[J]. 水土保持研究, 2004, 11 (3): 204-207.

[38] 李海光. 黄土高原吕二沟流域环境演变的生态水文响应[D]. 北京: 北京林业大学, 2011.

[39] 王健, 孟秦倩, 吴发启. 黄土高原丘陵沟壑区水资源高效利用技术试验研究[J]. 水资源与水工程学报, 2004, 15(4): 35-38.

[40] 袁建平, 蒋定生. 论黄土高塬沟壑区几种土地资源开发利用模式[J]. 中国水土保持, 1999 (4): 20-23.

[41] 张胜利, 崔云鹏. 渭北高塬沟壑区沟道治理工程体系配置优化研究[J]. 西北林学院学报, 1995, 10(A01): 39-46.

[42] 高鹏, 蒋定生. 黄土高原丘陵沟壑区沟道水资源利用模式初探[J]. 水土保持研究, 2000, 7(2): 77-79.

[43] 时丕生, 倪化秋, 王万喜. 小流域水资源开发利用战略探讨[J]. 水资源保护, 2005, 21(3): 46-51.

[44] 杨晓珍, 高春河, 朱嫣. 宁南山区水土保持工程固沟模式探索[J]. 中国水土保持, 2010(2): 47-48.

[45] 朱显谟. 黄土区土壤侵蚀的分类[J]. 土壤学报, 1956(2): 99-115.

[46] 张科利. 黄土坡面侵蚀产沙分配及其与降雨特征关系的研究[J]. 泥沙研究, 1991(4): 39-46.

[47] 肖培青, 郑粉莉, 张成娥. 细沟侵蚀过程与细沟水流水力学参数的关系研究[J]. 水土保持学报, 2001, 15(1): 54-57.

[48] Meyer L D, Foster G R, Huggins L F. A laboratory study of rill hydraulics: 1. Velocity Relationships. [J]. Transactions of the Asabe, 1984, 27(3): 790-796.

[49] Julien P Y, Simons D B. Sediment transport capacity of overland flow[J]. Transactions of the Asabe, 1985, 28(28): 755-762.

[50] 罗来兴. 划分晋西、陕北、陇东黄土区域沟间地与沟谷的地貌类型[J]. 地理学报, 1956(3): 201-222.

[51] 刘秉正, 吴发启. 黄土源区沟谷系统的侵蚀发展研究[J]. 水土保持学报, 1993(2): 33-39.

［52］吴普特，周佩华，武春龙，等. 坡面细沟侵蚀垂直分布特征研究［J］. 水土保持研究，1997,4(2)：47-56.

［53］刘阳，刘晓端，葛晓元. 坡沟系统侵蚀关系垂直分带性的计算机数值模拟［J］. 土壤与作物，2004,20(2)：120-122.

［54］唐克丽，郑世清，席道勤，等. 杏子河流域坡耕地的水土流失及其防治［J］. 水土保持通报，1983(5)：43-48.

［55］龚时旸，蒋德麒. 黄河中游黄土丘陵沟壑区沟道小流域的水土流失及治理［J］. 中国科学，1978,21(6)：671-678.

［56］徐雪良. 韭园沟流域沟间地、沟谷地来水来沙量的研究［J］. 中国水土保持，1987(8)：23-26.

［57］郑粉莉，唐克丽，白红英. 林地开垦后坡沟侵蚀产沙关系的研究［J］. 中国水土保持，1994(8)：19-20.

［58］丁文峰，李勉，张平仓，等. 坡沟系统侵蚀产沙特征模拟试验研究［J］. 农业工程学报，2006,22(3)：10-14.

［59］王玲玲，姚文艺，王文龙，等. 黄丘区坡沟系统不同时间尺度下的侵蚀产沙特征［J］. 水利学报，2013,44(11)：1347-1351.

［60］陈浩，Y Tsui，蔡强国，等. 沟道流域坡面与沟谷侵蚀演化关系——以晋西王家沟小流域为例［J］. 地理研究，2004,23(3)：329-338.

［61］陈浩，蔡强国. 坡面植被恢复对沟道侵蚀产沙的影响［J］. 中国科学，2006,36(1)：69-80.

［62］郑粉莉，康绍忠. 黄土坡面不同侵蚀带侵蚀产沙关系及其机理［J］. 地理学报，1998(5)：422-428.

［63］郑粉莉，高学田. 黄土坡面土壤侵蚀过程与模拟［M］. 西安：陕西人民出版社，2000.

［64］肖培青，郑粉莉. 上方来水来沙对细沟侵蚀产沙过程的影响［J］. 水土保持通报，2001,21(1)：23-25.

［65］肖培青，郑粉莉. 上方来水来沙对细沟水流水力学参数的影响［J］. 泥沙研究，2002(4)：69-74.

［66］Yoon Y N, Wenzel H G. Mechanics of sheet flow under simulated rainfall ［J］. Journal of the Hydraulics Division, 1971, 97(9)：1367-1386.

［67］Rose C W, Williams J R, Sander G C, et al. A mathematical model of soil erosion and deposition process. I. Theory for a plane element［J］. Soil Science Society of America Journal, 1983, 47(5)：991-995.

［68］Govers G. Relationship between discharge, velocity and flow area for rills eroding loose, non-layered materials［J］. Earth Surface Processes & Landforms, 1992, 17(5)：515-528.

［69］Guy B T, Dickinson W T, Rudra R P. The Roles of Rainfall and Runoff in the Sediment Transport Capacity of Interrill Flow ［J］. Transactions of the ASAE-American Society of Agricultural Engineers (USA), 1987, 30(5)：1378-1386.

［70］Liebenow A M, Elliot W J, Laflen J M, et al. Interrill erodibility：collection and analysis of data from cropland soils［J］. Transactions of the Asabe, 1990, 33(6)：1882-1888.

［71］Abrahams A D, Li G, Parsons A J. Rill Hydraulics on semi-arid hillslope, southern Arizona［J］. Earth Surface Processes & Landforms, 1996, 21(1)：35-47.

［72］姚文艺. 坡面流阻力规律试验研究［J］. 泥沙研究，1996,3(1)：74-82.

［73］肖培青，郑粉莉，姚文艺. 坡沟系统坡面径流流态及水力学参数特征研究［J］. 水科学进展，2009,20(2)：236-240.

［74］Meyer L D, Wischmeier W H. Mathematical simulation of the process of soil erosion by water［J］. Amer Soc Agr Eng Trans Asae, 1969, 12(6)：754-758.

[75] Foster G R, Meyer L D, Onstad C A. An Erosion Equation Derived From Basic Erosion Principles[J]. Transactions of the Asabe [American Society of Agricultural Engineers] (USA), 1977, 20(4): 0678-0682.

[76] Ascough J C I, Baffaut C, Nearing M A, et al. The WEPP watershed model. I. Hydrology and erosion [J]. Transactions of the Asabe, 1997, 40(4): 921-933.

[77] 张科利, 唐克丽. 黄土坡面细沟侵蚀能力的水动力学试验研究[J]. 土壤学报, 2000, 37(1): 9-15.

[78] 谭贞学, 王占礼, 刘俊娥, 等. 黄土坡面细沟径流输沙对水动力学参数的响应[J]. 中国水土保持科学, 2011, 9(5): 1-6.

[79] 王燕, 宋凤斌, 刘阳. 坡面水蚀模型研究进展[J]. 农业系统科学与综合研究, 2006(3): 189-192.

[80] 王政. 侵蚀产沙的影响因素研究[J]. 中国科技信息, 2008(6): 27-29, 31.

[81] 雷阿林, 唐克丽, 王文龙. 土壤侵蚀链概念的科学意义及其特征[J]. 水土保持学报, 2000(3): 79-83.

[82] 肖飞鹏, 程根伟, 鲁旭阳. 流域降雨侵蚀模型研究进展[J]. 水土保持研究, 2009(1): 98-101, 106.

[83] 肖培青, 郑粉莉, 姚文艺. 坡沟产沙关系及其侵蚀机理研究进展[J]. 水土保持研究, 2004, 11(4): 101-104.

[84] 马瞳宇, 李谭宝, 张平仓, 等. 近20年水蚀风蚀交错区小流域侵蚀及坡-沟产沙演变的粒径对比分析[J]. 水土保持学报, 2013(4): 83-87, 185.

[85] 姚文艺. 我国侵蚀产沙数学模型研究评述与展望[J]. 泥沙研究, 2011(2): 65-74.

[86] 陈雷. 全力做好水库安全度汛工作 为构建和谐社会提供保障[J]. 中国防汛抗旱, 2007(3): 9-14.

[87] 袁东海, 王兆骞, 陈欣, 等. 红壤小流域不同利用方式氮磷流失特征研究[J]. 生态学报, 2003(01): 188-198.

[88] 时丕生, 倪化秋, 王万喜. 小流域水资源开发利用战略探讨[J]. 水资源保护, 2005(03): 46-47, 51.

[89] 陈进红, 王兆骞, 张贤林. 浙江省红壤小流域生态系统的分类研究[J]. 浙江大学学报(农业与生命科学版), 1999(05): 30-34

[90] 国家发展和改革委员会国土开发与地区经济研究所. 中国西部开发信息百科·综合卷[M]. 北京: 中国计划出版社, 2003.

[91] 黄土高原[DB]. 中国数字科技馆, 2014-11-24.

[92] 郭方忠, 张克复, 吕靖华. 甘肃大辞典[M]. 兰州: 甘肃文化出版社, 2000.

[93] 黄土高原水土流失现状及治理措施[Z]. 人民教育出版社课程教材研究所, 2014-10-31.

[94] 张富. 黄土高原丘陵沟壑区小流域水土保持措施对位配置研究[D]. 北京: 北京林业大学, 2008.

[95] 中华人民共和国水利部. 水土保持综合治理(技术规范)沟壑治理技术: GB/T 16453.3—2008. [S]. 北京: 中国计划出版社, 2009.

[96] 高博文. 介绍"土壤流失通用方程"[J]. 中国水土保持, 1981(6).

[97] 王冬梅, 孙保平. 黄土高原土地生产潜力研究[M]. 北京: 中国林业出版社, 2002.

[98] 傅抱璞. 坡地对于日照和太阳辐射的影响[J]. 南京大学学报: 自然科学版, 1958(2): 25-48.

[99] 陈明荣. 坡地与水平梯田湿润状况的气候学分析[J]. 地理学报, 1980(4): 313-324.

[100] 傅抱璞. 山地气候[M]. 北京: 科学出版社, 1983.

[101] 翁笃鸣. 中国辐射气候[M]. 北京: 气象出版社, 1997.

［102］穆兴民，陈国良. 黄土区基本环境要素变化对丘陵地形的响应［J］. 水土保持研究，1998（1）:7-17.

［103］王冬梅，孙保平. 西吉县黄家二岔小流域彩红外航片判读与制图［J］. 北京林业大学学报，1991（3）:75-83.

［104］翁笃鸣. 小气候和农田小气候［M］. 北京:农业出版社，1981.

［105］傅抱璞. 地形和海拔高度对降水的影响［J］. 地理学报，1992（4）:302-314.